Breeder:
Eckhard Heinemeier
Segelhorst, Hess.-Oldendorf,
Hannover

Owner:
A.I.-association
"Nordjyden"

彩图1 荷斯坦母牛

Breeder:
Peter Thomsen
Klein Wiehe, Lindewitt,
Slesvig-Holsten

Owner:
A.I.-association
"Sønderjydsk"

彩图2 荷斯坦公牛

彩图3 红白花荷斯坦牛

彩图4 娟姗牛

彩图5 皮埃蒙特牛

彩图6 西门塔尔牛

U0301343

彩图7 抗旱王牛

彩图 8 夏洛来牛

彩图 9 秦川牛

彩图 10 南阳牛

彩图 11 鲁西牛

彩图 12 晋南牛

彩图 13 蒙古牛

彩图 14 延边牛

高职高专教育"十二五"规划建设教材

高职高专畜牧兽医专业群"工学结合"系列教材建设

养 牛 生 产 技 术

王璐菊　张延贵　主编

中国农业大学出版社

·北京·

内 容 简 介

本教材以现代养牛生产岗位所必需的知识和技能为主线，按照"项目导向、任务驱动"的教学方法，基于工作过程设定了牛场建设规划与牛舍建筑、养牛生产设备配置与环境控制、牛的饲料选用与供应计划、牛的选种选配和杂交繁殖、牛的饲养管理和兽医保健、牛的饲养规模和效益分析等教学内容。具体编写结构以工作项目为基础，分设【学习目标】、【学习任务】、【案例分析】、【阅读材料】、【考核评价】和【信息链接】六个教学组织单元，并渗透了相关行业的技术规范或标准。这种编排设计既利于教师和学生按照"产教融合、校企合作"的人才培养机制，开展诸如集中讲授、岗位操练、分析讨论、考核评价、自学提高等灵活多样的教学方法，又便于教师和学生在养牛生产一线，开展"做中学、学中做"的专业技能训练活动，符合现代职业教育培养高素质技能型人才的基本要求。

本教材图文并茂、通俗易懂，职教特色明显，既可作为教师和学生开展"产教融合、校企合作"人才培养模式的特色教材，又可作为企业技术人员的培训教程，还可作为广大畜牧兽医工作者短期培训、技术服务和继续学习的参考用书。

图书在版编目(CIP)数据

养牛生产技术/王璐菊,张延贵主编. —北京:中国农业大学出版社,2014.9(2016.7重印)
ISBN 978-7-5655-1021-2

Ⅰ.①养…　Ⅱ.①王…②张…　Ⅲ.①养牛学-教材　Ⅳ.①S823

中国版本图书馆 CIP 数据核字(2014)第 159058 号

书　名 养牛生产技术	
作　者 王璐菊　张延贵　主编	
策划编辑 康昊婷　伍　斌	**责任编辑** 冯雪梅
封面设计 郑　川	**责任校对** 王晓凤　陈　莹
出版发行 中国农业大学出版社	
社　址 北京市海淀区圆明园西路2号	**邮政编码** 100193
电　话 发行部 010-62818525,8625	读者服务部 010-62732336
编辑部 010-62732617,2618	出　版　部 010-62733440
网　址 http://www.cau.edu.cn/caup	**e-mail** cbsszs @ cau.edu.cn
经　销 新华书店	
印　刷 涿州市星河印刷有限公司	
版　次 2014年9月第1版　2016年7月第2次印刷	
规　格 787×1 092　16开本　16.75印张　412千字　彩插1	
定　价 37.00元	

图书如有质量问题本社发行部负责调换

编审人员

主 编 王璐菊（甘肃畜牧工程职业技术学院）

张延贵（甘肃畜牧工程职业技术学院）

副主编 于春梅（辽宁职业学院）

参 编 施福明（甘肃荷斯坦奶牛繁育示范中心）

韩大勇（江苏农牧科技职业学院）

宋宝治（上海荷斯坦奶牛科技有限公司）

张建华（甘肃畜牧工程职业技术学院）

审 稿 史兆国（甘肃农业大学动物科技学院）

董 俊（甘肃省农业科学院畜草与绿色农业研究中心）

前　言

为了认真贯彻落实《国家中长期教育改革和发展规划纲要（2010—2020年）》、教职成[2011]11号《关于支持高等职业教育提升专业服务产业发展能力的通知》、教职成[2011]12号《关于推进高等职业教育改革创新，引领职业教育科学发展的若干意见》、教职成[2012]9号《关于"十二五"职业教育教材建设的若干意见》等政策文件精神，完善现代职业教育"产教融合、校企合作"的人才培养模式，切实做到专业建设与产业需求对接、课程内容与职业标准对接、教学过程与工作过程对接，中国农业大学出版社根据国家教育部《高等职业学校专业教学标准（试行）》，以"专业教材包"的形式，组织甘肃畜牧工程职业技术学院等15所高职院校的教师和宁夏晓鸣农牧股份有限公司等8家大型养殖企业的技术专家，编写了高职高专畜牧兽医专业群《畜牧基础》、《养猪生产技术》、《养禽生产技术》、《养牛生产技术》、《养羊生产技术》等课程的"十二五"规划教材，期望为畜牧兽医专业群开展"产教融合、校企合作"的人才培养模式提供必要的教学支撑。以专业为基础，开发系列教材，可以统筹兼顾专业课程体系，有机衔接课程教学内容，有效提高人才培养质量。

本教材的编写以高职高专畜牧兽医专业群畜牧专业人才培养方案为基础，以突出"产教融合、校企合作"为特色，遵循"理论够用"、"技能突出"、"技术实用"的教学思想，内容设计充分关注了学生对知识的思考、兴趣、爱好和分析问题、解决问题的能力，结构编排以"项目导向、任务驱动"为主要形式，尽可能要求开展"教、学、做"一体化的教学模式，让学生置身于现场工作情境、模拟场景及仿真环境中学习，体现学习与实际工作的一致性。在教材的使用过程中，既要引导学生通过网络、图书室和课外生产实践等途径，注重学习信息资源的收集，提高学习质量，又要充分关注学生的个性、态度、兴趣、习惯、品质等方面的职业素养，促使其职业技能达到从事相应职业岗位群工作所必需的要求和标准。

本教材由甘肃畜牧工程职业技术学院王璐菊和张延贵任主编。其中项目一、项目五由王璐菊编写，项目二、项目三、项目四（任务1,2）由张延贵编写，项目四（任务3,4）由于春梅编写，项目四（任务5,6,7,8）由韩大勇编写，项目六由张建华编写，全书由王璐菊、张延贵统稿。企业专家施福明提供了案例分析资料，宋宝治提供了饲养管理技术规程，甘肃农业大学动物科技学院史兆国教授、甘肃省农业科学院畜草与绿色农业研究中心董俊研究员审阅了书稿，并提出了许多宝贵意见和建议，在此一并深表谢意。

由于养牛业生产理论和技术发展很快，加之编者水平有限，书中错误和不妥之处在所难免。因此，深切盼望在使用本教材的过程中读者能够提出批评和建议，以备再版时修改。

编写组

2014年5月20日

目　录

项目一

牛场建设规划与牛舍建筑

🍁 学习目标

　　了解牛场建设选址与规划布局的基本原则；熟悉牛舍常见类型及特点；掌握牛舍结构设计的基本方法。

🍁 学习任务

 ## 任务 1　牛场建设选址与规划布局

　　牛场的科学设计与建设是实现养牛现代化必不可少的一个重要环节。按照投资少、利用率高、经济适用、便于机械化作业的原则，根据不同生产类型牛的饲养特点和不同地区的自然环境、气候条件，因地制宜地建好牛场，对保持牛体健康、提高牛场养殖效益、保护生态环境都具有重要意义。

一、牛场建设选址

(一)牛场选址目标

　　理想的牛场场址应该能够在一定程度上满足下列要求。一是可保证场区具有较好的小气候；二是有利于场区及舍内环境的控制；三是便于严格执行各项卫生防疫制度和措施；四是与牛场所采用的生产工艺流程适应，便于合理组织生产；五是有利于提高设备利用率和工作人员的劳动生产率。

(二)选址基本要求

　　牛场场址选择应符合本地区农牧业生产发展总体规划、土地利用发展规划，城镇建设发展规划和环境保护规划的要求。分期建设时，选址应按总体规划需要一次完成，土地随用随征，预留远期工程建设用地。场址选择时，应根据其生产特点(种畜场或商品场)、饲养管理方式

（舍饲或放牧）、经营方式（单一经营或综合经营）以及生产集约化程度等基本特点，对地势、地形、土质、朝向、水源、交通、电力以及物资供应等资源条件进行全面考虑。

1. 地势、地形

牛场选址场地应当地势高燥，最低应高出当地历史洪水线以上，其地下水位应在 2 m 以下，以避免雨季洪水的威胁和减少因土壤毛细管水上升而造成的地面潮湿。要向阳背风，以保证场区小气候温热状况能够相对稳定，减少冬春季风雪的侵袭。特别是要避开西北方向的风口、长形谷地和雷击区。牛场的地面要平坦稍有坡度，以便排水，防止积水和泥泞。地面坡度以 1%～3% 较为理想，最大不超过 25%。低洼潮湿、排水不良的场地，不利于牛的体热调节和肢、蹄健康，而有利于病原微生物和寄生虫的生存，并严重影响建筑物的使用寿命。场区面积可根据规模、饲养管理方式、饲料贮存及加工等来确定。要求布局紧凑，尽量少占地，并留有余地为将来发展。牛场地形要开阔整齐，理想的是正方形或长方形，尽量避免狭长形或多边形。

2. 土质

场地土壤透气、透水、吸湿、抗压性等，会直接或间接影响环境卫生，以及牛体健康。牛场的场地以沙壤土最为理想，其透气、透水性良好，持水性小，雨后不泥泞，有利于牛舍及运动场的清洁与卫生，有利于防止蹄病的发生。同时，沙壤土导热性小、热容量大，土温比较稳定，更适于建筑物的地基。沙土次之，黏土最不适合。

3. 水源

牛场需水量大，如牛的饮水、饲料清洗与调制、圈舍和用具的洗涤、牛体的洗刷以及日常生活用水等都需要大量的水。因此，水源充足、清洁，水质良好未被污染，是维持牛场正常生产的必要条件之一。水质要符合《生活饮用水标准》（GB 5749）。并易于取用和防护，保证生活、生产等用水，切忌在严重缺水或水源严重污染地区建场。

4. 饲料

饲料费用一般占养牛成本的 70% 左右。因此在选择场址时，应考虑饲料的就近供应，特别是青粗饲料应尽量由当地供应，或本场计划出饲料地自行种植，以避免因大量粗饲料长途运输而提高饲养成本。若利用草山、草坡放牧养牛，也应有充足的放牧场地及大面积人工草地。

5. 能源电讯

牛场生产、生活用电都要求有可靠的供电条件。通常牛场要求有Ⅱ级供电电源。在Ⅲ级以下供电电源时，则需自备发电机，以保证场内供电的稳定可靠。为减少供电投资，应尽可能靠近供电线路，以缩短新线路铺设距离。同时，通讯条件方便是现代化、规模化牛场对外交流、合作的必备条件，便于产品交换与流通。

6. 社会联系

场区要求交通便利，修建专用通道与公路相连。但为了防疫卫生，牛场与牛场之间要有一定的距离。场区距铁路、高速公路、交通干线不小于 1 000 m。牛场的选择必须遵循社会公共卫生准则，使牛场不致成为周围社会的污染源，同时也不受周围环境所污染。所以，场区距居民区应不小于 500 m，并且应位于居民区及公共建筑群常年主风向的下风向或侧风向处。距离其他畜禽养殖场、化工厂、畜产品加工厂、畜禽屠宰厂、医院、兽医院等容易产生污染的企业和单位 1 500 m 以上。要远离公共水源。

7. 牛场用地面积估算

牛场用地面积包括牛舍、道路、办公和生活区，饲草料贮存与供应区，粪污处理区，挤奶厅与加工间以及绿化带等。由于牛场规模不同及各地养牛水平、技术和经济条件的不同,牛场建筑用地面积也有所不同。大型规模牛场不同种类牛群平均占地面积的参数见表1-1。

表1-1　不同种类牛群平均每头占地面积

（陈幼春.2007.实用养牛大全）　　　　　　　　　　　　　　　　　　　　　$m^2/头$

泌乳牛	育成牛	犊牛	肉用繁殖母牛	育肥牛
160~200	80~100	30~40	100~150	30~40

二、场区的规划与布局

牛场规划和布局在满足经营管理和生产要求的前提下,总体布局要本着因地制宜、统筹安排和长远规划、紧凑整齐、美观大方,提高土地利用率和节约基本建设投资的原则来设计,以保证养殖环境的净化和畜产品的安全。

(一)牛场分区规划

场区规划时,首先从人畜保健的角度出发,考虑场址地势和当地全年主风方向,合理安排各区位置(图1-1),以建立最佳生产联系和环境卫生防疫条件,通常把牛场分为管理办公区、辅助生产区、生产区、粪污处理及隔离区。各区内分别建设相应的各种设施。各区之间用围墙和绿化隔离带明确分开,各区之间建立相互联系的各种通道。

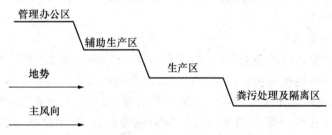

图1-1　牛场各区按地势、风向布局示意图

1. 管理办公区

管理办公区是牛场管理部门所在地,是经营活动与社会联系的场所。应建在奶牛场上风处和地势较高地段,并与生产区严格分开,保证50 m以上距离。要靠近大门口,便于对外联系和防疫隔离。通常包括办公室、会议室、接待室、培训教室、门卫室、消毒更衣室、工作人员休息室、厕所、场区道路、围墙和大门等设施。管理区与生产区应加以隔离,工作人员进入生产区要经过更衣消毒方能进入,外来办事人员只能到达办公区,参观人员只能通过封闭的参观走廊参观。为了减少投资,该区建设规模不宜过大,够用即可。

2. 辅助生产区

辅助生产区内主要建设有养牛生产的辅助设施,包括精料库、青贮窖、干草棚、饲料加工调制车间、库房、机修间、锅炉房、配电房(包括备用发电机房)、水井与泵房、地磅房等设施。辅助生产区可位于管理办公区和生产区之间,在生产区的西北角或北侧较好,也可位于生产区的侧面,在主导风的上风口处。

辅助生产区必须与生产区相连,可有效缩短运输距离,但二者之间最好能用围墙隔开。辅助生产区必须有与外界相连的道路,以方便各种饲料原料的运进。对于采用 TMR 饲喂技术的牛场,青贮窖、干草棚、精饲料库、精饲料加工车间最好能够临近建设,以便于 TMR 的制作。日粮供应系统最好与泌乳牛舍靠近。因为泌乳牛是奶牛场中比例最高的牛群,也是采食量最大的牛群。这样布局可以缩短日常管理中日粮运输的距离,降低饲养成本。采取传统饲喂方式的牛场,饲料库、青贮窖、干草及块根饲料存放处应在牛舍较近的地方,应处在上风处,并充分考虑火灾和其他灾害。

3. 生产区

生产区是牛场的核心和主体,置于辅助生产区的后面,其后面或东侧面与粪污处理区相连。相互间用围墙隔开,入口处设有车辆消毒池和人员消毒更衣室。主要包括泌乳牛舍、干奶牛舍、青年牛舍、育成牛舍、断奶犊牛舍、哺乳犊牛舍、产房、挤奶厅、运动场与凉棚、人工授精室等设施。对于生产规模较大和综合性的牛场,应将种畜、幼畜、商品群分开饲养,在生产区内应进一步规划小区,不能混杂交错配制。

生产区内中间设净道,用于饲料的运进;两边设污道,用于粪便的运出。牛场生产区牛舍布局必须与本场生产工艺流程相适应。一般产房与户外犊牛栏、干奶牛舍和泌乳牛舍相邻,户外犊牛栏和断奶犊牛舍相邻,断奶犊牛舍与育成牛舍相邻,育成牛舍与青年牛舍相邻,配种室与挤奶厅和产房靠近,挤奶厅建在各泌乳牛舍中间,布局多呈"H"形,牛舍长轴一般为东西向,泌乳牛舍最好以对称排列,这样布局可方便各类牛的周转及生产管理。各牛舍之间要保持 10～30 m 的距离,布局整齐,以便防疫和防火。但也要适当集中,以节约水电线管道,缩短饲草饲料及粪便运输距离。

4. 粪污处理及隔离区

其主要功能是将场区内的废弃物(牛的排泄物及生产、生活废水)作无害化处理、短期贮存及病牛隔离治疗。主要包括兽医室、病牛隔离室、病死牛处理及粪污贮存与处理设施。根据项目的需要,还可建设有机肥加工厂或沼气发酵生产装置,以牛粪为原料生产特种有机复合肥或沼气。粪污处理区设在生产区外围下风或侧风向地势低处,与生产区保持 300 m 以上的间距。以围墙与生产区隔开,并向场区外设单独通道和门,以便经无害化处理的牛粪、废水和其他相关产品的直接运出。处理病死牛的尸坑或焚尸炉更应严格隔离,距离牛舍要保持 500 m 以上距离。

(二)牛场平面布局

根据牛场规划,搞好场区布局,可有效改善场区环境、节省建筑材料和提高劳动效率。牛场总体布局应在满足经营管理和生产要求的前提下本着因地制宜、统筹安排和长远规划、紧凑整齐、美观大方,提高土地的利用率和节约基本建设投资的原则来设计,以保证养殖环境的净化和畜产品的安全。牛场建筑物布局要使各建筑物在功能关系上建立最佳联系。运送饲料和鲜奶的道路与装运牛粪的道路应分设,并尽可能减少交叉点。牛舍平衡对称布局可保证道路的最短距离。

由于我国地处北纬 20°～50°,太阳高度角冬季小、夏季大,为使牛舍达到"冬暖夏凉",所以最好采取南北向修建,即牛舍长轴与纬度平行,这样有利于牛舍冬季的采光,又可防止夏季太阳光的强烈照射。因此,在全国各地均以南北向配置为宜,并根据纬度的不同有所偏向东或偏向西。为了不影响通风和采光,两建筑物的间距应大于其高度的 1.5～2 倍。粪污清除和气流应沿新生犊牛→围产期奶牛→断奶犊牛→育成牛→青年牛→泌乳牛→干乳牛方向移动。散栏式饲养奶牛场平面布局见图 1-2、图 1-3。育肥牛场的平面布局,以图 1-4 为例,该图为饲养 600 头育肥牛而设计,宽 144 m,中央通道长 130 m,占地 18 700 m²,若饲养 600 头牛,平均每头牛占地 31.2 m²,属密集型饲养。

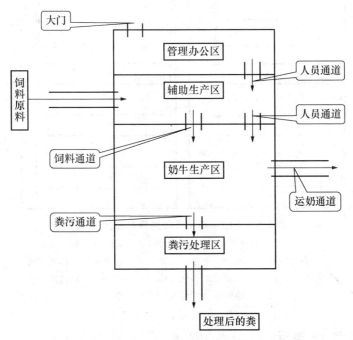

图 1-2 散栏饲养奶牛场功能区平面布局示意图(1)

(刘国民.2007.奶牛散栏饲养工艺及设计)

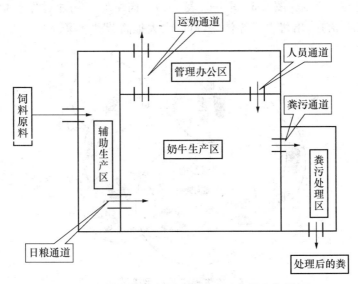

图 1-3 散栏饲养奶牛场功能区平面布局示意图(2)

(刘国民.2007.奶牛散栏饲养工艺及设计)

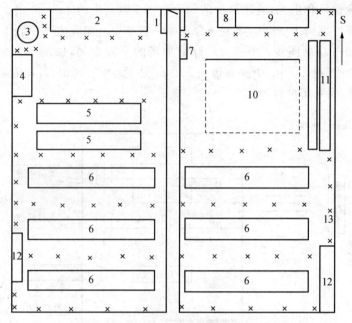

图1-4 育肥牛场平面布局示意图(600头)

1. 大门消毒室 2. 办公生活区 3. 水塔 4. 车库

5. 饲料仓库与加工间 6. 牛舍 7. 地磅 8. 兽医室 9. 隔离牛舍

10. 干草场 11. 青贮饲料区 12. 粪污处理区 13. 植树

(陈幼春.2007.实用养牛大全)

三、肉牛场作业单元

在国外,肉牛场作业单元内一般设有集牛通道、分群栏、滞留栏、推挤栏、单行通道、牛装卸台、保定架及其他附属设施(图1-5、图1-6、表1-2)。肉牛肥育场通过作业单元进行分牛、称牛、牛只固定、药浴、治疗、出售牛只等作业,可以大大提高劳动效率。

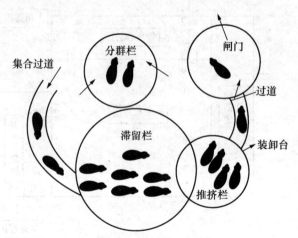

图1-5 肉牛操纵系统组成示意图

(王根林.2006.养牛学)

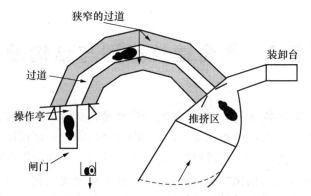

图 1-6　肉牛场作业单元基本布局示意图

（王根林 . 2006. 养牛学）

(1)集牛通道　集合来自肥育场或草场的牛,进入滞留栏。

(2)分群栏　对集合通道以及滞留栏的牛进行分群。

(3)滞留栏　滞留整群牛或 30～50 头为一组的牛。

(4)推挤栏　将小群牛(8～10 头)推入作业区。

(5)单行通道　单行通道至少 6 m 长,以便每次可滞留 3～4 头牛。

(6)其他附属设施　其他附属设施有磅秤、手术台、修蹄架以及凉棚等。

表 1-2　肉牛作业围栏尺寸

（王根林 . 2006. 养牛学）

尺寸	体重/kg					
	200	300	400	500	600	700
栏面积/(m²/头)						
昼夜滞留栏	2.4	3.1	3.9	4.6	5.2	5.9
捕抓滞留栏	0.9	1.2	1.5	1.8	2.0	
弧形推挤栏	0.6	0.7	0.9	1.1	1.2	1.4
垂直通道/cm						
通道宽	44	52	60	66	71	78
通道长	490	550	600	630	670	690
斜面通道/cm						
底面净宽	30	35	40	43	47	51
高 80 cm 处净高	44	52	60	66	71	78
长(至少)	490	550	600	630	670	690
通道栅栏高(至少)	125	136	146	153	159	163
装卸台						
宽/cm	48	56	64	71	77	84
长/(至少,cm)	370	370	370	370	370	370
斜度/(最大,m/m)	25	25	25	25	25	25

任务2　牛舍建筑类型与结构设计

　　牛舍建筑类型、结构要因地制宜，根据各地区的气候、饲养模式、机械化程度统筹考虑。一个牛场内，各类牛舍和相应设施的布局受地形地貌的影响，不能一概而论。设计既要达到生产要求，又要针对牛的生理特点，牛舍设计建设要考虑牛只舒适度和为提高劳动生产率采用的新技术新设备，如暂时不实现机械化和自动化，应留有将来实施现代化的设计。一个牛场的管理水平取决于平时的管理，也受牛场设计的影响。

一、奶牛舍建筑类型与结构设计

（一）奶牛舍建筑类型

1. 按牛舍屋顶形式

可将奶牛舍分为钟楼式、半钟楼式、双坡式和弧形式四种，如图1-7所示。

双坡式

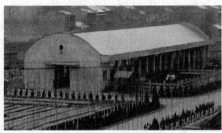
弧形式

半钟楼式

钟楼式

图1-7　各种奶牛舍屋顶形式

　　（1）双坡式：屋顶呈楔形，适用于较大跨度的牛舍。造价较低，适用性强，在南北方均用得较为普遍。

　　（2）弧形式：采用钢材和彩钢瓦做材料，结构简单，坚固耐用，适用于大跨度的牛舍。

　　（3）半钟楼式：通风较好，但夏天牛舍北侧较热，构造复杂。

　　（4）钟楼式：通风良好，适合于南方地区，但构造比较复杂，耗料多，造价高。

2. 按饲养方式

可将奶牛舍分为拴系式和散栏式牛舍两种类型。

（1）拴系式牛舍：拴系饲养在我国中小型奶牛场应用非常普遍。每头牛都有固定的牛床，用颈枷或链条拴住牛只，除运动外，饲喂、饮水、挤奶及休息均在牛舍内。其优点是饲养管理可以做到精细化。而缺点是费事、费时，难于实现高度的机械化，劳动生产率较低。

（2）散栏式牛舍：主要以牛为中心，将奶牛的饲喂、休息、挤奶分设于不同的专门区域进行。奶牛除挤奶外，其余时间不加拴系，任其自由活动。其优点是便于规模化生产，可大幅度提高劳动效率；同时牛舍内部设备简单，造价低，减少褥草消耗（大约节省75％）。奶牛可在采食区和休息区自由活动，舒适。不足是不易做到个别饲养，由于共同使用饲槽和饮水设备，传播疾病的机会多。由于饲养管理群体化，目前，国内新建的机械化奶牛场大多采用散栏式饲养，这是现代奶牛业的发展趋势。

散栏式牛舍的总体布局（图1-8）应以奶牛为中心，通过对粗饲料、精饲料、牛奶、粪便处理四个方面进行分工，逐步形成四条生产线。建立公用的兽医室、人工授精室、产房和供水、供热、排水、排污、道路等。

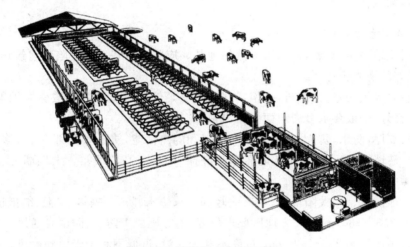

图1-8　某散栏式牛场示意图

散栏式牛舍由于牛群移动频繁，泌乳牛都在挤奶厅集中挤奶，生产区内各类牛舍要有统一的布局，要求牛舍相对集中，并按泌乳牛舍、干奶牛舍、产房、犊牛舍、育成牛舍顺序排列。

因气候条件不同，可将散栏式牛舍分为房舍式、棚舍式和荫棚式三种。

①房舍式牛舍。这一类型的牛舍适于北方，一般屋脊上有钟楼或其他形式的排气设置。一般气温在26℃以下至−18℃以上适用，低于−18℃的地区，只要加强保温防寒措施，如增加必要的隔热结构或增设机械通风等设施，也可采用这种牛舍（图1-9）。

②棚舍式牛舍。棚舍式牛舍适于气候较暖和的地区。四边无墙，只有屋顶，形如凉棚，故通风良好，在多雨地区，饲槽亦可设在棚舍内。

③荫棚式牛舍。这种牛舍适合气候干燥、雨量不多、土质和排水良好、有较大运动场的地区。牛舍只有屋顶荫蔽牛床部位，其余露天。运动场面积以每头牛3～6 m² 为宜。有2％的倾斜度，以利于排水。饲槽设于运动场的较高地段。

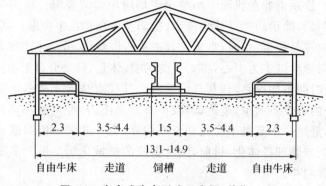

图 1-9　房舍式牛舍形式示意图(单位:m)

(冀一伦.2001.实用养牛科学)

(二)奶牛舍结构设计

1. 牛舍建筑结构要求

(1)地基:土地坚实、干燥,可利用天然的地基。应防止地基下沉塌陷和建筑物发生裂缝倾斜,要具备良好的清粪排污系统。

(2)地面:要求致密坚实,防滑,平坦,有弹性,有足够的抗机械和抗酸碱腐蚀能力,便于清洗消毒,排水良好,一般要求舍内地面要高出舍外 15 cm。

(3)墙壁:要厚,防水、防火,具有良好的保温和隔热性能,便于清洗和消毒。多采用砖墙并用石灰粉刷。砖墙厚 50～75 cm,从地面算起应抹 100 cm 高的墙裙。土坯墙、土打墙等从地面算起应砌 100 cm 高的石块。

(4)顶棚:能防风、雨、太阳辐射;要求质轻、耐用、防水、防火、隔热、保温、能抵抗雨雪、强风等。距地面为 350～380 cm。北方地区要求保温,南方则要求防暑、防雨并通风良好。

(5)屋檐:距地面为 280～320 cm,过高不利于保温,过低不利于光照和通风。

2. 奶牛舍内部布局

(1)成乳牛舍:成年牛舍内牛床排列形式视牛场规模和地形条件而定,有单列式、双列式和四列式等。牛群 20 头以下者可采用单列式,20 头以上者多采用双列式。双列式牛舍内分对头式和对尾式两种,一般认为对尾式比较理想。有利于通风采光和减少疾病的传染。一般每头牛的牛床面积为 1.5～2.0 m²,如图 1-10 所示。

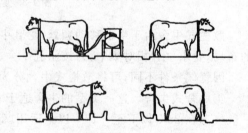

图 1-10　对头式、对尾式牛舍示意图

(尚书旗.2001.设施养殖工程技术)

(2)产房:在较大规模的奶牛场一般设有产房,是专用于饲养围产期牛只的用房。由于围产期的牛只抵抗力较弱,产科疾病较多。因此,产房要求冬暖夏凉,舍内便于清洁和消毒。产房内的分娩栏数一般可按成母牛数的 10%～13% 设置。分娩栏宽和长均不小于 3 m,高不低于 1.3 m,面积不小于 10 m²,以便于接产操作。

(3)犊牛舍:一般规模较大的牛场均设有单独的犊牛舍或犊牛栏。犊牛舍要求清洁干燥、通风良好、光线充足,防止贼风和潮湿。目前常用的犊牛舍主要有犊牛栏、犊牛岛、群居式犊牛岛和通栏等数种。

①犊牛栏。在国内也称为犊牛笼。犊牛出生后即在靠近产房的犊牛栏中饲养,每犊一栏,隔离管理,一般1月龄后才过渡到通栏。犊牛栏(图1-11)侧面和背面可用木条、钢丝网或胶合板制成。栏底用木条制成漏缝地板,铺有垫草,且离地至少3 cm,以利于排水和排尿,并定期清扫地面。犊牛栏设有饮水、采食的设施,以便犊牛吃奶后,能自由饮水、采食精料和干草,犊牛栏的设计尺寸详见表1-3。

图1-11　犊牛栏示意图

表1-3　犊牛栏的设计尺寸

(王根林.2006.养牛学)

尺　寸	体重<60 kg	体重>60 kg
每个栏推荐面积/m²	1.70	2.00
每个栏面积/(至少,m²)	1.20	1.40
栏长/(至少,m)	1.20	1.40
栏宽/(至少,m)	1.00	1.00
栏高/(至少,m)	1.00	1.10

②犊牛岛。也称为犊牛小屋,已被证明是培育犊牛的一种良好方式。一个犊牛岛饲养一头犊牛。常见的犊牛岛长、宽和高分别为2.0 m、1.5 m和1.5 m。南面敞开,东、西、北及顶面由侧板、后板和顶板围成,在后板设一个15 cm×15 cm的开口,以便夏季将其打开形成纵向通风。现在市面上可以买到由塑料或玻璃钢(玻璃纤维)制成的犊牛岛。在犊牛岛内铺有稻草、锯末等垫料,并保持干燥和清洁,为犊牛提供一个舒适的休息环境。在犊牛岛南面设有运动场,运动场由直径为1.0~2.0 cm的金属丝网或镀锌管围成栅栏状,栅栏间距8~10 cm,围栏前设哺乳桶和干草架,以便犊牛在小范围内活动、采食和饮水。

犊牛岛应设在地势平坦、排水良好的地方。当犊牛转出后,应对犊牛岛进行清洗和消毒,并将其放置在干净的地方,以切断病原菌的生活周期。犊牛岛的数量要足够多,以保证在下一头犊牛使用前至少有两周的空置时间。犊牛岛(图1-12)坐北朝南,也可随季节或地区不同而调换方向。夏季犊牛岛应放置在阴凉处,以防热应激。

图1-12　某奶牛场犊牛岛

(4)青年牛和育成牛舍:此阶段奶牛不产奶,对牛舍的设计要求不太严格,只要能达到防寒、防暑、防风、防潮,便于对奶牛进行观察、管理、治疗、配种和舍内拴系、饲喂、刷拭即可。

二、挤奶厅设计

挤奶厅是奶牛规模化生产中重要配套设备。采用厅式挤奶机可提高牛奶质量和劳动效率。挤奶厅建设应根据挤奶设备的选型来决定。挤奶设备的选型主要是由饲养规模和投资额度决定的。挤奶设备的栏位数与成年母牛数和饲养管理水平有关。正常饲养管理条件下,500头成年母牛的牛场,日挤奶3次,每次挤奶用时3 h,每次每头牛挤奶用时10 min,则挤奶设备要有22个栏位数。此外,还要考虑到设备的故障率,必要时要有备用方案。往返于挤奶厅的单向奶牛走廊宽度为0.8~0.9 m,以防止奶牛在运动途中转身。

(一)挤奶厅的形式

挤奶厅的形式分固定式和转动式两种挤奶台。

1. 固定式挤奶厅

固定式挤奶厅有平面畜舍式挤奶厅、列式挤奶厅、鱼骨式挤奶厅三种。

(1)平面畜舍式挤奶厅:挤奶栏位的排列与牛舍相似,奶牛从挤奶厅大门进入厅内的挤奶栏里,由挤奶员套上挤奶器进行挤奶。虽造价较低,但挤奶员须弯腰操作,影响劳动效率。这种挤奶厅只适合于投资少并利用现有房舍改造成挤奶厅的牛场或小型奶牛场。

(2)列式挤奶厅:挤奶时将牛赶进挤奶厅内的挤奶台上,成两旁排列,挤奶员站在厅内两列挤奶台中间的地坑内,坑道深0.8~1.0 m,宽2.0~3.0 m,长度根据挤奶栏位数设计。不必弯腰工作,先完成一边的挤奶工作后,接着去进行另一边的挤奶工作。随后,放出已挤完奶的牛,放进一批待挤奶的母牛。此类挤奶设备经济实用,平均每个工时可挤30~50头奶牛。根据需要可安排1×4至2×24栏位,以满足不同规模奶牛场的需要(图1-13)。

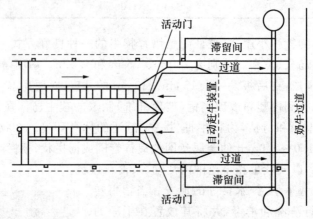

图 1-13 列式挤奶厅模型

(3)鱼骨式挤奶厅:挤奶机排列形状如鱼骨,挤奶台栏位按倾斜30°设计,奶牛的乳房部位更接近挤奶员,有利于挤奶操作,减少走动距离,提高劳动效率。棚高一般不低于2.5 m,中间设挤奶员操作坑道,坑道深0.8 m,宽2.0~3.0 m,长度根据挤奶栏位数设计。鱼骨式挤奶厅(图1-14)适合中等规模的奶牛场,栏位根据需要可安排2×6至2×16不等。

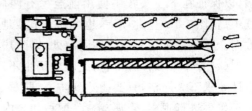

图 1-14 鱼骨式挤奶厅模型

2. 转动式挤奶厅

转动式挤奶厅根据母牛站立的方式则有串联式(图1-15)、鱼骨式(图1-16)和放射形(图1-17)几种类型。

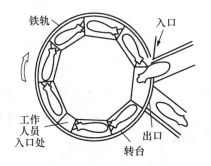

图1-15　串联式转盘挤奶厅

(邱怀.2002.现代乳牛学)

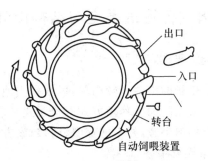

图1-16　鱼骨式转盘挤奶厅

(邱怀.2002.现代乳牛学)

(1)串联式转盘挤奶厅:串联式转盘挤奶厅是专为一人操作而设计的小型转盘。转盘上有8个床位,牛的头尾相继串联,牛通过分离栏板进入挤奶台。根据运转的需要,转盘可通过脚踏开关开动或停止。每个工时可挤70～80头奶牛。

(2)鱼骨式转盘挤奶厅:这一类型与串联式转盘挤奶台基本相似,所不同的是牛呈斜形排列,似鱼骨形,头向外,挤奶员在转盘中央操作,这样可以充分利用挤奶台的面积。一人操作的转盘有13～

图1-17　放射形转盘挤奶厅

15个床位,两人操作则有20～24个床位,配有自动饲喂装置和自动保定装置。其优点是机械化程度高,劳动效率高,省劳力,操作方便,但设备造价高。

(二)挤奶厅的附属设备

为充分发挥挤奶厅的作用,应配备与之相适应的附属设备,如待挤区、机房、牛奶制冷间等。

1. 待挤区

待挤区是将同一组挤奶的牛集中在一个区内等待挤奶,配置有自动驱牛装置。待挤区常设计为方形,且宽度不大于挤奶厅,面积按挤奶设备的栏位数来设计,大约每头牛1.6 m²,待挤区应外低内高,便于待挤区的清洗。同时,应避免在挤奶厅入口处设置死角、门、隔墙或台阶、斜坡,以免造成牛只阻塞。待挤区的地面要易清洁、防滑、浅色、环境明亮、通风良好,且有3%～5%的坡度。

2. 滞留栏

采用散栏式饲养时,为便于将牛只牵离牛群进行修蹄、配种、治疗等,多在挤奶厅出口通往奶牛舍的走道旁设一滞留栏,栅门由专门人员控制。在挤奶过程中,如发现有需要进行治疗或需进行配种的奶牛,则在奶牛挤完奶后走进滞留栏时,将栅门开放,挡住返回牛舍的走道,将奶牛导入滞留栏。目前,部分规模化奶牛场的挤奶台配有牛只自动分隔门,由电脑控制,在奶牛离开挤奶台后自动识别,及时将门转换,将奶牛导入滞留栏进行配种、治疗等。

3. 附属用房

在挤奶台旁通常设有机房、牛奶制冷间、更衣室、卫生间等。

三、肉牛舍建筑类型与结构设计

(一)肉牛舍建筑类型

肉牛养殖场的肉牛舍较简单,可根据当地全年的气温变化和牛的品种、育肥时期、年龄而确定。国内常见的肉牛养殖方式有拴系式和散放式两类,牛舍建筑有牛栏舍、牛棚舍、塑料大棚等。北方的肉牛舍,要求能保暖、防寒;南方要求通风、防暑。

1. 拴系式肉牛舍

拴系式肉牛舍也称常规牛舍,每头牛都用铁链或颈枷固定拴系于食槽或栏杆上,限制活动;每头牛都有固定的槽位和牛床。目前国内采用舍饲的肉牛舍多为拴系式,尤其高强度育肥肉牛。拴系式饲养占地面积少,节约土地,管理比较精细,牛只活动少,饲料报酬高。

拴系式肉牛舍从环境控制的角度,可分为封闭式牛舍、半开放式牛舍、开放式牛舍和棚舍几种。封闭式牛舍四面都有墙,门窗可以启闭;开放式牛舍三面有墙,另一面为半截墙;棚舍为四面均无墙,仅有一些柱子支撑梁架。

封闭式牛舍有利于冬季保温,适宜于北方寒冷地区采用,其他三种牛舍有利于夏季防暑,造价较低,适宜于南方温暖地区采用。

半开放式牛舍在寒冷冬季时,可以将敞开部分用塑料薄膜遮拦成封闭状态,气温转暖时可将塑料薄膜收起,从而达到夏季利于通风、冬季能够保暖的目的,使牛舍的小气候得到改善。

2. 围栏式肉牛舍

围栏式肉牛舍又叫无天棚、全露天牛舍。是按牛的头数,以每头繁殖牛 30 m²、幼龄肥育牛 13 m² 的比例加以围栏,将肉牛养在露天的围栏内,除树木土丘等自然物或饲槽外,栏内一般不设棚舍或仅在采食区和休息区设凉棚。这种饲养方式投资少、便于机械化操作,适用于大规模饲养。围栏牛舍多为开放式或棚舍,并与围栏相结合使用。

(1)开放式围栏育肥牛舍:牛舍三面有墙,向阳面敞开,与围栏相接。水槽、食槽设在舍内,刮风、下雨天气,使牛得到保护,也避免饲草、饲料淋雨变质。舍内及围栏内均铺水泥地面。牛舍面积以每头牛 2 m² 为宜。双坡式牛舍跨度较小,休息场所和活动场所合为一体,牛可自由进出。每头牛占地面积,包括舍内和舍外场地为 4.1~4.7 m²。

(2)棚舍式围栏育肥牛舍:此类牛舍多为双坡式,棚舍四周无围墙,仅有水泥柱子做支撑结构,屋顶结构与常规牛舍相近,只是用料更简单、轻便,采用双列对头式槽位,中间为饲料通道。

(二)肉牛舍结构设计

1. 牛舍建筑结构要求

牛舍内应干燥,冬暖夏凉,地面应保温,不透水,不打滑,且污水、粪尿易于排出舍外。舍内清洁卫生,空气新鲜。牛舍要有一定数量和大小的窗户,以保证太阳光线充足和空气流通。房顶有一定厚度,隔热保温性能好。舍内各种设施的安置应科学合理,以利于肉牛生长。

(1)地基:土地坚实、干燥,可利用天然的地基。若是疏松的黏土,需用石块或砖砌好地基并高出地面,地基深 80～100 cm。地基与墙壁之间最好要有油毡绝缘防潮层。

（2）墙壁:砖墙厚 50～75 cm。从地面算起,应抹 100 cm 高的墙裙。在农村也可用土坯墙、土打墙等,但从地面算起应砌 100 cm 高的石块。土墙造价低,投资少,但不耐久。

（3）顶棚:北方寒冷地区,顶棚应用导热性低和保温的材料。顶棚距地面为 350～380 cm。南方则要求防暑、防雨并通风良好。

（4）屋檐:屋檐距地面为 280～320 cm。屋檐和顶棚太高,不利于保温;过低则影响舍内光照和通风。可视各地最高温度和最低温度等而定。

2. 肉牛舍内部布局

拴系式肉牛舍内部排列,与奶牛舍相似,也分为单列式、双列式和四列式三种。双列式跨度 10～12 m,高 2.8～3.0 m;单列式跨度 6.0 m,高 2.8～3.0 m。每 25 头牛设一个门,其大小为（2.0～2.2 ）m×（2.0～2.3）m,不设门槛。牛舍一般南窗应较多、较大（100 cm×120 cm）,北窗则宜少、较小（80 cm×100 cm）。窗台距地面高度为 120 cm×140 cm。

母牛床（1.8～2.0）m×（1.2～1.3）m,育成牛床（1.7～1.8）m×1.2 m,牛床坡度为 1.5%,前高后低。送料通道宽 1.0～2.0 m,除粪通道宽 1.4～2.0 m,两端通道宽 1.2 m,最好建成粗糙的防滑水泥地面,向排粪沟方向倾斜 1%。牛床前面设固定水泥槽,饲槽宽 60～70 cm,槽底为 U 字形。排粪沟宽 30～40 cm,深 10～15 cm,并向暗沟倾斜,通向粪池。

通气孔一般设在屋顶,大小因牛舍类型不同而异。单列式牛舍的通气孔为 70 cm×70 cm,双列式为 90 cm×90 cm。北方牛舍通气孔总面积为牛舍面积的 0.15%。通气孔上面设有活门,可以自由启闭,通气孔应高于屋脊 0.5 m 或在房的顶部。双列式育肥牛舍图如图 1-18 所示。

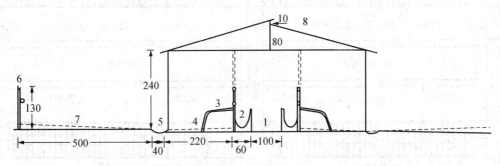

图 1-18　双列式育肥牛舍示意图（单位:m）

（陈幼春.2007.实用养牛大全）

1. 饲喂道　2. 食槽　3. 隔栏　4. 牛床
5. 排污沟　6. 拴牛栏及铁环　7. 休息场　8. 顶棚开缝

【案例分析】

甘肃省张掖市某规模化奶牛场泌乳牛舍内部结构布局

一、案例简介

甘肃省张掖市某规模化奶牛场,占地 252 亩,现有高标准牛舍 8 栋,存栏奶牛 2 400 头;年产鲜奶≥10 760 t,销售收入共计 4 625 万元。该牛场泌乳牛舍朝向均为坐北朝南,内部结构布局充分考虑了规模化和机械化生产工艺,设计较科学合理,其设计剖面图、平面图如图 1-19、

图 1-20 所示。请结合项目一《牛场建设规划与牛舍建筑》的相关知识和要求,认真分析案例资料,指出该泌乳牛舍内部结构的布局与设计特点。

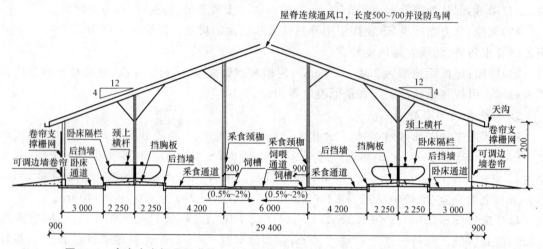

图 1-19　舍内中央饲喂通道的四列 248 牛位卧床散栏饲养牛舍剖面图(单位:mm)

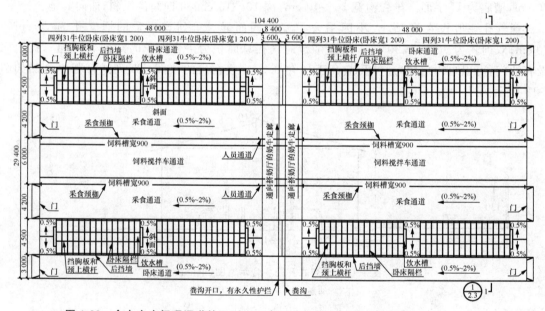

图 1-20　舍内中央饲喂通道的四列 248 牛位卧床散栏饲养牛舍平面图(单位:mm)

二、案例分析

(一)剖面图

从图 1-19 可以看出,该牛舍采用钢架结构,房顶用彩钢屋面板,屋脊设连续通风口,并设防鸟网,屋檐高度 4.2 m,屋顶坡度 3:1,有利于牛舍的通风换气与排水。牛舍内部设计水泥饲喂通道宽 6 m,其中包括饲槽宽 90 cm,采食通道宽 4.2 m,牛只双列对头卧床占地宽 4.5 m,牛只卧床通道宽 3 m,牛舍跨度为 29.4 m。这种设计适合于奶牛的大规模机械化饲养,有利于保持高产奶牛群的生产水平。

（二）平面图

从图1-20可以看出，该奶牛场泌乳牛舍内部结构布局采用单元型四列开放式设计，牛舍长104.4 m，宽29.4 m，占地面积为3 069.36 m²。共有2个饲养单元。每个饲养单元内又采用双列对头式设计，配备124个牛位卧床（2.25 m×1.2 m），设置2个饮水区，每隔15个卧床（18 m）设置1个连接通道。每个饲养单元内设置2个饮水区，为奶牛提供了充足的饮水。2个饲养单元共设计了248个牛位卧床，即饲养泌乳母牛248头。同时，每个卧床均配置了隔栏、挡胸板和颈上横杆，有利于实现奶牛的统一管理。各通道均设向粪尿沟呈2.0%的坡度，便于清理粪尿，保证牛舍环境的清洁。在牛舍两侧设置大小不同的门，如供饲喂车出入、牛只出入及处理粪污的门等，为有效防止病原菌的传播创造了有利的条件。

通过以上分析，我们可以初步知道：一个规模化奶牛场泌乳牛舍的内部结构布局，与牛场的生产水平、饲养模式、饲养规模及相应的设施设备配置密切相关。牛舍内部应合理布局牛卧床、各种通道、粪尿沟及附属设施等，同时还要充分考虑奶牛的机械化生产。只有这样，才能有效提高奶牛生产的劳动效率，获得较好的经济效益。

【阅读材料】

暖棚牛舍建造

暖棚养牛是指在寒冷的季节给开放式或半开放式牛圈舍上扣盖一层塑料薄膜或玻璃等光照保温材料，充分利用太阳能和牛自身所散发的热量，提高舍内温度，减少热能损耗，降低维持需要，提高牛群生产性能和经济效益。

暖棚牛舍主要用于北方寒冷地区。暖棚牛舍建筑必须综合考虑饲养目的、饲养场所的条件、规模及养牛设施等因素。在大规模饲养时，要考虑节省劳力；小规模分散饲养时，要便于详细观察每头牛的状态，以充分发挥牛的生理特点，提高经济效益。

一、暖棚牛舍的建造

（一）暖棚牛舍的类型

根据暖棚舍的外形一般分为单斜面、双斜面、半拱圆形和拱圆形塑膜暖棚。

1. 单斜面棚

这种类型的棚舍，其棚顶一面为塑膜（玻璃）覆盖面，而另一面为土木结构的屋面。棚舍一般为东西走向，坐北朝南。在没有覆盖塑膜时呈半敞棚形状。设有后墙、山墙和前沿墙，中梁处最高半敞棚占整个棚的1/2～2/3。从中梁处向前沿墙覆盖塑膜，密闭式塑膜暖棚，两面出水。该棚舍有土木结构，也有砖混结构，建造容易，结构简单，塑膜容易固定，抗风雪性能较好，管理方便，保温性能好，造价低廉，一般为多列式，适合于规模不大的牛场使用。图1-21为一暖棚舍剖面图，其跨度为5.44 m，前墙高1.5 m，后墙高1.6 m，房脊高2.72 m，牛舍棚盖后坡长，后坡约占舍内面积的70%，要求严实不透风。前坡约占牛舍面积的30%，冬季覆盖塑料膜。三角架支柱在食槽内侧。后墙1 m高处，每隔3 m设有一个通风窗孔，棚顶每隔5 m有一个50 cm×50 cm的可开闭天窗。牛舍一端建饲料调制间和饲养员管理室，另一端设有牛出入门。

2. 双斜面棚

这种类型的棚，棚顶两棚面均为塑膜（玻璃）所覆盖，两面出水。四周有墙，中梁处最高，呈

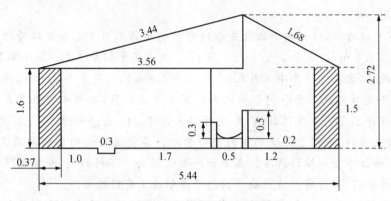

图 1-21 单向斜面暖棚舍剖面图（单位：m）

双列式形状。中梁下面设过道，两边设牛床。塑膜由中梁向两边墙延伸，形成塑膜暖棚。多为南北走向，光线上午从东棚面进入，下午从西棚面进入，日照时间长，光线均匀，四周低温带少，棚内温度高。但由于棚面比较平直，跨度大，建材要求严格，一般用钢材或木材作框架材料，成本较高，抗风，耐压程度较差。在大风大雪环境下难以保持其平衡，适用于风雪较小的地方和较大规模的牛场使用。

3．半拱圆形棚

半拱圆形棚与单斜面棚基本相同，有前沿墙、中梁、后墙、山墙以及木椽、竹帘、草泥、油毛毡等所构成。半敞棚一般占整个塑膜暖棚面积的2/3。靠前沿墙留过道。扣膜时可用竹片由中梁处向前沿墙连成半拱圆形，上覆塑膜，形成密闭式塑膜暖棚。这类棚空间面积大，采光系数大，水滴沿棚膜面向前沿墙滑下，结构简单，易建造，保温好，管理方便。一般为单列式。

4．拱圆形棚

拱圆形棚棚顶全部覆盖塑料薄膜（阳光板），呈半圆形。由山墙、前后墙、棚架和棚膜等组成。

（二）暖棚牛舍的构造

各种类型的暖棚其构造大致相同，均由基础、前沿墙、后墙、山墙、牛床、出入口、地窗、天窗、侧窗、屋面、棚面、间柱、中梁等构成。

基础是指承载整个暖棚舍重量的底座部分，一般由沙石和混凝土构成；前沿墙一般由砖或混凝土构成；后墙一般由土坯和草泥构成；山墙是指形成整个棚舍的侧墙，一般由砖、混凝土构成；牛床是牛只休息和小范围活动场地，一般由混凝土构成；出入口是指饲养人员和牛进出棚舍的通道，一般由木材加工而成；地窗是指棚舍墙距地面5～10 cm所留的进气孔，便于热空气进入棚舍内；天窗是指暖棚舍棚面上所留的排气孔，便于有害气体排出；侧窗是指在两山墙高处所留的通风换气孔，一般情况下，侧窗的高度可以相同，但两山墙侧窗位置不宜相同，以免形成穿堂风；屋面是指暖棚舍用木椽、竹席、草泥、油毛毡等所覆盖的部分；间柱是指暖棚舍内的支柱；中梁是指横跨山墙最高点的大梁。

半拱圆形塑膜暖棚牛舍采用坐北向南、东西走向、单列式。棚舍中梁高2.5 m，后墙高1.8 m，前沿墙高1.2 m，前后跨度5 m，左右宽8 m，中梁和后墙之间用木椽等搭成屋面，中梁与前沿墙之间用竹片和塑料棚膜搭成拱形塑膜棚面。中梁下面沿圈舍走向设饲槽，将牛舍与人行道隔开。后墙距离中梁3 m，前沿墙距离中梁2 m。在一端山墙上留两道门，一道通牛舍,供牛出入和便于清粪,一道通人行道,供饲养人员出入。

（三）暖棚牛舍的建筑施工

1. 基础施工

基础施工要根据土壤条件进行地基处理。其原则是必须要有足够的承重能力,足够的厚度,压缩性小,抗冲刷力强,膨胀性小且无侵蚀。地基深80～100 cm,要求灌浆致密,地基与墙壁之间要有防潮层。

2. 墙基施工

墙基施工要求坚固结实、经久耐用、具有耐水、抗冻、保暖、防火的功能。以土坯为主,砖混为辅的混合墙是最简单的暖棚墙。山墙和后墙用土坯修建,前沿墙、分栏墙、圈舍和工作走道隔墙用砖修建。土墙在圈舍部分要用水泥砂浆包裹起来,其余部分用白灰粉刷。这种墙造价低,但使用年限较短。较正规的暖棚墙为混合型墙。棚舍墙1 m以下部分全部用砖砌成,其余部分用土坯砌成,白灰粉刷。这种墙基牢固,耐腐蚀,使用年限长,易消毒。

砖混墙是最理想的暖棚墙,用砖砌到顶,距地面1 m处抹墙裙。这种墙坚固耐用,防潮、防腐蚀,保暖性能好,虽然一次性投资比较大,但使用年限长,能发挥长期效益。

3. 牛床施工

牛床施工时,既要考虑到保温性能,还要考虑到清洁、卫生、干燥、便于清扫粪便等因素。一般采用全混凝土地面并带有一定的坡度,坡度以1.5％为宜。牛床地面须抹制粗糙花纹,以防滑跌。

4. 后坡施工

暖棚后坡施工首先用框架材料搭成单斜面棚架,其规格根据棚圈设计要求制定,然后用竹席或其他代用品覆盖,撒上麦秸,再用草泥封顶,上覆油毛毡,形成前高后低半坡式敞棚。

5. 暖棚架施工

圆拱形棚的棚架材料宜选择竹片,将带有结和毛刺的竹片削光,使其光滑,最好用牛皮纸或破布将竹片包裹起来,以免造成棚膜破损。一般拱杆与拱杆间距为60～80 cm,拱杆的弯度以25°～30°为宜。中梁的高低按设计要求确定,中梁与中梁间距一般为2～2.5 m。

单斜面棚宜选择木片或木椽,要求光滑平直,上覆保护层。上端固定在中梁上,下端固定在前沿墙或前沿墙枕木上,木片或木椽间距一般为80～100 cm。

6. 棚膜覆盖

暖棚的扣棚时间一般在11月中旬以后,具体时间应根据当地当时的气候情况决定。扣棚时,将标准塑膜或黏接好的塑膜卷好,从棚的上方或一侧向下或另一侧轻轻覆盖。为了保温和保护前沿墙,覆盖膜应将前沿墙全部包进去,固定在距前沿墙外侧10 cm处的地面上。棚膜上面用竹片或木条(加保护层)压紧,四周用泥或水泥固定。

二、暖棚牛舍的环境控制

暖棚是大自然气候环境中的一个小天地,它改变了大气候环境条件,形成一个独特的小气候环境。小气候与大气候差异很大,往往受诸多因素的影响,这就要做好小气候的环境控制。

1. 温度

在阴雪天或者在清晨要把握好通风换气的时间,通风换气孔的设计部位也很重要。提高棚舍内温度,除尽可能接受太阳光辐射和加强棚舍热交换管理外,还可以采取挖防寒沟、覆盖草帘等保温措施。

(1)防寒沟:为了保持牛床积温,达到防寒、防雪水对棚壁的侵蚀,在棚舍四周挖环形防寒沟。一般防寒沟宽 30 cm,深 50~100 cm,沟内填上炉灰渣或麦秸拌废柴油,夯实,顶部用草泥封死。

(2)覆盖草帘:覆盖草帘主要是使夜间棚舍内热能不通过或少通过塑膜传向外界,以保持棚内较高的温度。可用稻草帘、苇帘和麦秸帘等,其面积要略大于棚膜。草帘一端固定在暖棚顶部,夜间放下,铺在棚膜上,白天卷起仍固定在顶棚。若需要多块草帘,各草帘间的结合处要有适当宽度的重叠。

2. 湿度

塑膜暖棚内的湿度控制应采取综合治理措施,除平时及时清理牛床粪尿,保证牛床无粪尿堆积,加强通风换气管理外,还应采取加强棚膜管理和增设干燥带等措施。

(1)加强棚膜管理:要经常擦拭薄膜表面的灰尘和水珠,以保持棚膜清洁,获得尽可能大的光照度。

(2)增设干燥带:塑膜暖棚干燥带可设多处,主要设在前沿墙和工作走道上,而前沿墙上增设干燥带效果最好。具体设置方法是:将前沿墙砌成空心墙,当墙砌至规定高度时中间平放一块砖将空心墙封死,在平放砖两侧竖放一块砖,形成凹型墙,凹形墙的外缘与棚膜光滑连接。凹形槽内添加沙子、白灰、锯末等吸湿性较强的材料,当水滴沿棚膜下滑至前沿墙时,水滴就会很自然地流入凹形槽内,被干燥带干燥材料所吸收,这样只要勤换干燥材料就可收到湿度控制的最佳效果。

3. 尘埃、微生物和有害气体

塑膜暖棚内尘埃和微生物一般都高于棚外,有效控制办法就是增加通风换气量和减少人为造成的不应有的污染。

塑膜暖棚内有害气体主要有二氧化碳、硫化氢、氨气和少量甲烷气体。控制有害气体除及时清理牛的粪尿外,还要加强通风换气。通风换气时间一般应在外界温度高的中午,打开阳光照射一面的进气孔和棚顶排气孔进行换气。清晨宜在太阳刚出时或太阳出来后进行通风换气,但时间不宜过长。夜间气温低,不宜换气,换气时间不宜太长,一般每次半小时左右。最好采取间歇式换气法:换气—停—再换气—再停。具体换气次数和时间要根据棚舍大小、牛只多少和人对舍内气体的感觉来决定。

【考核评价】

散栏饲养牛舍剖面图的绘制

一、考核题目

某奶牛场采用散栏式饲养,其奶牛舍呈现双坡六列房舍样式,屋脊设连续风口,屋顶设防鸟网,屋檐高度 4.2~4.8 m,屋顶坡度 12:4,屋面采用复合彩钢加阳光板材料,牛舍跨度 34.8 m,中央饲喂通道宽 6.0 m,奶牛采食通道宽 4.2 m,双列对头自由卧栏 2.25 m×1.2 m,单列靠墙自由卧栏 2.4 m×1.2 m,隔栏高度 1.20 m,卧床通道宽 3.5 m,地面坡度 0.5%~2%。试根据以上参数绘制舍内中央饲喂通道的六列 336 牛位卧床散栏饲养牛舍剖面图。

二、评价标准

舍内中央饲喂通道的六列式散栏饲养牛舍对自由卧栏的要求较高,其中央饲喂通道、奶牛采食通道及卧床通道的设计应充分考虑奶牛的采食空间和活动空间。根据上述参数绘制的舍内中央饲喂通道六列式 336 牛位卧床散栏饲养牛舍剖面图,可参考图 1-22。

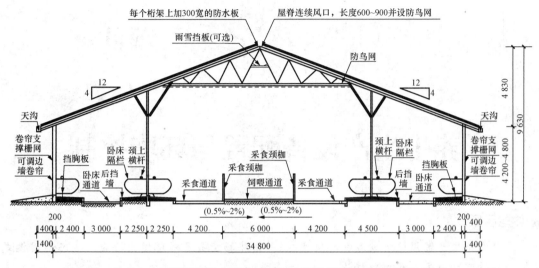

图 1-22   舍内中央饲喂通道的六列 336 牛位卧床散栏饲养牛舍剖面图(单位:mm)

【信息链接】

1. NY/T 682—2003 畜禽场场区设计技术规范。

2. NY/T 5027—2008 无公害食品 畜禽饮用水水质。

项目二

养牛生产设备配置与环境控制

🍁 学习目标

了解养牛生产常用设施设备和环境要求;知道牛场废弃物对环境的污染及生态利用模式;掌握牛的适宜环境条件及控制措施。

🍁 学习任务

◆◆◆ 任务1　养牛生产设施设备配置 ◆◆◆

一、牛的生产设施配置

(一)奶牛舍内的主要设施

1. 牛床

牛床是奶牛采食、挤奶和休息的场所,应具有保温、不吸水、坚固耐用、清洁、消毒方便等特点。牛床的排列方式,根据牛场规模和地形条件而定,可分为单列式、双列式和四列式等。牛床要求长宽适中,牛床过宽过长,牛活动余地过大,牛的粪尿易排在牛床上,影响牛体卫生;过短过窄,会使牛体后躯卧入粪尿沟且影响挤奶操作。牛床的坡度应适当,并要高于舍内地面5 cm,以利于冲洗和保持干燥。坡度通常为1°～1.5°,但不要过大,否则奶牛易发生子宫脱和脱跨。北方寒冷,地面潮凉,牛床上应铺硬质木板、橡皮或塑料材料做面层,木板表面刨糙,防止奶牛滑倒。牛床长、宽设计参数见表2-1。

2. 隔栏

为防止奶牛横卧在牛床上,牛床上应设有隔栏,通常用弯曲的钢管制成,隔栏的一端与颈枷的栏杆连在一起,另一端固定在牛床的2/3处,隔栏高80 cm,由前向后倾斜。

表 2-1　牛床长、宽设计参数　　　　　　　　　　　　　　cm

牛群类别	长度	宽度
成年奶牛	170～180	110～130
青年牛	160～170	100～110
育成牛	150～160	80
犊牛	120～150	60

3. 食槽

食槽是牛舍中的重要设施,有固定的、也有可移动的,建筑材料有木材、砖砌抹水泥或水泥的预制件。奶牛舍一般在牛床前面设置固定的通长食槽,食槽需坚固光滑,不透水,稍带坡,而且耐磨、耐酸,以便清洗消毒。为适应牛舌采食的行为特点,槽底壁呈圆弧形为好,槽底高于牛床地面 5～10 cm。饲槽前沿设有牛栏杆,饲槽端部装置给水导管及水阀,饲槽两端设有窗栅的排水器,以防草、渣类堵塞阴井。一般成年牛食槽尺寸见表 2-2。

表 2-2　牛食槽设计参数

(宋连喜.2007.牛生产)　　　　　　　　　　　　　　cm

奶牛	槽上部内宽	槽底部内宽	前沿高	后沿高
泌乳牛	60～70	40～50	30～35	50～60
育成牛	50～60	30～40	25～30	45～55
犊牛	30～35	25～30	15～20	30～35

现代牛舍也有的不设立高位饲槽,而采用带有一定弧度的低位(略低于通道地面)饲槽,以利于机械饲喂与清扫。近年有较多奶牛场采用地面饲槽,即饲槽是饲喂通道的沿延,仅在靠牛床侧表面加铺约 60 cm 宽的水磨石或钢砖即可。

4. 饮水设施

牛场舍内饮水设施包括输送管路和自动饮水器(图 2-1)或水槽。每 6～10 头牛需要一个饮水器或 10～20 头牛需要一个周长为 100 cm 的水槽(表 2-3)。每群牛至少要有两个水槽位可供选择,水槽中水的深度不宜超过 15～20 cm,以保持水质新鲜。

表 2-3　散栏式饲养饮水器或水槽安装数量和高度

(王根林.2006.养牛学)　　　　　　　　　　　　　　cm

项目	奶牛体重/kg						
	100	200	300	400	500	600	700
饮水器安装高度/cm	50	50	60	60	70	70	70
每只饮水器供应牛数/头	10	10	8	8	6	6	6
水槽安装高度/cm	40	40	40	40	50	50	50
每米水槽供应牛数/头	20	17	13	12	11	11	10

小型牛场多数采用在运动场上修建饮水池的方法,供牛自由饮水。为保持饮水清洁,要求

水碗　　　　　　　　　　　电热保温饮水池

图 2-1　自动饮水器

水池离地面至少高 40 cm,以防牛蹄踏入;水池上方建凉棚,以减少沙尘、树叶等污染;水池要有排水孔,方便清洗。冬季可采用底下生火或安装电热丝等方法给水加温,也有在圆形水池上放一块浮起的圆形板,可以减轻结冰的程度,牛嘴压板材时水溢出可供饮用。水源多数来自水井,大型奶牛场都建有水塔供牛场冲洗和饮用。

5. 喂料通道

饲喂通道位于饲槽前,用于运送、分发饲料。宽度视饲喂工具而定,如果采用小推车喂料,其宽度一般为 1.4～2.4 m;采用机械喂料,其宽度则需 4.8～5.4 m,坡度为 1°。

6. 中间过道

中间过道与粪尿沟相连,是清粪尿、奶牛出入和进行挤奶作业的通道。通道的宽度除了要满足清粪运输工具的往返外,还要考虑挤奶工具的通行和停放,而不致被牛粪等溅污。通道的宽度一般为 1.6～2.0 m,路面有 1%～4% 的拱度,同时,路面要划线防止奶牛滑倒。防滑线(宽 0.7～1.2 cm、深 1 cm 的浅槽,槽间距 10～13 cm)一般平行于清粪通道(即牛舍)的长轴方向。

7. 粪沟

牛床和中间过道之间设有粪尿沟,明沟沟沿做成圆钝角,沟宽 30～40 cm,以板锹能放进沟内为宜,沟深 10～20 cm,沟底约带 6° 的坡度便于排水。国外常采用盖有栅格板的宽粪沟,作为牛床的延长部分,因此牛床的长度较短。德国为 1.45～1.57 m,美国只有 1.4～1.5 m。此情况下粪沟的栅格板与牛床位于同一平面。牛的后蹄可踏在栅格板上,并有 60% 的粪便可排泄在上面,所以清粪工作显著减少,而且牛体也较清洁。现代化奶牛舍粪尿沟多采用漏缝地板,或安装链刮板式自动清粪装置,链刮板在牛舍往返运动,可将牛粪直接送出牛舍。

8. 颈枷

要求坚固、轻便、光滑、操作方便。常见颈枷有硬式和软式两种。硬式(图 2-2)用钢管制成,软式(图 2-3)多用铁链,其中主要有以下两种形式。

直链式:这种颈枷由两条长短不一的铁链构成。长链长 130～150 cm,下端固

图 2-2　硬式颈枷示意图(单位:m)

定在饲槽的前壁上，上端则拴在一条横梁上，短铁链（或皮带）长约 50 cm，两端用 2 个铁环穿在长铁链上，并能沿长铁链上下滑动。使牛有适当的活动余地，采食休息均较方便。

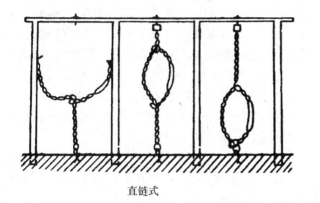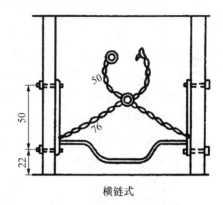

直链式　　　　　　　　　　　　　　　横链式

图 2-3　软式颈枷示意图（单位：cm）

（杨和平.2001.牛羊生产）

横链式：也由长短不一的两条铁链组成，为主的是一条横挂着的长链，其两端有滑轮挂在两侧牛栏的立柱上，可自由上下滑动。用另一短链固定在横的长链上套住牛颈，牛只能自如地上下左右活动，而不至于拉长铁链而导致抢食。

9. 门

位于牛舍两端和两侧面，不设门槛，每栋牛舍应有一个或两个门通向运动场，门向外开。运料门和清粪门分开。牛舍门高不低于 2 m，宽 2.2～2.4 m。采用全混合日粮饲喂技术时，连接饲喂通道的门一般宽 3.0～5.0 m，高 2.6～3.0 m，不仅有利于牛舍的通风换气，且便于机械饲喂。坐北的牛舍，东西门对着中央通道，百头成年乳牛舍设通往运动场的门 2～3 个。不同牛舍门尺寸见表 2-4。

表 2-4　不同牛舍门的尺寸　　　　　　　　　　　　　　　　　m

奶牛	门宽	门高
成年牛、青年牛	1.8～2.0	2.0～2.2
育成牛、犊牛	1.4～1.6	2.0～2.2

10. 窗

南窗规格为宽 1.0 m，高 1.2 m，数量宜多。北窗规格为宽 0.8 m，高 1.0 m，数量宜少。窗户总面积一般为牛舍占地面积的 8%。

（二）牛场配套设施

1. 牛场防疫管理设施

（1）人员、车辆清洁消毒设施：①牛场四周应建较高的围墙或坚固的防疫沟，以防止场外人员及其他动物自由进入场区。牛场大门及各区入口处、各舍入口处均应设置相应的消毒设施，如车辆消毒池、脚踏消毒池（槽）或喷雾消毒室、更衣换鞋间、紫外线消毒走廊等，便于人员和车辆通过时消毒。供车辆通行的消毒池长 4 m、宽 3 m、深 0.1 m，地面平整，耐酸、耐碱，不透水。供人员通行的消毒池可采用药液浸润，踏脚垫放入池内进行消毒，其大小为：长 2.5 m，宽

1.5 m,深 0.05 m,池底有一定坡度,并设有排水孔。消毒液应保证经常有效。消毒室内应安装紫外线灯,距离地面约 2 m,以紫外线有效消毒距离 2 m 计算所需紫外线灯的数量,消毒时间一般 30 min 即可。②安装闭路电视,外来人员在此房间内可清楚看到牛场各个区域,不必进入生产区参观,但这一整套设施的投入资金和维持管理费用较多,各场依具体情况选定。③安装参观平台。在办公区内邻近生产区的位置,建一较高的平台和楼梯,外来参观考察人员只需登上此台,可瞭望全场各区生产状况。

(2)兽医室、隔离舍:兽医室大小根据实际情况灵活设计,隔离舍可按牛场存栏量的 2%~5% 设计,墙壁应用水泥抹至 1.5 m 处,地面应为水泥结构,以利于消毒处理。隔离舍应建在牛场的下风向和低洼处,而且相对偏僻一角,便于隔离,减少空气和水的污染传播。

2. 牛场安全与防暑、防寒设施

(1)牛场安全设施:牛场安全中最重要的是防火,干草区和饲料区是牛场防火的重点,除制订安全责任制度外,还要配备防火设施,如灭火器、消防水龙头,以防止干草"自燃"或火灾等。另外应防止跑牛,围栏门、牛舍门及牛场大门都要安装结实的锁扣。

(2)防暑设施:气温高于 25℃,牛开始出现热应激反应。夏季应注意牛场建设布局的通风性能,防止建筑物成为牛舍夏季风的屏障;牛场植树能提供阴凉,又不阻挡通风。运动场上若没有大树应搭建部分凉棚。此外,炎热季节可采用安装大型排风扇和喷雾水龙头等手段进行防暑。

(3)防寒设施:牛是比较耐寒冷的动物,奶牛在环境温度低于 10℃时,表现出采食量增加;肉牛能耐受更低的温度。舍饲牛舍要防止漏风、"贼风"。长江以南多为开放式牛棚,只要注意牛床和垫草的干燥,一般冬春能安全渡过。北方地区半开放式牛舍,在冬春季大风天气,可迎着主风向在牛舍挂帘阻挡寒风,平时注意喂饱牛只和垫干的褥草,都能安全越冬。我国北纬 40° 以北,海拔较高的地区,冬春季节应让牛在牛舍内或搭建的大棚中度过比较适宜。

3. 道路规划设施

场区内道路要求平直、坚硬不积水。主干道路因与场外运输线路连接,其宽度应能保证顺利错车,为 6~7 m;支干道路宽度一般为 3~3.5 m。清粪道与运送饲料、产品的道路要分别单设,不交叉,以免造成交叉污染。

4. 给排水设施

牛场用水量大,要求供水充足,污水、粪尿能排净,舍内清洁卫生。供水设备可根据牛场的具体条件来决定简单和完善与否。场区应统一规划给排水系统,以保证生产生活用水和及时排除污水。为减少投资,一般可在道路一侧或两侧设明沟排水,沟壁、沟底可砌砖、石,也可将土夯实做成梯形或三角形断面。排水沟最深处不应超过 30 cm,沟底应有 1%~2% 的坡度,上口宽 30~60 cm。有条件时,也可设暗沟排水(地下水沟用砖、石砌筑或用水泥管),但不宜与舍内排水系统的管沟通用,以防泥沙淤塞影响舍内排污,并防止雨季污水池满溢,污染周围环境。

5. 运动场设施

(1)运动场位置及面积:运动场一般设在牛舍南侧为好,一般利用牛舍间距,也可设置在牛舍两侧,或设在场内比较开阔的地方。运动场是牛休息、运动的场所,地面最好用三合土夯实或水泥混凝土地面,并有 1°~5° 的坡度,靠近牛舍处稍高,东西南稍低,且设有排水沟。运动场的面积,应保证牛的活动休息,又要节约用地,一般为牛舍建筑面积的 3~4 倍或按每头牛需运动场面积:成年牛≥20 m²、育成牛和初孕牛≥15 m²、犊牛≥8 m² 计算。

(2)围栏:运动场四周设围栏,可用钢筋混凝土立柱式铁管。立柱间距 2 m,立柱高度 1.5 m,横梁 3~4 根,围栏门宽 2 m,围栏外设排水沟。

(3)饮水槽和补饲槽:饮水槽设在运动场的东侧或西侧,规格按 50~100 头饮水槽 5 m× 1.5 m×0.8 m(两侧饮水)设置,也可设置自动饮水装置。水槽周围铺设 3 m 宽的水泥地面,以利于排水。补饲槽设在运动场北侧靠近牛舍门口,便于饲养员收集牛吃剩草料。补饲槽的大小、长度根据牛群大小而定,尽量避免相互争食、争饮而打斗。在补饲槽一端可设一个食盐槽,以补充盐分。

(4)凉棚:夏季炎热,运动场应设凉棚,以防夏季烈日曝晒及雨淋,一般建在运动场中间,常为四面敞开的棚舍建筑,一般东西走向。建筑面积按每头牛 3~5 m²。高度以 3.5 m,宽 5~ 8 m 为宜,棚柱采用钢管、水泥柱、水泥电杆等,顶棚支架可用角铁或木架等。棚顶可用石棉瓦、水泥板、金属板、木板、油毡等材料,顶部涂上反射率高的涂料以减少太阳辐射热的吸收。凉棚内地面要用三合土夯实,地面经常保持 20~30 cm 沙土垫层。

6. 牛场饲草料加工及贮存设施

(1)饲料库房:根据牛场的运输能力以及防止雨雪等恶劣天气的影响,设计一定容量的仓库供短期贮存饲料。规模化奶牛场应建有存放精料的原料仓库和成品库,原料库房一般存放牛场 1~2 个月的精料量,精料成品库能存放牛场 1~2 周的精料饲喂量。库房的建设要求高于地面 30 cm 以上。门窗安有纱网以防鼠、雀侵入,并有通风、防火等设施,保持室内干燥。

(2)饲料加工间:根据牛场规模大小配备粉碎、称量、混合等机具,以及存放啤酒糟、糖蜜、食盐等原料的场所;一般采用举架较高的平房,墙面应用水泥抹 1.5 m 高,防止饲料受潮和鼠害。

(3)青贮窖或青贮塔:我国北方地区大多采用青贮窖(池)进行青贮,青贮窖应位置适中,地势较高,防止粪尿等污水浸入污染,同时要考虑出料时运输方便,减小劳动强度。小型青贮窖顶宽 2.0~4.0 m,深 2.0~3.0 m,长 3.0~15.0 m;大型窖宽 10.0~15.0 m,深 3.0~3.5 m,长 30.0~50.0 m。青贮窖的宽、深取决于每日饲喂的青贮量,通常以每日取料的挖进量不少于 15 cm 为宜。在宽度和深度确定后,根据青贮需要量,计算出青贮窖的长度。也可根据青贮窖容积和青贮原料容重计算出青贮料重量,一般 1 m³ 青贮窖容积可贮青玉米 600~800 kg。青贮窖可以由青饲切碎机在切碎的同时装料,或由青饲料收获机后面的拖车运回自卸装入。

(4)干草棚及草库:尽可能地设在下风向地段,与周围房舍至少保持 50 m 以上距离,单独建造,附近设有值班室并备有消防设施等。

7. 乳品处理间

奶牛场所生产的牛乳一般需经过初步处理方可出场,故凡有条件的牛场均应建立乳品处理间,其至少包括两部分,即乳品的冷却处理部分和贮藏、洗涤及器具消毒部分。

8. 人工授精设施

包括采精及输精室、精液处理室、器具洗涤消毒室。采精及输精室应卫生,光线充足;精液处理室应配置显微镜,建筑结构应有利于保温隔热,并与消毒室、药房分开,以防影响精子的活力。

9. 牛场粪尿及污水处理设施

(1)贮粪场和污水池:贮粪场和污水池应设在生产区的下风处,与牛舍保持 100 m 的间距,大小应根据每天平均排出粪尿和冲污污水量而定。一般成年牛日排污量为 70~120 kg,育成牛为 50~60 kg,犊牛为 30~50 kg。一般设在牛舍的北面,离牛舍有一定的距离,且方便出粪,方便运输和排放。粪场面积约 500 m²,三面有 1 m 高的砖墙或石墙。贮尿污水池要有 1 000 m³,最好是筑塘贮污水,可用来灌、淋作物,过多时也可排放。

(2)化粪池:牛粪处理应是种养结合的体现,走生态农业发展之路。所以,要在饲料地边建一定容量的化粪池,进行牛粪的发酵处理,把腐熟的牛粪及时施入农田增强土地肥力。

10. 牛场绿化

绿化是整个牛场建设的一部分,应有统一的计划和方案。场内绿化应把遮阴、改善小气候和美化环境结合起来考虑。有条件的牛场可在牛场周边种植大面积的乔木、灌木混合林带或草地等,以改善场区环境条件和局部小气候,起到净化空气和美化环境的作用。在场内各分区间种植杨树、榆树等设置隔离林带,以起到隔离作用。在各分区内道路两旁可种植塔柏、冬青等四季常青树种进行绿化,形成绿化带。在运动场的东、南、西三侧,设 1~2 行遮阳林,为牛只创造良好的休息环境。

二、养牛生产常用设备

(一)精饲料加工机械与设备

这部分机械包括清理筛选、粉碎和输送三大部分。

1. 除杂设备

除特大型牛场安装有较全的设备外,一般只安装防铁片等杂物的磁选设备。国内外的饲料加工业和农牧场多应用永磁式磁选器。永磁式磁选器可分为永磁溜管、永磁筒和永磁滚筒 3 种。永磁溜管(图 2-4)具有结构简单、装置灵活,占用车间位置小等优点。缺点是被吸住的杂质容易被物料流冲走,除杂效率低。国产 CXY·40 型永磁筒(图 2-5)为固定式磁选器。它

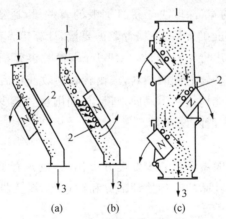

(a)　　　(b)　　　(c)

图 2-4 永磁溜管

(a)下部安装磁铁　(b)上部安装磁铁　(c)左右安装磁铁

1. 物料入口　2. 被吸住铁质杂物　3. 清理物料出口

的磁性部件固定不动,不需驱动,结构较简单,但吸附的铁质杂物需由人工定期清除。

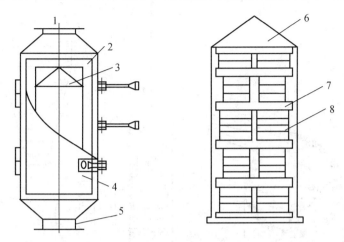

图 2-5　永磁筒磁选器

1. 进料口　2. 外筒　3. 磁体　4. 外筒门　5. 出料口

6. 不锈钢外罩　7. 导磁板　8. 磁铁块

（陈幼春.2007.实用养牛大全）

2. 饲料粉碎机

常见的粉碎机类型有爪式、劲锤式、锤片式和对辊式 4 种。爪式粉碎机是利用固定在转子上的齿爪将饲料击碎。这种粉碎机具有结构紧凑、体积小、重量轻等特点,适用于含纤维较少的精饲料。其结构简图如图 2-6 所示。锤片粉碎机是一种利用高速旋转的锤片击碎饲料的机器,其特点是生产率高、适应性广,既能粉碎谷物类精饲料,又能粉碎干草类、秸秆等粗饲料,因此也称为草粉机。但是,它的粉碎粒度细小,不利于反刍动物的消化,而且动力消耗很大。锤片式粉碎机按其结构的不同可分为切向进料式和轴向进料式两种,切向进料式锤片粉碎机如图 2-7 所示。对辊式粉碎机是由一对回转方向相反、转速不等的带有刀盘的齿辊进行粉碎,主要用于粉碎油料作物的饼渣,如豆饼等。

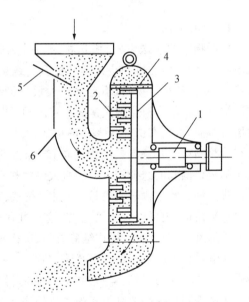

图 2-6　爪式粉碎机

1. 主轴　2. 定齿盘　3. 动齿盘　4. 筛片

5. 进料控制插门　6. 喂入管

（陈幼春.2007.实用养牛大全）

3. 制粒机

饲料原料被粉碎成粉后,可以将不同种类粉料混合,经制粒机压制成颗粒饲料。但相应的加工设备及加工成本较高。整套制粒设备包括:压粒机、蒸汽锅炉、油脂和糖蜜添加装置、冷却装置、碎粒去除和筛粉装置。这里仅介绍压粒机。按压粒部件的结构特点,压粒机可分为螺旋式压粒机、平模压粒机和环模压粒机 3 种。环模压粒机是应用最广的一种压粒机。它的主要特点是环模与压辊上各处的线速度相等,没有额外的摩擦力,全部压力被用来压粒。如图 2-8 所示。

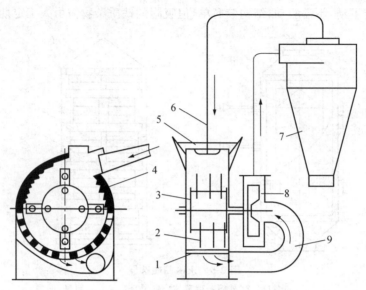

图 2-7　切向进料式粉碎机

1. 筛片　2. 锤片　3. 转盘　4. 齿板　5. 进料斗　6. 回风管　7. 旋风分离筒　8. 风机　9. 吸料管

（陈幼春.2007.实用养牛大全）

4. 输送机械

根据物料的输送方式,输送机械可分为螺旋输送机、刮板式输送机、胶带输送机和斗式提升机等。螺旋输送机适宜输送粉料、颗粒料和小块物料,不宜输送大块的磨损性很强、易破碎或易粘结成块的物料。特点是简单紧凑、封闭性好,但螺旋叶片对物料磨损大,功率消耗较大。刮板式输送机主要用来输送粉状和粒状物料。其特点是结构简单,装卸方便,输送距离长,缺点是刮板和槽底的磨损较大。刮板式输送机有一般刮板式和埋刮板式两种。胶带输送机可输送粉状、粒状、块状及袋装物料,可以水平输送,也可以倾斜输送,在输送过程中物料不受损坏。其主要优点是结构简单、操作维修方便、工作平稳可靠、噪声小,可以在输送长度的任何地方进行装、卸料。缺点是不密封,输送轻质粉状物料时易飞扬。斗式提升机是饲料加工厂常用设备,故不作详细阐述。一般刮板式输送机的构造如图 2-9 所示,胶带输送机的构造如图 2-10 所示。

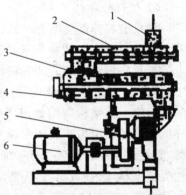

图 2-8　环模制粒机示意图

1. 料斗　2. 螺旋送料器　3. 添加器
4. 搅拌调质器　5. 压粒器　6. 电动机

（陈幼春.2007.实用养牛大全）

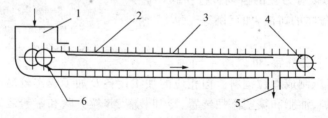

图 2-9　刮板式输送机

1. 喂料口　2. 链刮板　3. 托架　4. 驱动轮　5. 卸料口　6. 被动轮

（陈幼春.2007.实用养牛大全）

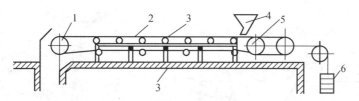

图 2-10　胶带输送机简图

1. 驱动滚筒　2. 输送带　3. 支承装置　4. 进料斗　5. 张紧轮　6. 张紧用重物

（陈幼春.2007.实用养牛大全）

（二）干草与秸秆类加工机械

1. 揉搓机

揉搓机（图 2-11）是介于铡切和粉碎两种机械加工方式之间的机型。茎秆类物料，尤其是玉米秸秆，经过揉搓机的加工，产品为丝状，完全破坏了节与茎秆的结构，并被切成 8～10 cm 的碎段，适口性大为改进，家畜采食量增加，秸秆的全株采食率从原来的 50% 提高到 95% 以上。

2. 揉切机

本系列机型的特点是利用动刀代替现有铡草的切刀、揉搓机上的锤片及物料搅拌机的搅拌轮，用 3～6 套定刀组代替现有铡草机上的定刀、揉搓机上的齿板。并可根据饲喂要求采用不同的动刀数和定刀组数，以改变加工秸秆的长度和揉搓度。

图 2-11　牧草揉搓机

3. 热喷加工设备

秸秆热喷的原理是将密闭容器内的秸秆加热和加压，然后迅速解除压力，使秸秆暴露在空气中膨胀。所以，秸秆热喷实际上是高热、高压处理和膨化技术。热喷装置的构造及工艺流程如图 2-12 所示。

（三）青贮和块根类加工机械与设备

1. 铡草机

铡草机也称切碎机，主要用来切断茎秆类饲料。根据不同类型用户的需求产生了小型、中型和大型各种不同机型。铡草机按切割形式不同又可分为滚筒式和圆盘式两种。大中型铡草机为了便于抛送青贮饲料，一般都为圆盘式，而小型铡草机多为滚筒式。如图 2-13 所示。

2. 青贮饲料液压打包机

该设备属于全自动型秸秆压缩打包机，设备通过行程开关以及 4 支液压油缸的配合工作完成整个秸秆碎料打包，人工只需要接袋、套袋、扎口。设备分为集料箱、压缩箱、出料口、主压头、侧压头、推包压头、液压缸、液压阀、电器等部件。设备能使集料箱连续供料，增加了设备效率，设备的集料箱可以观察物料多少，防止堵料。其打包过程是通过输送带运送系统将物料运到打包机集料箱内。如图 2-14 所示。

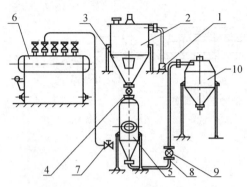

图 2-12　热喷装置

图 2-13　铡草机

1. 铡草机　2. 贮料罐　3. 进料漏斗　4. 进料阀　5. 压力罐
6. 锅炉　7. 供气阀　8. 排料管　9. 排料阀　10. 卸力罐

（陈幼春.2007.实用养牛大全）

3. 青贮草捆裹包系统

1984 年澳大利亚英特包装集团公司研制了制作青贮饲料的青贮捆裹包系统并获得专利。由于这套系统性能可靠、结构简单、高效率、低能耗、损失小、易存放等特点，很快在一些畜牧业发达国家得到了推广应用。如图 2-15 所示。

图 2-14　青贮饲料液压打包机

图 2-15　自动青贮包裹机

4. 块根块茎洗涤切碎机

块根块茎的洗涤设备有滚筒式、爪式和螺旋式 3 种，前面两种应用较少，目前应用较多的是由螺旋式洗涤设备和切碎设备组成的块根洗涤切碎机。如图 2-16 所示的块根洗涤切碎机可以用来洗涤甜菜、胡萝卜、马铃薯和其他块根块茎饲料，并进行切碎。切碎后的块根可用来青贮，也可直接混入其他饲料饲喂。该机配备电动机功率为 9 kW，生产效率为 5 t/h。

（四）养牛场饲养机械与设备

1. 水平青贮取料设备（图 2-18）

对于水平青贮取料时，常用悬挂在拖拉机上的青贮料切削装载机（图 2-17）进行，牧场也可配置独立的青贮取料机，如图 2-18 所示。

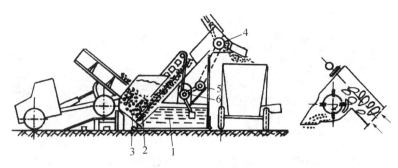

图 2-16　块根洗涤切碎机

1. 水箱　2. 洗涤绞龙　3. 接收箱　4. 滚筒式切碎器　5. 电动机　6. 水泵

（陈幼春.2007.实用养牛大全）

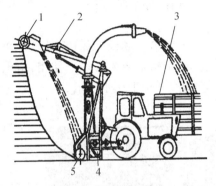

图 2-17　青贮饲料切削装载机工作简图

1. 切削滚筒　2. 升降悬臂　3. 喂料拖车

4. 风扇　5. 装料斗

（陈幼春.2007.实用养牛大全）

图 2-18　独立的青贮取料机

2. 饲料混合机

目前大规模牛场均采用全混合日粮（TMR）饲料搅拌机（图 2-19）饲喂牛只。该机能将粗饲料、精饲料、矿物质、维生素、添加剂和其他饲料在饲料搅拌车内按比例充分混合。可直接用拖拉机牵引、边移动、边混合，直接将饲料均匀投放在饲槽中，节省时间和劳动力。带有自动称重装置，添加量随时设定。目前使用的饲料搅拌车，按行走方式划分主要有：固定式、牵引式、自走式；按搅拌工作原理划分主要有：立式搅拌和卧式搅拌两种；按投料方式划分主要有单侧投料和双侧投料等。全混合日粮（TMR）饲料搅拌机容积有 $5\sim25\ m^3$ 不等。同一种形式的搅拌车也有不同种规格型号。

3. 挤奶装置

挤奶装置一般由挤奶器和真空装置两大部分组成。挤奶器是机器挤奶的基本设备，而真空装置则是挤奶器的动力设备。根据挤奶规模的大小，在装置中可配有若干套相同的挤奶器。根据需要在挤奶器和真空装置上添加若干附属设备后，可组成不同类型的挤奶装置，以适应不同的奶牛饲养制度、挤奶组织方式和各种机械化水平的要求。目前，我国使用的挤奶装置有提桶式、移动式、管道式、挤奶间式等类型。

（1）提桶式挤奶装置：真空装置固定在牛舍内，挤奶器和可携带的奶桶组合在一起，可依次

全混合日粮饲料搅拌车——卧式　　　　全混合日粮饲料搅拌车——立式

图 2-19　全混合日粮(TMR)饲料搅拌机

移往奶牛床位挤奶,挤出的牛奶直接流入奶桶,桶中奶再倒入集奶容器,适用于拴系式奶牛舍。每头牛的挤奶时间约为 6～8 min,每人最多可管理 2 套挤奶器,每小时可挤 15～20 头奶牛。如图 2-20 所示。

(2)移动式挤奶装置(挤奶车):移动式挤奶装置是专为小型奶牛场设计的,它是最简单的一种挤奶装置,由带挤奶桶的挤奶器和真空泵机组等组成,可在奶牛舍或草场上使用,由电动马达或燃油驱动。每小时可挤 15 头奶牛,有 1～2 套挤奶杯组。如图 2-21 所示。

图 2-20　提桶式挤奶机　　　　图 2-21　移动式挤奶机

(3)管道式挤奶装置:真空装置和牛奶输送管道固定在牛舍内,挤奶器无挤奶桶,挤出的牛奶可直接通过牛奶计量器和牛奶管道进入自动制冷罐,不与外界空气接触,并可配置自动化的洗涤装置,每次挤奶后整个挤奶系统自动进行清洗消毒,因而,牛奶卫生质量较好。

管道式挤奶装置(图 2-22)每人可管理两套挤奶器,若每天 3 次挤奶,每人可挤 35～45 头奶牛。目前,我国许多奶牛场采用管道式挤奶系统。

(4)挤奶杯:在机器挤奶过程中,套在奶牛乳头上的 4 个挤奶杯模仿小牛吸奶动作,利用真空抽吸作用将牛奶吸出来。挤奶杯(图 2-23)由两个圆筒构成。外部为金属圆筒,内部为橡皮筒,称为内套(图 2-24),内套与金属圆筒相互形成两个彼此隔开的小室:其一是在挤奶杯套上乳头后,在乳头下形成小室,称为乳头室;另一为内套与金属圆筒之间的小室,称为脉动室。乳头室与脉动室都由橡皮软管通往挤奶机的其他部件。

图 2-22 管道式挤奶装置

(梁学武.2002.现代奶牛生产)

图 2-23 挤奶杯

(牛高效生产技术.2012.何东洋)

图 2-24 内套

(牛高效生产技术.2012.何东洋)

（5）挤奶杯自动摘卸装置：挤奶杯自动摘卸装置能在奶流量减小到不足 0.2 L/min 时自动卸下套在乳头上的挤奶杯，以减少乳头受到空吸的危险。

（6）奶牛乳房清洗设备：乳房自动清洗设备（图 2-25）设在挤奶间的进出通道上，由电光源、光电检测装置和设在地面下的喷嘴等组成，洗涤剂常为次氯酸溶液。

（7）挤奶栏启闭机构：挤奶栏门由压缩空气作动力，通过活塞连杆机构操纵。控制压缩空气进出活塞缸筒的阀门操纵杆设在挤奶间的工作地沟内，由挤奶员操纵，使每头或每批奶牛在挤奶结束时及时按正确的方向走出挤奶栏，同时让待挤奶的牛进入挤奶栏。

（8）奶牛精料喂饲设备：挤奶间内对乳牛进行挤奶时，常同时喂给精料。所以在挤奶间中设有料筒，料筒内的精料可以通过计量装置将一份精料排入饲槽，使奶牛能在挤奶的时候采食。近年来，国外发展了能自动识别奶牛的自动喂饲系统，并用它给奶牛喂饲料。如图 2-26，图 2-27 所示。

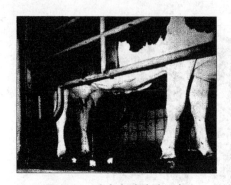

图 2-25　乳房自动清洗设备

（梁学武.2002.现代奶牛生产）

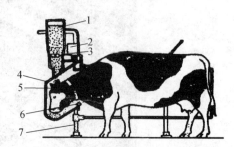

图 2-26　能识别奶牛的计算机控制的喂料系统

1. 饲料箱　2. 控制箱　3. 喂料器　4. 饲槽

5. 带有信号转发器的劲圈　6. 信号接收器　7. 护栏

（陈幼春.2007. 实用养牛大全）

4. 牛奶预处理设备

（1）牛奶泵：牛奶泵主机是挤奶装置和加工设备中的牛奶输送设备。常用的牛奶泵为离心泵，流量为 4 500～6 300 L/h，在挤奶装置 51 kPa 的真空压力作用下吸程能达到 3～5 m，总扬程可达到 10 m。

（2）牛奶计量器：用来计量个别奶牛一次挤奶的挤奶量。它是一个有计量刻度的玻璃罐，容量不小于 23 L，每一刻度间隔为 0.2 kg。容器应能承受 10 kPa 的真空压力，安装在集奶罐与集乳器之间的输奶真空管路上。利用阀门装置控制罐内阀门的启闭，以适应计量和排乳过程需要。

图 2-27　精料补饲机器人

（3）集奶罐：汇集由输奶管路输入的牛奶并由此通过输奶泵将其送到牛奶预冷却器和牛奶冷却贮存罐，集奶罐的最小容量不应小于 23 L，底部通过管道与输奶泵的吸入管相通。集奶罐装有自动控制内部奶液平面高度的装置，在罐内奶液平面达到预定高度后，能自动接通输奶泵的控制电路。集奶罐内处于 51 kPa 真空压力的情况下，将其中的牛奶泵送到预冷却器和冷却贮存器。输奶泵的流量为 4 500～6 300 L/h，扬程达 3 m。

（4）气液分离罐：它是一个玻璃容器，安装在真空罐与集奶罐之间，使通向真空罐的管路与有可能接触牛奶的真空管路分开，以防液体经真空管路泄入真空罐。其有效容积不应小于 3 L。

（5）牛奶冷却设备：为便于鲜奶的运输和保存，牛场常常对鲜奶进行冷却、消毒等初步加工处理，使牛奶由 35℃迅速冷却到 4～5℃。冷却牛奶的方法很多，如冷水池、牛奶冷却器、制冷机等。但基本原理都是通过与牛奶接触的容器表面将牛奶的热量传给周围介质来降低牛奶的温度。水池冷却耗水量大，冷却缓慢，冷却效果不太理想，所以一般采用其他方法进行冷却。

①牛奶冷却用表面式冷却器（冷排）。它由若干镀锡钢管或不锈钢管（直径为 25～75 mm，壁厚为 0.6～1.5 mm）组成。管的两端伸入支柱，支柱内隔成若干间隔，使进入下管的载冷液（冰盐水）能依次进入上管，直至从最上端的排水管排出。牛奶从分配槽底部的小孔

均匀地流向各管的外表面,其中的热量由管内载冷液吸收,冷却后的牛奶进入下部的集奶槽,并从排出管排出。

表面式冷却器又分单段和双段式两种。上述为单段式(图2-28),只有一组管子。双段式(图2-29)有上下两组管子。每组管子有一套载冷液的输入管和排出管。一般上段的载冷液是冷水,下段的载冷液是冰盐水。用双段冷排冷却的牛奶最终温度可降低到4~6℃。水耗比(单位时间内载冷液与牛奶的流量比)在冷水段为2~5,冰盐水段为1.5~2.5。

图2-28 单段冷排

1.牛奶分配槽 2.排水管接头 3.支柱 4.管子

5.进水管接头 6.架子 7.牛奶收集器

(陈幼春.2007.实用养牛大全)

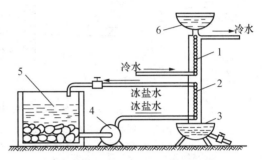

图2-29 双段冷排工作简图

1.冷水冷却段 2.冰盐水冷却段 3.牛奶收集槽

4.冰盐水泵 5.冰盐水箱 6.牛奶分配槽

(陈幼春.2007.实用养牛大全)

②牛奶冷却用片式冷却器。牛奶冷却用片式冷却器(图2-30)由一组冲压成波纹形的钢板依次叠压而成。钢板厚为1~1.2 mm,其边缘都由密封垫密封,并形成4~10 mm宽的空间。牛奶和载冷液在相邻的空间内相互作逆向流动,牛奶的热量通过板壁传给载冷液,两者分别用泵输送,并由奶泵的起动器同步控制。片式冷却器的优点是传导效率高,水耗小,牛奶在封闭的空间内流动,不受空气污染,结构紧凑。有时它也作为牛奶从管路进入贮奶罐之前的预冷设备。片式冷却器也能用作牛奶高温灭菌用的加热消毒器,此时以高温蒸汽代替进入冷却器的载冷液。

③牛奶冷却用制冷机。由于单用冷水或井水来冷却牛奶达不到所要求的温度,故须使用制冷机进行机械制冷,通过载冷液或直接吸收牛奶的热量,使牛奶迅速到达规定低温。图2-31为制冷机与载冷液(冰盐水)箱、牛奶冷却器一起组成的冷却循环。

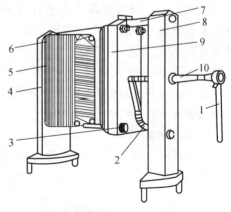

图2-30 片式冷却器组合

1.扳手 2.下导杆 3.压缩机 4.真空表

5.热交换片 6.橡皮圈 7.上导杆

8.后支架 9.压板 10.压紧螺杆

(陈幼春.2007.实用养牛大全)

④贮奶罐。贮奶罐用来贮存已经冷却的新鲜牛奶,并在不超过5℃的温度下保存到运出。贮奶罐应有良好的保低温性能,罐壁光滑且无死角,要便于清洗且能放净全部清洗液。罐壁都用不锈钢板制成,容积在500~9 000 L范围内。外壁用保温材料与外界隔绝。罐内装有电动低速搅拌器,以保持其中的奶温一致和防止脂肪上浮。贮奶罐的外形有立式或卧式两种,前者

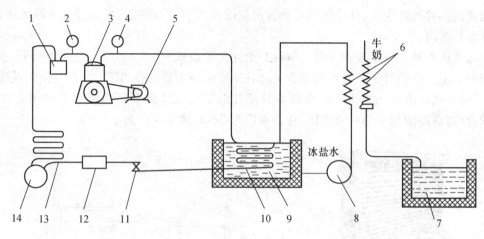

图 2-31　制冷机工作过程

1. 油气分离器　2. 压力表　3. 压缩机　4. 真空表　5. 电动机　6. 牛奶冷却器
7. 牛奶收集器　8. 冰盐水泵　9. 冰盐水箱　10. 蒸发器　11. 调节阀
12. 过滤器　13. 冷凝器　14. 贮液罐

（陈幼春.2007.实用养牛大全）

占地较少,但需要较大的空间,后者则与前者相反。根据贮奶罐的组成可分为无制冷装置和有制冷装置两种类型。目前大规模牛场使用较多的是装有制冷装置的直冷式贮奶罐,如图 2-32 所示。贮奶罐内还配置有奶罐洗涤器。如果奶牛场日产奶<10 t,可采用直冷式奶缸;日产奶≥10 t,则选择制冷机+保温奶缸,通过水预冷→集乳缸→制冷机→保温奶缸流程,完成牛奶的冷却。

图 2-32　直冷式贮奶罐

5. 乳品检测设备

奶牛场必须经常进行牛乳品质检测,常用的牛奶卫生与理化质量检测设备如图 2-33,图 2-34 所示。

图 2-33　快速乳成分分析仪

图 2-34　牛奶蛋白质快速测定仪

(五)牛场管理设备

1. 环境清洁消毒与免疫设备

国内外常见的环境清洁消毒与免疫设备有以下几种:

(1)高压清洗机:指一种将电能转变为机械能,对水进行加压形成高压水冲洗牛舍的清洗设备。常用的高压清洗机利用卧式三柱塞泵产生高压水。

(2)火焰消毒器:指一种以煤油为燃料,手动供气加压雾化煤油喷射点火,利用煤油燃烧产生的高温火焰对牛舍及设备进行扫烧,杀灭各种细菌、病毒的消毒器具。

(3)高压蒸汽灭菌器:凡耐高温、不怕潮湿的物品,如各种培养基、溶液、玻璃器皿、金属器械、敷料、橡皮手套、工作服等均可用此设备进行灭菌。

(4)人力喷雾器:指用人工操作喷洒药液的一种机械,也称手动喷雾器。在养牛场中用于对牛舍及设备的药物消毒。

(5)气雾免疫机:气雾免疫是利用压缩空气(400 kPa)将稀释过的液体菌苗、疫苗或药液通过喷嘴喷出,形成雾状微粒(10 μm 以下)弥散于空气中,由家畜将其随空气吸入而达到免疫和治疗的目的。它可比人工注射免疫提高工效 20 倍。

2. 牛舍环境监测设备

对牛舍内各种环境因素进行测定和计量,便于创造适宜环境条件,使牛发挥最大的生产潜力。常用的测试设备主要包括温度、湿度、气流、光照、有害气体、灰尘等方面的监测仪器(图 2-35)。

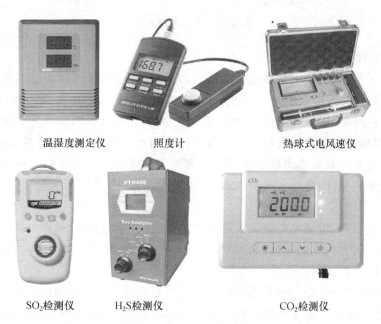

温湿度测定仪　　　　照度计　　　　　热球式电风速仪

SO_2检测仪　　　H_2S检测仪　　　　　CO_2检测仪

图 2-35　牛舍环境监测设备

3. 牛舍通风及防暑降温设备

牛舍通风设备有电动风机和电风扇。轴流式风机是牛舍常见的通风换气设备。电风扇也常用于牛舍通风,一般以吊扇多见。牛舍防暑降温还可采用喷雾设备,即在舍内每隔 6 m 装一个喷头,每一喷头的有效水量为 $1.4\sim 2$ L/min,降温效果良好。常用深井水作为降温水源。牛舍通风降温设备如图2-36所示。

吊扇

风机

湿帘降温系统

奶牛舍降温、消毒

喷雾降温系统

图 2-36　通风降温设备

4. 粪便处理设备

(1)刮板式清粪设备:刮板是在地板上移动的平直的金属板,可将板前的畜禽粪便刮到横向集粪沟或集粪坑内。它是最早出现的一种清粪设备,至今仍在使用。刮板式清粪机(图2-37)可分明沟内刮板和暗沟内刮板两种。用于牛舍时,带刮板的明沟常在牛床的一侧。暗沟内刮板式清粪机则在栅条状或网状缝隙地板下的浅沟内工作。牛舍的清粪形式有机械清粪、水冲清粪、人工清粪。我国奶牛场多采用人工清粪。机械清粪中采用的主要设备有连杆刮板式清粪机,适于单列牛床;链刮板式清粪机,适于双列牛床;双翼形推粪板式清粪机,适于舍饲散栏饲养牛舍。

(2)粪便输送设备:输送牛粪便的设备形式主要决定于粪便的含水率。粪便按其含水率可分固态(含水率<70%)、半固态(含水率70%～80%)、半液态(含水率80%～90%)和液态(含水率90%以上)。

固态和半固态粪便的输送常采用运输车。半液态和液态粪便的输送常采用各种粪便泵及压气式输送装置。粪便泵除了能进行输送外,还能起搅拌作用,这在贮粪坑卸料前是十分必要的。常用的粪便泵有离心式、螺旋式和活塞式三种。压气式输粪装置是利用气体的压力沿管道输送粪便的装置,管道常埋在地下,输送距离可达 500 m。图2-38表示了一种压气式输粪装置。

(3)沼气发生设备:沼气发生设备主要由粪泵、发酵罐、加热器和贮气罐等部分组成。发酵罐是一个密闭的容器,为砖或钢筋混凝土结构。有粪液输入和输出管道,罐外设有热交

连杆刮板清粪机

双翼形推粪板式清粪机

环形链板式清粪机

图 2-37　刮板式清粪设备

（陈幼春.2007.实用养牛大全）

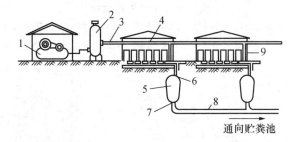

通向贮粪池

图 2-38　压气式粪便输送装置

1. 压气机　2. 贮气罐　3. 压气管　4. 畜舍

5. 集粪井　6、7. 阀门　8. 管道　9. 开关

（陈幼春.2007.实用养牛大全）

换器对粪液进行加热以提高发酵效率。罐中有搅拌器进行搅拌以使粪液温度均匀,有利于有机物的分解。产生的沼气引入贮气罐。贮气罐有上下浮动的顶盖,以保持沼气有一定的压力。经过发酵处理后的粪便引出后可作为优质肥料。罐的四周有粪液输入管、粪便输出管、沼气导出管、热交换器以及循环粪泵等。沼气发生设备如图 2-39 所示。

（4）粪便机械分离设备:粪便的分离即将粪便分离成固态部分和液态部分,分为重力分离和机械分离两种。重力分离设备主要是沉淀池。机械分离设备则有筛式、离心式、螺旋挤压式（图 2-40）和压滚式 4 种。筛式分离设备根据筛子的形状和工作原理又分固定斜筛、振动平筛和滚筒筛 3 种。螺旋挤压式分离机一般和筛式分离机配合使用。目前应用较多的粪便机械分离设备如图 2-41 所示。

沼气发生设备

地上立罐式沼气发酵装置　　　　　　　　半地下粪尿污水发酵装置

图 2-39　沼气发生设备

1.贮粪池　2.粪泵　3.粪便输入管　4.搅拌器　5.沼气导出管

6.热交换器　7.外加热粪泵　8.贮气罐　9.加热器　10.腐熟粪便排出管

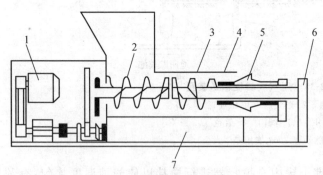

图 2-40　螺旋挤压式分离机

1.电动机　2.喂入螺旋　3.挤压螺旋　4.带孔的圆筒

5.挤压锥体　6.挤压锥体的液压传动装置　7.外壳

（陈幼春.2007.实用养牛大全）

图 2-41　牛粪纤维水洗分离机

5. 其他设备

（1）日常管理设备：主要包括刷拭牛体器具、体重测试器具，另外还需要配备耳标、无血去势器、体尺测量器械等（图2-42）。

（2）肉牛场设备还包括兽医防疫设备、场内外运输设备及公用工程设备等。

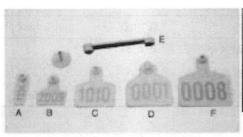

耳　标　　　　　　　　耳标钳　　　　　　　　牛用去角器

自动称重系统　　　　　牛粪垫料的抛撒机　　　　牛床垫料的铺平整理机

图 2-42　日常管理设备

任务 2　牛的环境要求及控制

　　牛生产不但需要优质、全价的日粮和科学的管理,还需要适宜的环境条件。良好的环境条件,有利于牛的生长发育,能使其生产潜力得到充分发挥;反之,则会破坏牛的生产力,重者会给牛群带来毁灭性的灾难。对牛生长和生产产生影响的环境因素很多,其中,影响最大的是气温、气湿、通风、光照、噪声以及有害气体等。

一、牛场环境质量标准

　　牛场环境质量是指牛场范围内的环境质量情况,包括缓冲区、场区、牛舍,缓冲区指在畜禽场外周围,沿场院向外≤500 m 范围内的畜禽保护区,该区具有保护畜禽场免受外界污染的作用;舍区指畜禽所处的半封闭的生活区域,即畜禽直接的生活环境区;场区指规模化畜禽场围栏或院墙以内、舍区以外的区域。牛场空气环境质量标准见表 2-5。

表 2-5　牛场空气环境质量标准

（中华人民共和国农业部 . NY/T 388—1999.畜禽场环境质量标准）

序号	项目	单位	缓冲区	场区
1	氨气	mg/m³	2	5
2	硫化氢	mg/m³	1	2
3	二氧化碳	mg/m³	380	750

续表2-5

序号	项目	单位	缓冲区	场区
4	PM_{10}	mg/m^3	0.5	1
5	TSP	mg/m^3	1	2
6	恶臭	稀释倍数	40	50

注:表中数据皆为日均值。

二、牛舍环境质量标准

(一)温度

牛是恒温动物,通过自身的体温调节保持最适的体温范围以适应外界环境变化。在一定的温度范围内,牛的代谢作用与体热产生处于最低限度时,这个温度范围称为"等热区"。奶牛的等热区为10~16℃,在等热区内,对奶牛饲养有利。奶牛舍内最适宜的温度如表2-6所示,肉牛舍内适宜温度、最高温度和最低温度如表2-7所示。

表 2-6　奶牛舍内适宜温度、最高温度和最低温度

(黄昌澍.1989.家畜气候学)　　　　　　　　　℃

牛别	最适宜	最低	最高
成母牛舍	9~17	2~6	25~27
犊牛舍	6~8	4	25~27
产房	15	10~12	25~27
哺乳犊牛舍	12~15	3~6	25~27

表 2-7　肉牛舍内适宜温度、最高温度和最低温度

(王聪.2007.肉牛饲养手册)　　　　　　　　　℃

牛别	适宜温度			应激温度	
	最适宜温度	最高	最低	高温	低温
育肥牛	10~15	20	3	>30	<-13
产犊母牛	12	20	10	>30	<-10
一般母牛	10~15	25	3	>30	<-13
幼犊	12~15	20	8	>30	<-3
犊牛	10~12	20	7	>30	<-5
育成牛	10~15	25	3	>30	<-7

(二)湿度

空气湿度对牛体机能的影响,主要是通过水分蒸发影响牛体散热,干扰牛体热调节。在一般温度环境中,空气湿度对牛体热调节没有影响。但在高温和低温环境中,湿度升高将加剧高温或低温对牛生产性能的不良影响。空气湿度在 55％～85％ 时,对牛体的直接影响不太显著,但高于 90％ 则对奶牛危害较大。所以,牛舍内的空气湿度不宜超过 85％。奶牛舍的温湿度推荐值可参考表 2-8。

表 2-8 奶牛舍的温湿度推荐值

(刘国民.2007.奶牛散栏饲养工艺及设计)

奶牛分类	最低温度/℃	最高温度/℃	最低湿度/％	最大湿度/％
犊牛	10	27	25	75
6 月龄以上	−18	27	25	25
成乳牛	−7	24	25	75

注:以 20 ℃、相对湿度为 38％时的产奶量为 100％。

(三)通风换气

气流通过对流作用,使牛体散发热量。牛体周围的冷热空气不断对流,带走牛体所散发的热量,起到降温作用。在一定范围内,对流速度越快,牛体散热越多,降温效果越明显。

在高温或低温情况下,风速对产奶量影响非常显著。据人工气候室的实验,环境温度在 10℃、相对湿度为 65％时,风速(0.2～4.5 m/s)对荷斯坦牛、娟姗牛、瑞士褐牛的产奶量、饲料消耗和体重没有影响;而在高温或低温情况下,风速对产奶量的影响十分明显。牛舍适宜的通风参数、牛舍换气量的建议值及奶牛的通风需求参数,分别见表 2-9、表 2-10、表 2-11。

表 2-9 牛舍适宜的通风参数

(李如治.2010.家畜环境卫生学.第 3 版)

项目	通风量/[m³/(h·头)]			气流速度(m³/s)		
	冬季	过渡季	夏季	冬季	过渡季	夏季
母牛舍	90	200	350	0.3～0.4	0.5	0.8～1.0
产房	90	200	350	0.2	0.3	0.5
0～20 日龄犊牛舍	20	30～40	80	0.1	0.2	0.3～0.5
20～60 日龄犊牛舍	20	40～50	100～120	0.1	0.2	0.3～0.5
60～120 日龄犊牛舍	20～25	40～50	100～120	0.2	0.3	<1.0
4～12 月龄育成牛舍	60	120	250	0.3	0.5	1.0～1.2
1 岁以上育肥牛舍	90	200	350	0.3	0.5	0.8～1.0

注:成牛体重大约按 550 kg 计算。

表 2-10 牛舍换气量的建议值

(刘国民.2007.奶牛散栏饲养工艺及设计)　　　　　　　　　　m³/(h·头)

牛的类别	冬季的最低换气量	冬季的换气量	夏季的最大换气量
0～2 月龄	25	83.5	167
3～12 月龄	33.4	100	217
12～24 月龄	50	133.5	300
成年牛	45.5	151.5	477

表 2-11 奶牛的通风需求

（刘国民.2007.奶牛散栏饲养工艺及设计） L/s

奶牛分类	牛舍类型	持续通风	控制水分	控制温度	总通风需求
成乳牛 （体重 450 kg）	春秋关闭，夏季开窗	9.4	9.4	47	65.8
	保温牛舍，无窗或窗户常年不打开	11.8	11.8	94	117.5
	保温无窗散栏饲养牛舍， 夏季开门通风	9.4	9.4	47	65.8
犊牛 （体重 50 kg）	保温牛舍，持续通风	3.3	3.3	17	23.6
犊牛 （体重 63 kg）	保温良好，持续通风	4.7	4.7	23.5	32.9
犊牛 （体重 45 kg）	保温良好，小群牛舍	2.4	2.4	19	23.8
犊牛 （体重 35 kg）	保温良好，小群牛舍	5.6	5.6	47	58.2

(四)有害气体

养牛规模化生产中，牛舍内有害气体主要来自呼吸、排泄和生产中的有机物分解，主要为氨、硫化氢和二氧化碳等。

牛舍中的氨主要来自粪便的分解和氨化秸秆的余氨。氨易溶解于水，常被溶解或吸附在潮湿的地面、墙壁和牛黏膜上，刺激黏膜引起黏膜充血、喉头水肿等。氨的浓度达到 50 g/m^3 时，对奶牛生产性能有影响。硫化氢是由含硫有机物质分解产生的。当喂给牛丰富的蛋白质饲料，而机体消化机能又发生紊乱时，也可排出大量的硫化氢。奶牛舍内硫化氢浓度最大允许量不应超过 10 g/m^3，一氧化碳浓度应低于 0.8 g/m^3。硫化氢和一氧化碳浓度过高对奶牛有较大危害，同时也影响人的健康。二氧化碳虽然不会引起奶牛中毒，但二氧化碳浓度能表明奶牛舍空气的污浊程度，所以二氧化碳浓度常作为卫生评定的一项间接指标。奶牛舍二氧化碳浓度应低于 1 500 mg/m^3。肉牛舍空气中有害气体标准含量见表 2-12。

表 2-12 肉牛舍有毒有害气体参数

（王聪.2007.肉牛饲养手册）

项目	CO_2/%	NH_3/(mg/m^3)
成年肉牛舍	0.25	20
产房	0.15	17
犊牛舍	0.15～0.25	10～15
育肥牛舍	0.25	20

(五)光照

牛舍的光照包括自然采光和人工照明两部分。一般条件下,牛舍常采用自然光照,在设计和建造牛舍时,一般用采光系数(牛舍窗户的有效采光面积和舍内地面面积之比)来确定牛舍的采光面积。生产中要求乳牛舍的采光系数为 $1:12$,肉牛舍为 $1:16$,犊牛舍为 $1:10\sim$ $1:14$。此外,为了生产需要也采用人工照明。人工照明不仅适用于无窗牛舍,自然采光牛舍为补充光照和夜间照明也需安装人工照明设备。人工照明的光源主要有白炽灯和荧光灯两种。奶牛舍内应保持 $16\sim18$ h/d 的光照时间,并且要保证足够的光照强度,白炽灯为 30 lx,荧光灯为 75 lx。肉牛舍光照要求见表 2-13。

表 2-13 肉牛舍光照参数

(王聪.2007.肉牛饲养手册)

项目	光照时间/h	照度/lx	
		荧光灯	白炽灯
成年肉牛舍	16~18	75	30
产房	16~18	75~150	30
犊牛舍	14~18	75~100	100
育肥牛舍	6~8	50	20

(六)其他环境因素

大气环境,尤其是牛舍内小气候环境中的尘埃、微生物和噪声常常会对牛体健康产生不良影响,轻者引起牛的慢性中毒,使其生长缓慢,体质衰弱,抗病力降低,生产力下降;重者会引起牛只患病,乃至死亡。严重的大气污染会诱发传染病流行,给养牛业造成巨大损失。中华人民共和国农业行业标准《畜禽场环境质量标准》NY/T 388—1999 中规定,牛舍细菌数应低于 20 000 个/m³,噪声应低于 75 db,粪便应进行日清理,恶臭稀释倍数应低于 70。

三、牛舍环境控制

(一)温度控制

牛的体温调节就是牛借助产热和散热过程进行的热平衡。环境温度高于或低于牛的适宜温度都会给其生长发育和生产力的发挥带来不良影响。牛舍内温度控制主要从以下几个方面进行。

1. 防寒保暖

(1)加强牛舍的保温设计:通过加强畜舍的隔热设计与施工,以提高牛舍的保温能力。牛舍屋顶与天棚、墙壁、地面等外围结构的隔热设计,基本上是通过选择导热系数小的材料和确定合理的结构来实现的。在牛舍外围结构中,失热量最多的是屋顶与天棚。可采用的保暖材料有炉灰、锯末、膨胀珍珠岩、玻璃棉、聚苯乙烯泡沫塑料、聚氨酯板等。墙壁是牛舍的主要外围结构,失热仅次于屋顶。为提高墙壁的热阻值,可用空心砖代替普通砖,或建空心墙体或在空心墙中填充隔热材料,都可以大大提高墙的热阻值。对于有窗牛舍可通过设置双层门窗、北侧和西侧尽量少设门窗、外门加设门斗等措施来减少通过门窗的失热。在牛舍建造过程中,提高施工质量,防止外围结构透气,做好防潮工作,是实现设计热阻的保证。

(2)加大饲养密度:在不影响饲养管理及舍内卫生状况的前提下,适当加大牛的饲养密度。增大饲养密度等于增加热源,所以是一种行之有效的辅助性防寒保暖措施。

(3)铺设垫草:是寒冷地区常用的一种简便易行的防寒措施。铺垫草不仅可以改进冷硬地面的使用价值,而且可以提高牛体周围温度,同时还可防潮。

(4)控制潮湿度:防止舍内潮湿是间接保温的有效办法。潮湿不仅可加剧牛舍结构的失热,同时由于空气潮湿不得不加大通风换气,而冬季通风会加大牛舍的失热。

(5)控制气流,防止贼风:在设计施工中应保持结构严密,防止冷风渗透;组织通风换气时降低气流速度;入冬前做好封门、封窗、粉刷、抹墙、设置挡风障等工作。

(6)利用温室效应:充分利用太阳辐射和玻璃及某些透明塑料的独特性能形成温室效应,建筑塑料棚舍,以提高简易牛舍的舍温。

(7)其他寒冷的对策:在冬季由于寒冷不仅直接影响牛,而且易造成工作困难,还会引起牛舍内外的机械器具、饲料、水冻结等系列问题。例如,内蒙古北部地区在冬季,牛舍内粪尿沟、牛过道和水槽等容易冻结,为此在管理上和机械的使用方面应加以改善。奶牛生产场在寒冷季节,可采用简易型加热水槽或对空气进行加温。

2. 防暑降温

(1)遮阳:牛舍遮阳可采用加长屋顶出檐、在窗户上设置水平或垂直的遮阳板或绿化遮阳等措施。绿化遮阳可以种植树干高、树冠大的乔木,为窗口和屋顶遮阳;也可以搭架种植爬蔓植物,在南墙窗口和屋顶上方形成绿荫棚。

建造凉棚也有利于牛只防暑。凉棚设置时应采取长轴东西朝向配置,棚下面积应大于凉棚投影面积。若跨度不大,棚顶可采用单坡、南低北高的形式,可使棚下棚影面积增大、移动小。凉棚的高度视牛体高和当地气候条件而定,通常为 3.5 m;潮湿多云地区宜较低,干燥地区可较高。另外,顶部刷白色、底部刷黑色较为合理。

(2)加强通风:在自然通风牛舍设置地脚窗、天窗(钟楼或半钟楼式)、通风屋脊、屋顶风管等;应使进气口均匀布置,使各处牛只都能享受到凉爽的气流;进气口正对设置,使气流通畅,加大流速;缩小跨度,使舍内易形成穿堂风;在自然通风不足时,应增设机械通风。

(3)喷淋和喷雾:用机械设备(喷头或钻孔水管)向牛体或舍内空气喷水,借助汽化吸热而达到增加牛体散热或降低空气温度的目的。喷淋较适用于牛体蒸发降温,喷雾较适用于空气蒸发降温。需要注意的是喷淋和喷雾都应间歇进行,不应连续喷。因为皮肤喷湿后,应使之蒸发,才能起到散热作用。地面洒水是传统的降温办法,有一定的效果,但费水、费力,而且易使舍内湿度升高。

(4)湿帘通风:湿帘通风系统的主要部件是用麻布、刨花或专业蜂窝状纸等吸水、透气材料制作的蒸发垫,由水管不断往蒸发垫上淋水,将蒸发垫置于机械通风的进风口,气流通过时,水分蒸发吸热,降低进舍气流的温度。在干旱的内陆地区,湿帘通风降温系统被认为是最好的蒸发降温办法之一。

(二)湿度控制

牛舍湿度控制首先要科学选择场址,把牛舍修建在高燥的地方;牛舍的墙基和地面应设防潮层;对已建成的牛舍应待其充分干燥后再使用,同时,要加强牛舍保温,勿使舍温降至冰点以下;设计好排污系统,及时清除粪尿,减少水分蒸发;在饲养管理过程中尽量减少作业用水,合理使用饮水器;保持舍内通风良好,在保证温度的情况下尽量加强通风换气,及时将舍内过多的水汽排出。

(三)通风和防风控制

炎热季节,加强通风换气,有助于防暑降温,有利于排出牛舍有害气体,改善牛舍环境卫生状况。寒冷季节,若受大风侵袭,会加重低温效应,牛只抗病力减弱,易患呼吸道、消化道疾病,如肺炎、肠炎等。

牛舍内通风可以通过自然通风和机械通风两种方式进行。大型封闭舍,尤其无窗舍,无论自然通风还是机械通风,设置进、排气管时均需注意以下问题:一是进、排气管设置要均匀,并保持适当间距,使两管之间无死角区,但也应防止重复进气与排气;二是进、排气管内均设置调节板,以调节气流的方向和通风换气量;三是进、排气口间应保持一定距离,以防发生"通风短路",即新鲜空气直接从进气口到排气口,不经过活动区而直接被排出。

防风是冬季特别寒冷的地区为了防止牛舍内暖空气散失及舍外冷空气侵袭而采取的一种保暖措施。为此应设置防风墙和防风林。开放式牛舍,特别是没有墙壁的场所,在冬季尽量避免冷风直接吹向牛体表或防止冷风进入牛舍内。

(四)光照控制

适宜的光照能够促进奶牛的生长发育,增强免疫力,对牛的生理机能也有重要的调节作用。

1. 自然采光

牛舍的自然采光是温度调节的重要手段。牛舍的朝向是影响采光效果的重要因素,我国北方地区太阳高度角冬季小、夏季长,牛舍朝向以正南朝向为宜。在牛舍的具体设计和布局中,由于受各种因素的影响不能完全采用正南朝向的,可向东或向西做 $15°\sim30°$ 的偏转。自然采光设计还要通过合理设计窗户的面积、位置、形状和数量,以保证牛舍的自然光照标准,并尽量使舍内光照均匀。

2. 人工照明

人工照明以白炽灯和荧光灯等人工光源实现舍内光照要求。在生产实践中可通过人工光照控制光周期,对牛生产性能产生影响。

(五)噪声控制

噪声能够干扰牛的正常生理机能,造成多种器官损伤,引发一些疾病。过强的噪声,如超过 90 db 的噪声,会引起牛体内多种器官的功能失调和紊乱,造成抗病力降低,生产性能下降;而突发的噪声,极易造成牛的惊恐,在当前高度集约化的状态下,影响更为严重,它能引起牛的狂奔,甚至造成撞伤。因此,要选好场址,远离噪声源,搞好场区绿化,利用植物吸收声波;场内进行合理规划,尽量减少机动车辆进入生产区;饲料加工和设备维护场所离牛舍尽可能远一些等。

(六)有害气体控制

牛的规模化生产中,通过呼吸、排泄物和生产中的有机物分解会产生大量的有害气体。这些有害气体常会造成牛大量发病,生产性能严重降低。因此,可通过以下措施进行合理控制,如合理选择牛场场址,牛场选择在远离污染源且通风较顺畅的地方;科学设计牛舍,舍内设置良好排水系统、清粪设施和通风系统,及时清除粪尿污物;合理组织通风换气;科学配制日粮,在饲料中使用添加剂等。

(七)除尘和消毒

为了减少牛的排泄物、被毛、垫料、饲料等引起的牛舍内灰尘和微生物,灭绝病畜病原微生物的传播途径,有必要进行除尘和消毒。除尘包括利用换气移动、集尘机吸尘、喷雾水洗净和自然降落等4个方法。目前广泛被使用的是电动集尘机吸尘。牛舍的消毒方法有喷洒消毒剂和紫外线杀菌等方法。选择使用牛舍的消毒剂药物时,必须考虑到对病原微生物的杀菌力、效果的持续性和对人、牛的影响等方面。紫外线杀菌灯消毒时,紫外线杀菌灯的安置要考虑到对人身的影响,应设置在比人高的位置上。

【案例分析】

规模化奶牛场全混合日粮(TMR)饲料搅拌机的选择与配置

一、案例简介

新疆石河子市某牧场存栏奶牛3 500头,其中成母牛1 900头,后备牛(青年牛和育成牛)1 150头,犊牛450头。饲养拟采用全混合日粮(TMR)分群饲养,自由采食,日挤奶3次;请结合项目二《养牛生产设备配置与环境控制》的相关知识,分析该牧场如何选择与配置全混合日粮(TMR)饲料搅拌机。

二、案例分析

1. 分群方案

根据案例牧场存栏情况,牧场可以做如下分群:①高产泌乳牛群:日产奶量30～40 kg;②中产泌乳牛群:日产奶量20～30 kg;③低产泌乳牛群:日产奶量小于20 kg;④围产期牛群;⑤干奶牛群;⑥青年母牛群:18～24月龄;⑦育成母牛群:6～17月龄;⑧犊牛群,犊牛群不用TMR饲喂。该牧场具体分群方案及TMR消耗数量见表2-14。

表 2-14 牧场分群方案及 TMR 消耗数量表

组群	存栏数/头	日耗 TMR/(kg/d)	日耗 TMR 总量/t
高产泌乳牛群	800	45	36.0
中产泌乳牛群	450	40	18.0
低产泌乳牛群	300	35	10.5
围产期牛群	200	25	5.0
干奶牛群	220	30	6.6
育成牛群	800	15	12.0
青年牛群	280	25	7.0

续表2-14

组群	存栏数/头	日耗 TMR/(kg/d)	日耗 TMR 总量/t
犊牛	450	—	—
合计	3 500		95.1

2. 全混合日粮(TMR)饲料搅拌机的选择与配置

根据牛场实际情况拟施行 3 次挤奶,泌乳牛每日 3 次投料,后备牛及干奶牛 2 次投料的饲喂方式。TMR 搅拌车驾驶员日工作时间 8 h,由此可推知每小时需加工 TMR 日粮 95.1 t÷8 h＝11.9 t/h,一般 TMR 日粮密度为 0.3 t/m³,即每小时需加工 39.7 m³ 的 TMR 饲料,一般 TMR 搅拌车加工投喂一次所需时间不超过 40 min,所以每小时要求配置的 TMR 车容积为 26.5 m³。如果考虑 TMR 搅拌车利用率为 80%,则对每小时 TMR 车实际容积的要求为 26.5 m³÷80%＝33 m³。所以综合考虑以上所有条件,牧场可选择配置 20 m³ 和 12 m³ 的卧式单侧投料 TMR 饲料搅拌车各 1 台,搭配使用。

3. 设备的使用分配

12 m³ 的 TMR 饲料搅拌车每次搅拌数量不超过 3.6 t(12 m³×0.3 t/m³＝3.6 t),每批次加工数量要求大于 3.6 t 的牛群可由 20 m³ 的 TMR 饲料搅拌车饲喂,且 20 m³ 的 TMR 饲料搅拌车每次搅拌数量不超过 6 t(20 m³×0.3 t/m³＝6 t)。由此确定,12 m³ 的 TMR 饲料搅拌车可饲喂低产泌乳牛群、围产期牛群、干奶牛群和青年牛群,每日总共饲喂次数为 9 次,20 m³ 的 TMR 饲料搅拌车主要饲喂高产泌乳牛群、中产泌乳牛群和育成牛群,每日饲喂次数为 11 次,若每次饲喂时间按 40 min 计算,每天两台 TMR 饲料搅拌车工作时间均在 8 小时内,符合生产实际需要。TMR 饲料搅拌车每日的具体加工次数及饲喂安排,详见表 2-15。

表 2-15　TMR 饲料搅拌车每日加工次数及饲喂安排表

组群	日耗 TMR 总量/t	日喂次数/次	每次数量/t	使用 TMR 饲料搅拌车容积/m³
高产泌乳牛群	36.0	2×3	6.0	20
中产泌乳牛群	18.0	3	6.0	20
低产泌乳牛群	10.5	3	3.5	12
围产期牛群	5.0	2	2.5	12
干奶牛群	6.6	2	3.3	12
育成牛群	12.0	2	6.0	20
青年牛群	7.0	2	3.5	12
合计	95.1	20		

注:高产泌乳牛群可分为两组饲喂。

【阅读材料】

牛场废弃物的无害化处理

快速发展的养牛业为畜牧业经济带来了活力,提高了人们对畜产品的消费量。然而,伴随养牛数量的增加、规模的扩大,牛场以粪尿为主的废弃物排放量也迅猛增加,引起生态环境的恶化。因此,解决牛粪尿等畜禽废弃物污染问题,既关系到养牛业的健康、稳定发展,又关系到环境的生态合理和人们的身心健康。

一、牛场废弃物的种类

牛场废弃物主要包括牛的排泄物(粪尿)和垫草等的混合物,包括未消化的饲料、身体的代谢产物,同时产生大量的粪、尿、污水、废弃物、二氧化碳、甲烷等,造成环境的污染。据统计,2004 年我国牛的存栏数约为 1.35 亿头,参照国家环保总局推荐的排泄系数推算,每年牛粪的产生量为 $98\,309 \times 10^4$ t。

二、牛场废弃物的危害

1. 对土壤及水源的污染

在粪尿存放期间,有机质及矿物质都将随粪水渗入到土壤内,并进入地下水或随雨水进入地表水。一方面在微生物的作用下,大量消耗水中的溶解氧,严重时有机物进行厌氧分解,产生各种有恶臭物质;另一方面粪尿中大量的有机氮磷营养物质,在分解过程中被矿化为无机态的氮磷物质,造成植物根系的损伤或徒长,或使水中的藻类大量繁殖而造成水质腐败,导致水生生物死亡。

2. 对空气的污染

牛粪尿中含有大量的有机物,排出体外会迅速发酵腐败,产生硫化氢、氨、苯酸等有害物质,污染大气环境。假如饲养 1 000 头奶牛,每天氨排放量达 8 kg 以上。这些物质对人们健康产生不良影响,也会使奶牛的抗病力和生产力降低。目前,国家环保总局已发布《畜禽养殖业污染物排放标准》(GB 18596—2001),于 2004 年 7 月 1 日实施。

3. 病原菌及寄生虫污染

牛场的粪污中含有大量的致病菌和寄生虫,如不做适当处理则成为畜禽传染病、寄生虫病和人畜共患病的传染源,致使人畜共患病及寄生虫卵的蔓延,对畜牧场附近的居民生活造成不良影响,影响居民健康。

三、牛场废弃物的无害化处理

(一)粪污处置

养牛场的粪污处理要引起足够的重视,养牛生产所有的废弃物不能随意弃置,不能抛之于土壤、河道而污染周围环境,酿成公害,应加以适当的处理,合理利用,化害为利,并尽可能在场内或就近处理解决。

1. 牛粪的处理

牛舍内粪便应尽快清出牛舍,牛舍中的清粪方式有人工清粪、拖拉机清粪、刮板式清粪及水冲式清粪等。选择应根据牛粪的含水量、牛舍的类型及经济效益等确定。牛粪收集后运输到粪污处理区,采用好氧处理、厌氧消化和高温发酵等途径来处理。

(1)堆肥发酵处理:牛粪的发酵处理是利用各种微生物的活动来分解粪中的有机成分,可以有效地提高这些有机质的利用率。在发酵过程中形成的特殊理化环境也可基本杀灭粪中的病原体,主要方法有:充氧动态发酵、堆肥处理、堆肥药物处理,其中堆肥方法处理简单,无需专用设备,处理费用低。

(2)牛粪的有机肥加工:相对于传统牛粪便处理,有机肥为养殖场创造极其优良的牧场环境,实现优质、高效低耗生产,改善产品质量,提高效益。利用微生物发酵技术,将牛粪便经过多重发酵,使其完全腐熟,并彻底杀死有害病菌,使粪便成为无臭、完全腐熟的活性有机肥,广泛应用于农作物种植、城市绿化以及家庭花卉种植等。牛粪的有机肥加工流程如图 2-43 所示。

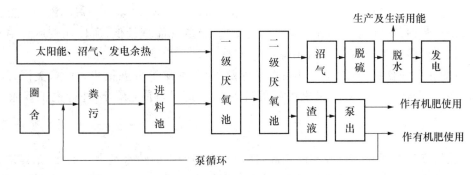

图 2-43　牛粪的有机肥加工流程示意图

(李建国.2007.现代奶牛生产)

(3)生产沼气:利用牛粪有机物在高温(35～55℃)厌氧条件下经微生物(厌氧细菌,主要是甲烷菌)降解成沼气,同时杀灭粪水中大肠杆菌、蛔虫卵等。沼气做能源,发酵的残渣又可作肥料,因而生产沼气既能合理利用牛粪,又能防治环境污染。除严寒地区外我国各地都有用沼气发酵开发粪尿污水综合利用(图 2-44)的成功经验。但我国北方冬季为了提高产气率往往需给产气罐加热,主要原因是沼气发酵在 15～25℃时产气率较低,从而加大沼气成本。

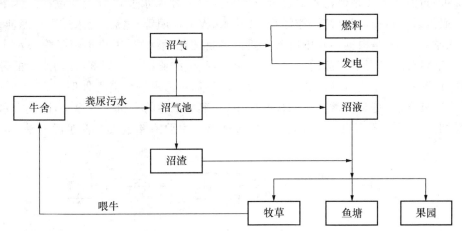

图 2-44　牛场粪尿厌氧发酵处理示意图

(李建国.2007.现代奶牛生产)

(4)用做饲料:动物粪污包含多种养分,可用做饲料而得以循环利用。以蛋白和非蛋白形式存在的氮是其中的一种主要成分。能量含量很低,而纤维素和灰分含量一般比较高。高灰分说明粪污中含有大量矿物质,特别是磷。粪污中还含有一些在消化系统合成的维生素。人们使用各种处理方法对粪便进行处理,有些粪便可以不必经过处理而直接饲喂。大量育肥场产生的牛粪在放牧季节用做青年牛或种牛饲料的一部分,剩余的粪便还可以作为放牧区牧草的肥料。

牛粪用做饲料常用的加工方法有:烘干,取健康牛的鲜粪晾晒在水泥地面上,经风干粉碎后饲用。发酵,鲜牛粪 3 份、统糠 5 份、麸皮 2 份,混合均匀装入塑料袋压实密封发酵,夏天发酵 6 h,冬季 15℃发酵 24 h 以上,适于喂猪。药物处理,往牛粪上泼洒 0.1% 高锰酸钾,再烘干或青贮发酵饲用。添加量:牛粪在不同畜禽日粮中的添加量不同,羊日粮添加量为:10%～40%,牛:20%～50%,成年鸡:5%～10%,成年猪:10%～15%,幼畜禽一般不添加。粪污含高纤维和大量非蛋白氮,因而比较适合饲喂反刍动物,且所含能量较低,所以比较适合用于维持需要或者饲喂妊娠奶牛,不适合饲喂泌乳牛和育成牛。

(5)蚯蚓养殖综合利用:近年来利用牛粪养殖蚯蚓、蝇蛆等发展很快,日本、美国、加拿大、法国等许多国家先后建立不同规模的蚯蚓养殖场。我国目前已广泛进行人工养殖试验和生产。

2. 污水的处理

养牛业的高速发展和生产效率的提高,使得养牛场产生的污水量大大增加,尤其是奶牛养殖场。这些污水中含有许多腐败有机物,也常带有病原体,若不妥善处理,就会污染水源、土壤等环境,并传播疾病。养牛场污水处理的基本方法有物理处理法、化学处理法和生物处理法。

(1)物理处理法:是利用物理作用,将污水中的有机污染物质、悬浮物、油类及其他固体物分离出来。常用方法有:固液分离法、沉淀法及过滤法等。固液分离法首先将牛舍内粪便清扫后堆好,再用水冲洗,这样既可减少用水量,又能减少污水中的化学好氧量,给后端污水处理减少很多麻烦;利用污水中部分悬浮固体密度大于 1 的原理使其在重力作用下自然下沉,与污水分离,此法称为沉淀法。固形物的沉淀是在沉淀池中进行的,沉淀池有平流式沉淀池和竖流式沉淀池两种;过滤法主要是使污水通过带有空隙的过滤器使水变得澄清的过程。养牛场污水过滤时一般先通过格栅,用以清除漂浮物(如草末、大的粪团等)之后,污水进入过滤池。

(2)化学处理法:是根据污水中所含主要污染物的化学性质,用化学药品除去污水中的溶解物质或胶体物质,如混凝沉淀用三氯化铁、硫酸铝、硫酸亚铁等混凝剂,使污水中的悬浮物和胶体物质沉淀而达到净化目的。还可以用含氯消毒剂对污水进行消毒处理。

(3)生物处理法:是利用微生物的代谢作用,分解污水中的有机物的方法,净化污水的微生物大多是细菌,此外,还有真菌、藻类、原生动物等。主要有氧化塘、活性污泥法、人工湿地处理。

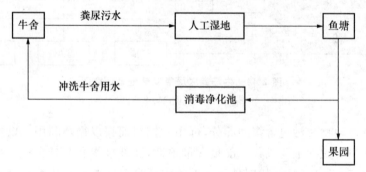

图 2-45　牛场污水人工湿地处理示意图

(王根林.2006.养牛学)

人工湿地是经过精心设计和建造的,利用多种水生植物(如水葫芦、芦苇、香蒲、绿萍或红萍等)发达的根系吸收大量的有机物和无机物质,同时发达的根系吸附微生物可分泌抗生素,从而大大降低污水中的细菌浓度,使污水得到净化。水生植物根系发达,在吸收大量营养的同时为微生物提供了良好的生存场所,微生物以有机物为食物,利用污水中的营养物质合成微生物菌体蛋白,微生物的排泄物又成为水生植物的养料,收获的水生植物可作为沼气原料、肥料或鱼的饵料,水中微生物随水流入鱼塘作为鱼的饵料。通过微生物与水生植物的共生互利作用,使污水得以净化。牛场污水人工湿地处理参考图 2-45。

（二）病死牛处置

病死牛只尸体要及时处理,严禁随意丢弃,严禁出售或作为饲料再利用,否则不但会造成环境污染,而且导致疾病流行与传播。处理方法包括焚烧法、掩埋法、发酵法及化制法等。

1. 焚烧法

是指在焚烧容器内,使动物尸体及相关动物产品在富氧或无氧条件下进行氧化反应或热解反应的方法。

（1）直接焚烧法:首先将牛尸体及相关产品进行破碎预处理;然后将牛尸体及相关产品或破碎产物,投至焚烧炉本体燃烧室,经充分氧化、热解,产生的高温烟气进入二燃室继续燃烧,产生的炉渣经出渣机排出。燃烧室温度应≥850℃;二燃室出口烟气经余热利用系统、烟气净化系统处理后达标排放;最后对焚烧炉渣与除尘设备收集的焚烧飞灰应分别收集、贮存和运输。焚烧炉渣按一般固体废物处理;焚烧飞灰和其他尾气净化装置收集的固体废物如属于危险废物,则按危险废物处理。

（2）炭化焚烧法:首先将牛尸体及相关产品投至热解炭化室,在无氧情况下经充分热解,产生的热解烟气进入燃烧（二燃）室继续燃烧,产生的固体炭化物残渣经热解炭化室排出。热解温度应≥600℃,燃烧（二燃）室温度≥1 100℃,焚烧后烟气在1 100℃以上停留时间≥2 s;烟气经过热解炭化室热能回收后,降至600℃左右进入排烟管道。烟气经过湿式冷却塔进行"急冷"和"脱酸"后进入活性炭吸附和除尘器,最后达标后排放。

2. 掩埋法

是指按照相关规定,将动物尸体及相关动物产品投入化尸窖或掩埋坑中并覆盖、消毒,发酵或分解动物尸体及相关动物产品的方法。

（1）直接掩埋法:选择地势高燥,处于下风向的地点。应远离动物饲养场（饲养小区）、动物屠宰加工场所、动物隔离场所、动物诊疗场所、动物和动物产品集贸市场、生活饮用水源地。应远离城镇居民区、文化教育科研等人口集中区域、主要河流及公路、铁路等主要交通干线。掩埋坑体容积以实际处理牛的尸体及相关产品数量确定。掩埋坑底应高出地下水位 1.5 m 以上,要防渗、防漏。坑底撒一层厚度为 2～5 cm 的生石灰或漂白粉等消毒药。将牛尸体及相关产品投入坑内,最上层距离地表 1.5 m 以上。生石灰或漂白粉等消毒药消毒。覆盖距地表 20～30 cm,厚度不少于 1～1.2 m 的覆土。

（2）化尸窖法:牛场的化尸窖应结合本场地形特点,宜建在下风向。乡镇、村的化尸窖选址应选择地势较高,处于下风向的地点。应远离动物饲养场（饲养小区）、动物屠宰加工场所、动物隔离场所、动物诊疗场所、动物和动物产品集贸市场、泄洪区、生活饮用水源地;应远离居民区、公共场所,以及主要河流、公路、铁路等主要交通干线。化尸窖应为砖和混凝土,或者钢筋和混凝土密封结构,应防渗防漏。在顶部设置投置口,并加盖密封加双锁;设置异味吸附、过滤等除味装置。投放前,应在化尸窖底部铺洒一定量的生石灰或消毒液。投放后,投置口密封加盖加锁,并对投置口、化尸窖及周边环境进行消毒。当化尸窖内牛尸体达到容积的 3/4 时,应停止使用并密封。

3. 发酵法

是指将动物尸体及相关动物产品与稻糠、木屑等辅料按要求摆放,利用动物尸体及相关动物产品产生的生物热或加入特定生物制剂,发酵或分解动物尸体及相关动物产品的方法。

发酵堆体结构形式主要分为条垛式和发酵池式。处理前,在指定场地或发酵池底铺设20 cm 厚辅料。辅料上平铺牛尸体或相关产品,厚度≤20 cm。覆盖20 cm 辅料,确保牛尸体或相关产品全部被覆盖。堆体厚度随需处理牛尸体和相关产品数量而定,一般控制在2～3 m。堆肥发酵堆内部温度≥54℃,1 周后翻堆,3 周后完成。辅料为稻糠、木屑、秸秆、玉米芯等混合物,或为在稻糠、木屑等混合物中加入特定生物制剂预发酵后产物。

4. 化制法(高温分解法)

是指在密闭的高压容器内,通过向容器夹层或容器通入高温饱和蒸汽,在干热、压力或高温、压力的作用下,处理动物尸体及相关动物产品的方法。

(1)干化法:首先将牛尸体及相关产品进行破碎预处理。然后将牛尸体及相关产品或破碎产物输送入高温高压容器。处理物中心温度≥140℃,压力≥0.5 MPa(绝对压力),时间≥4 h(具体处理时间随需处理牛的尸体及相关产品或破碎产物种类和体积大小而设定)。加热烘干产生的热蒸汽经废气处理系统后排出。最后将加热烘干产生的牛尸体残渣传输至压榨系统处理。

(2)湿化法:首先将牛尸体及相关产品进行破碎预处理。然后将牛尸体及相关产品或破碎产物送入高温高压容器,总质量不得超过容器总承受力的4/5。处理物中心温度≥135℃,压力≥0.3 MPa(绝对压力),处理时间≥30 min(具体处理时间随需处理牛的尸体及相关产品或破碎产物种类和体积大小而设定)。高温高压结束后,对处理物进行初次固液分离。最后将固体物经破碎处理后,送入烘干系统;液体部分送入油水分离系统处理。高温高压的蒸汽使尸体的脂肪熔化,分离出的脂肪可作为工业原料,其他可作为肥料。最大可能地利用生物资源。

这种方式投资大,适合于大型牛场。在中小型牛场比较集中的地区,也可建立专门的处理厂,处理周围各个牛场的死畜,不仅能消除传染病隐患,而且牛场也节省了一笔投资,规模化生产也能给处理场带来效益。

【考核评价】

规模化肉牛场各类牛舍的饲养环境指标评价

一、考核题目

甘肃省金昌市某肉牛场地处我国西北地区,2013 年4 月技术人员对牛场各类牛舍的环境参数进行了检测,发现牛舍的温度、相对湿度、空气卫生指标和风速均不太合理,如表2-16、表2-17、表2-18、表2-19 所示。请予以修改完善。

(1)某肉牛场牛舍的空气温度和相对湿度,如表2-16 所示。

表 2-16　肉牛舍的空气温度和相对湿度

牛类别	适宜温度/℃			应激温度/℃		适宜湿度 /%
	最适宜温度	最高	最低	高温	低温	
育肥牛	7～13	20	3	>30	<-13	55～85
产犊母牛	12	20	10	>33	<-10	50～90
一般母牛	10～15	28	3	>30	<-13	55～85
幼犊	12～15	20	3	>30	<-5	55～85
犊牛	10～12	20	7	>30	<-5	40～65
育成牛	6～18	25	3	>32	<-7	55～85

（2）某肉牛场牛舍的空气卫生指标如表 2-17 所示。

表 2-17　肉牛舍有害气体参数

项目	CO_2/%	NH_3/(mg/m³)
产房	0.15	27
犊牛舍	0.15～0.25	10～15
育肥牛舍	0.55	20

（3）某肉牛场牛舍的通风量与风速如表 2-18 所示。

表 2-18　肉牛舍通风参数

项目	通风量/[m³/(h·头)]			气流速度/(m³/s)		
	冬季	过渡季	夏季	冬季	过渡季	夏季
母牛舍	90	200	250	0.3～0.4	0.5	0.8～1.0
产房	90	200	350	0.2	0.3	0.8
1 岁以上育肥牛舍	40	200	350	0.5	0.5	0.8～1.0

（4）某肉牛场牛舍的光照如表 2-19 所示。

表 2-19　肉牛舍光照参数

项目	光照时间/h	照度/lx	
		荧光灯	白炽灯
成年肉牛舍	10～14	75	30
产房	16～18	40～60	30
犊牛舍	14～18	75～100	70
育肥牛舍	8～12	50	20

二、评价标准

根据 NY/T 388—1999《畜禽场环境质量标准》规范要求,对甘肃省金昌市某肉牛场各类牛舍的环境参数进行矫正,矫正后适宜的参数值如表 2-20、表 2-21、表 2-22、表 2-23 所示。

(1)某肉牛场牛舍的空气温度和相对湿度如表 2-20 所示。

表 2-20 肉牛舍适宜的空气温度和相对湿度

牛类别	适宜温度/℃			应激温度/℃		适宜湿度/%
	最适宜温度	最高	最低	高温	低温	
育肥牛	10～15	20	3	>30	<-13	55～85
产犊母牛	12	20	10	>30	<-10	55～85
一般母牛	10～15	25	3	>30	<-13	55～85
幼犊	12～15	20	8	>30	<-3	55～85
犊牛	10～12	20	7	>30	<-5	55～85
育成牛	10～15	25	3	>30	<-7	55～85

(2)某肉牛场牛舍的空气卫生指标如表 2-21 所示。

表 2-21 肉牛舍适宜的有害气体参数

项目	CO_2(%)	NH_3/(mg/m³)
产房	0.15	17
犊牛舍	0.15～0.25	10～15
育肥牛舍	0.25	20

(3)某肉牛场牛舍的通风量与风速如表 2-22 所示。

表 2-22 肉牛舍适宜的通风参数

项目	通风量/[m³/(h·头)]			气流速度/(m³/s)		
	冬季	过渡季	夏季	冬季	过渡季	夏季
母牛舍	90	200	350	0.3～0.4	0.5	0.8～1.0
产房	90	200	350	0.2	0.3	0.5
1 岁以上育肥牛舍	90	200	350	0.3	0.5	0.8～1.0

(4)某肉牛场牛舍的光照如表 2-23 所示。

表 2-23 肉牛舍适宜的光照参数

项目	光照时间/h	照度/(lx)	
		荧光灯	白炽灯
成年肉牛舍	16～18	75	30
产房	16～18	75～150	30
犊牛舍	14～18	75～100	100
育肥牛舍	6～8	50	20

【信息链接】

1. GB/T 10942—2001 散装乳冷藏罐。

2. NY/T 730—2003 牛胃取铁器。

3. GB/T 19525.2—2004 畜禽场环境质量评价标准。

4. GB 10940—2005 往复式割草机 型式与基本参数。

5. GB/T 8186—2005 挤奶设备 结构与性能。

6. GB 16568—2006 奶牛场卫生规范。

7. NY/T 1167—2006 畜禽场环境质量及卫生控制规范。

8. NY/T 1168—2006 畜禽粪便无害化处理技术规范。

9. NY/T 1169—2006 畜禽场环境污染控制技术规范。

项目三

牛的饲料选用与供应计划

🍁 学习目标

　　熟悉牛常用饲料的种类及特点；掌握牛常用饲料的加工调制方法；能为牛场编制合理的饲料供应计划。

🍁 学习任务

 任务 1　牛的常用饲料及加工调制

　　饲料是发展养牛业的物质基础和先决条件，是影响牛生产经济效益好坏的最主要因素。我国饲料资源比较丰富，全面了解和掌握牛常用饲料的种类、特点及加工利用技术，对广开饲料来源，提高饲料转化率和经济效益，促进养牛业的高产、稳产具有重要意义。

一、牛常用饲料的种类及特点

　　养牛生产常用饲料的种类及特点见表 3-1。

表 3-1　牛常用饲料的种类及特点

饲料类型		营养特点	常见的种类
籽实饲料	禾本科籽实饲料	能量价值高，无氮浸出物含量很高，粗纤维含量低，有机物质的消化率高，去壳皮的籽实消化率达 75%～90%；蛋白质含量不足，且品质差；脂肪含量少，脂肪易酸败；钙磷比例不平衡，钙少磷多，含有丰富的维生素 B_1 和维生素 E，而缺乏维生素 D；适口性好，易消化	玉米、高粱、大麦
	豆科籽实饲料	粗蛋白质含量高，品质也较好；脂肪含量略低于禾本科籽实，但大豆、花生含量较高；钙、磷含量较禾本科籽实稍多，但钙磷比例不恰当，钙多磷少；胡萝卜素缺乏；无氮浸出物含量为 30%～50%，纤维素易消化	大豆、蚕豆

续表 3-1

饲料类型		营养特点	常见的种类
粗饲料		体积大,粗纤维含量多,难以消化,营养价值低;粗蛋白质含量差异大;含钙量高,含磷量低;维生素含量丰富	青干草、秸秆、秕壳
青绿饲料		粗蛋白质含量丰富,消化率高、品质优良、生物学价值高,必需氨基酸较全面,赖氨酸、组氨酸含量较多,而蛋氨酸含量较少;维生素含量丰富,含有大量的胡萝卜素,还含有丰富的硫胺素、核黄素、烟酸等 B 族维生素,以及较多的维生素 C、维生素 E、维生素 K 等;钙、磷含量差异较大;无氮浸出物含量较多,粗纤维较少,适口性好,消化率高	苜蓿、红豆草、黑麦草
多汁饲料		干物质中富含淀粉和糖,纤维素含量少,一般不超过 10%,且不含木质素;粗蛋白质含量少,只有 1%～2%,以薯类含量最少,蛋白质含赖氨酸、色氨酸较多;矿物质含量不一致,缺少钙、磷、钠,而钾的含量却丰富;维生素含量因种类不同而差别很大,胡萝卜中含有丰富的维生素,尤以含胡萝卜素最多。甘薯中则缺乏维生素,甜菜中仅含有维生素 C,多汁饲料缺乏维生素 D;适口性好,有机物质消化率高	甜菜、甘薯、胡萝卜
加工副产品饲料	糠麸类饲料	与原粮相比粗蛋白质、粗脂肪和粗纤维含量都很高,而无氮浸出物和有效能值含量低、消化率低;钙、磷含量比籽实高,但是钙少磷多;B 族维生素含量丰富,尤其含硫胺素、烟酸、胆碱和吡哆醇、维生素 E 较多,缺乏维生素 D 和胡萝卜素	小麦麸、米糠
	饼粕类饲料	营养价值很高,可消化蛋白质含量 31.0%～40.8%,氨基酸组成较完全,赖氨酸、色氨酸、蛋氨酸丰富,苯丙氨酸、苏氨酸、组氨酸等含量较多,粗蛋白质消化率、利用率均较高;粗脂肪含量随加工方法不同而异,一般经压榨法生产的油饼类脂肪含量为 5% 左右;无氮浸出物约占干物质的 1/3(22.9%～34.2%);粗纤维含量,加工时去壳者含 6%～7%,消化率高;含磷量比钙多,B 族维生素含量高,胡萝卜素含量很少	大豆饼(粕)、棉籽饼(粕)、花生饼(粕)
	糟渣类饲料	营养成分随原料、加工工艺等差别较大,一般含粗纤维较高,粗蛋白质因其各自的原料不同而有很大差异,但一般均较低;水分含量高,不易贮存和运输	豆腐渣、甜菜渣、酒糟、醋糟
动物性饲料		粗蛋白含量高且品质好,必需氨基酸齐全,生物学价值高;无纤维素,消化率高;钙、磷比例适当,能充分被吸收利用;富含 B 族维生素,特别是维生素 B_{12} 含量高;这类饲料来源较少,不可能大量使用	鱼粉、血粉
非蛋白质含氮饲料		可以代替植物或动物性蛋白质饲料,提供合成菌体蛋白所需要的氨氮,不同产品的含氮量变化幅度较大,除液氨外,为 17%～47%,蛋白质当量为 106～292,利用率为 75%～95%,相当等量豆饼含氮量的 1.4～6.5 倍。饲料价格高,适合与植物性蛋白质饲料搭配使用,弥补植物性蛋白质饲料的不足	尿素、二缩脲、铵盐
矿物质饲料		牛的生长、发育、繁殖不可缺少的物质,维持牛的正常新陈代谢	食盐、石粉、贝壳粉、骨粉

二、养牛生产常用饲料的加工调制

牛的饲料虽然种类较多,来源较广,但在未加工前普遍存在利用率不高和适口性差的问题,尤以粗饲料为甚。饲料加工调制的目的,就是减少饲料的营养损失,提高适口性和利用率。

(一)秸秆饲料的加工调制

作物秸秆是世界上数量最多的一种农业生产副产品。秸秆加工的目的是改变原来的体积和理化性质,便于牛的采食,提高适口性,减少饲料浪费,提高其营养价值。作物秸秆的加工调制方法一般可分为物理处理、化学处理和生物处理三种,其中秸秆青贮属生物处理之列。

1. 秸秆青贮技术

(1)青贮技术要点:

①选择合适的原料。乳酸菌发酵需要一定的糖分,青贮原料中含糖量不宜少于 $1.0\%\sim1.5\%$,否则会影响乳酸菌的正常繁殖,青贮饲料的质量难以保证。对于含糖少的原料,可以和含糖多的原料混合青贮,也可以添加 $3\%\sim5\%$ 的玉米面或麦麸单独青贮。

②确定适宜的时间。利用农作物秸秆青贮,要掌握好时机,过早会影响粮食生产,过迟会影响青贮质量。青贮玉米秸秆在籽实蜡熟而秸秆上又有一定数量的绿叶,茎秆中水分较多时进行较好。

③排除空气。乳酸菌是厌氧菌,只有在厌氧条件下才能进行繁殖。因此在青贮时,原料要切的长短适宜,尽量踩实,排除空气,并缩短铡短装料的过程,密封严实。

④创造适宜的温度。原料温度在 $25\sim35\,^{\circ}\mathrm{C}$ 时,乳酸菌会大量繁殖,很快占主导优势,致使其他一切杂菌都无法活动繁殖,若原料温度在 $50\,^{\circ}\mathrm{C}$ 以上时,丁酸菌就会生长繁殖,使青贮料出现臭味,以致腐败。

⑤掌握好水分。适于乳酸菌繁殖的含水量为 70% 左右,过干不易踩实,温度易升高;过湿酸度大,牛不爱吃。70% 的含水量,相当于玉米植株下边有 $3\sim5$ 片干叶;如果全株青贮,砍后可以晾晒半天,青黄叶比例各半。

(2)青贮方法与步骤:

①青贮设备的准备。制作青贮饲料需要有一定的容器,如青贮窖(坑)、青贮塔、青贮缸和青贮饲料袋等,这些都要提前选择、购置或建造。根据青贮原料的品种和数量确定容器的容量。青贮窖(坑)最好是用砖砌、水泥抹面,并选择地势高燥、地下水位低和土质僵硬向阳的地方,以防渗水、倒塌。挖好窖后,应晾晒 $1\sim2$ d,以减少窖壁水分,增加窖壁硬度,窖的四周应有排水沟,以防雨水流入窖内。旧窖(坑)在使用前要清理出杂物,修补并消毒。

②青贮原料的收割和切短。待到原料植株达到收割适期时,选择晴好的天气收割。原料收割后立即运到青贮地点,将青贮秸秆原料切短,长度在 $2\sim5$ cm 之间。

③装填和压实。装窖前先在窖底铺一层 $15\sim20$ cm 厚的麦草或其他秸秆,窖壁四周可铺一层塑料薄膜,加强密封,防止透水漏气。如果原料含水量大,在装填时要掺入适量的糠麸以调节含水量。装填青贮秸秆时,应逐层装入,每层装 $15\sim20$ cm,随装随压实。添加糠麸、谷实等进行混合青贮时,要在压紧前分层混合。压实的方法:小型窖可用人力踩踏,大型长壕可用链轨拖拉机等,要特别注意压紧窖的边缘和四角。这样层层装填、压实,直至高出窖口 $50\sim60$ cm 为止。

④密封和管理。装满秸秆后即可加盖封顶。先覆盖一层塑料薄膜,再盖一层厚 20～30 cm 切短的秸秆或软草,然后盖上厚 30～50 cm 洁净的湿土,并做成馒头形(圆窖)或屋脊形(长窖),盖土的边缘要超出窖口四周外围,以利排水。用塑料袋做青贮时,装满秸秆后用细绳扎紧袋口即可。青贮后 1 周内,随时检查、修整封土裂缝、下陷等,避免雨水流入和漏气。青贮秸秆装窖密封,经一个半月后,便可开窖饲喂。

(3)青贮饲料的利用:喂青贮料之前应检查质量—色、香、味和质地。优质青贮饲料应为:颜色黄绿、柔软多汁、气味酸香、适口性好。玉米秸秆青贮带有很浓的酒香味。发霉、发黏、黑色、结块的青贮料不能再用来喂牛。

饲喂时,青贮窖只能打开一头,要采取分段开窖,分层取,取后要盖好,防止日晒、雨淋和二次发酵,避免养分流失、质量下降或发霉变质。

开始饲喂青贮料时,要由少到多,逐渐增加,停止饲喂时,也应由多到少逐步减喂。使牛有一个适应过程,以防止暴食和食欲突然下降。

青贮饲料的用量,应视牛的品种、年龄、用途和青贮饲料的质量而定,除高产奶牛外,一般情况可以作为唯一的粗饲料使用。但应注意,鲜嫩的青草、菜叶青贮后仍然还有大量轻泻物质,喂量过大往往造成牛腹泻,影响消化吸收。通常日喂量,奶牛 20～30 kg,役牛 10～15 kg,种公牛、肉用牛 5～12 kg。

2. 秸秆的物理处理

秸秆的物理处理指对秸秆进行切短或粉碎、制成颗粒、碾青等处理。该方法一般不能改善秸秆的消化利用率,但可以改善适口性,减少浪费。

(1)秸秆切短、粉碎及软化:秸秆经切短便于采食和咀嚼,并易于与精料拌匀,防止牛挑食,从而减少饲料浪费,提高采食量。秸秆切短的长度一般为 3～4 cm。秸秆的粉碎、蒸煮软化,都只能使秸秆的适口性得到改善,而不能提高秸秆的营养价值。

(2)制颗粒:粗饲料经粉碎后与其他饲料配成平衡饲粮,然后制成大小适宜的颗粒,适口性好,营养平衡,粉尘减少,便于咀嚼,改善适口性,可以提高牛的采食量。用单纯的粗饲料或优质干草经粉碎制成颗粒饲料,既可以减少粗饲料的体积,又便于贮藏和运输。牛用颗粒饲料的大小一般以 6～8 mm 为宜。

(3)碾青:将秸秆铺在地面上,厚度为 30～40 cm,上铺同样高度的青饲料,最上面再铺秸秆,然后用滚子碾压,此过程称为碾青。青饲料流出的汁液被上、下两层秸秆吸收。经过该处理,可缩短青饲料晒制的时间,并提高粗饲料的适口性和营养价值。

(4)揉搓:使用揉搓机将秸秆揉搓成丝条状直接喂牛,吃净率可提高到 90% 以上。使用揉搓机将秸秆揉搓成柔软的丝条状后进行氨化,不仅氨化效果好,而且可进一步提高吃净率。

(5)热喷:新型饲料热喷技术是内蒙古畜牧科学院经过 7 年的时间研制成功的。将初步破碎或不经破碎的粗饲料装入压力罐内,用 1.47～1.96 MPa 的压力,持续 1～30 min 后,突然减至常压喷放,即可得热喷饲料。经该处理,可提高牛对粗饲料的采食量和有机物质消化率。结合"氨化"对饲料进行迅速的热喷处理,可将氨、尿素、氯化铵等多种工业氮源安全地运用于牛的饲料中,使饲料的粗蛋白质水平成倍地提高。

3. 秸秆的化学处理

物理方法处理粗饲料,一般只能改变粗饲料的物理性状,而对于饲料营养价值的提高作用不大。化学处理则有一定的作用,化学处理不仅可提高秸秆的消化率,而且能够改进适口性,增加采食量,这是目前在生产中较实用的一种途径。

(1)秸秆的碱化处理:利用强碱液处理秸秆,破坏植物细胞壁及纤维素构架,易被消化液渗透,从而使粗纤维素消化率提高至 50% 以上,同时增加采食量 20%~45%。

方法:一是用石灰液处理法,用 100 kg 切碎的秸秆,加 3 kg 生石灰或 4 kg 熟石灰,食盐 0.5~1 kg,水 200~250 L,浸泡 12 h 或一昼夜捞出晾晒 24 h 即可饲喂,不必冲洗。二是用氢氧化钠液处理,100 kg 切碎秸秆,用 6 kg 的 1.6% 的氢氧化钠溶液均匀喷洒,然后洗去余碱,制成饼块,分次饲喂。秸秆经碱化处理后,有机物质的消化率由原来的 42.4% 提高到 62.8%,粗纤维消化率由原来的 53.5% 提高到 76.4%,无氮浸出物消化率由原来的 36.3% 提高到 55.0%。

(2)秸秆的氨化处理:秸秆的氨化处理是指利用尿素、液氨、碳铵和氨水等,在密闭的条件下对秸秆进行氨化处理。其优点是操作简便、成本低,可提供一定的氮素营养,能明显提高秸秆的消化率和粗蛋白水平,改善适口性,提高采食量,对环境基本无污染,氨化处理秸秆在世界范围内被广泛应用。根据采用的氮源不同而常分为以下 3 种方法:

①尿素氨化法。按秸秆量的 3% 加入尿素,即将 3 kg 尿素溶解于 60 kg 水中,逐层均匀地喷洒在 100 kg 秸秆上,用塑料薄膜压紧。由于秸秆中含有脲酶,在该酶的作用下,尿素分解放出氨,从而达到氨化的目的。在尿素短缺的地方,用碳铵也可进行秸秆氨化处理,其方法与尿素氨化法相同,只是由于碳铵含氨量较低,其用量须酌情增加。

②液氨氨化法。将切碎的秸秆喷入适量水分,使其含水量达到 15%~20%,混匀堆垛,上盖塑料薄膜,底边四周用泥土密封,在垛长轴的中心埋入一根带孔的硬塑料管,与液氨罐相连,按秸秆干物质重量的 3% 通进液氨,氨气很快遍及全垛。氨化处理时间取决于气温,气温低于 5℃时需 8 周以上;5~15℃需 4~8 周;15~30℃需 1~4 周。启封后通风 12~24 h 待氨味消失,即可饲喂。

③氨水氨化法。可用含氨量 15% 的农用氨水,按秸秆重 10% 的比例,把氨水逐层均匀喷洒于秸秆上。喷洒完氨水后,用塑料薄膜将垛封严。该方法在气温不低于 20℃时,5~7 d 氨化完成,启封后 12~24 h 待氨味消失即可饲喂,也可按上述液氨的"堆垛法"处理。

研究结果表明,液氨氨化法和尿素氨化法处理秸秆效果最好,氨水和碳铵效果稍差。用液氨氨化效果虽好,但必须使用特殊的高压容器(氨瓶、氨罐、氨槽车等),从而增加了成本,也增加了操作的危险性。相比之下,尿素氨化不仅效果好,操作简单、安全,也无须任何特殊设备,无疑是一种秸秆氨化处理的好方法。

4. 秸秆的生物处理

又称微贮,即利用微生物在发酵过程中分解秸秆中的半纤维素、纤维素等,再连同菌体喂牛。微贮对改善秸秆的营养价值、提高粗蛋白含量有一定效果。目前秸秆的生物加工处理方法有 2 种,即秸秆发酵处理和酶-酵母加工处理。

(1)秸秆发酵处理:对秸秆饲料发酵处理,一般采用两种方法:一种是将含糖物质(糖蜜或粉碎的甜菜)加在碎秸秆上,通过掺入过磷酸钙和尿素来培养酵母;另一种就是先对纤维素进行水解,然后再进行发酵,现分别加以简要介绍。

①掺入酵母发酵法。先将粉碎的秸秆用热水浸湿并掺入酵母,分层装入木箱或塑料袋中,置于 24~26℃ 的条件下,发酵 12 h 以上。采用此法,原理是使盐溶液在温度 100~105℃ 和较高的压力下,作用于秸秆,使部分纤维转化为糖类。将加工处理过的秸秆冷却到 32~35℃,然

后加入发酵剂(均占秸秆重的 3%～5%)进行搅拌,在 27～30℃的温度下发酵 2 昼夜即可。

②掺糖类物质发酵法。将 400～600 L 水注入容积 3～7 m³ 的贮罐中,通入蒸汽,将水加热到 60～65℃,然后再将秸秆装入贮罐。如贮罐可容纳 1 t 饲料,则经过粉碎的秸秆数量不应超过混合物重量的 30%～35%,其余 65%～70%应为掺入的含淀粉或糖类的粉碎饲料,如谷物、糖用甜菜和糖蜜等。此外,贮罐中还应加入过磷酸钙和硫酸铵的萃取物,以及 10～15 kg 的麦麸和 0.2～0.3 L 浓盐酸。待上述工序完成后,将混合饲料用搅拌器拌匀,通入蒸汽,使混合料在 80～90℃下保持 1.5～2 h,然后在 28～30℃下通风冷却,再按贮罐中内容物的重量加入 5%～8%的发酵剂,并仔细搅拌,每隔 2～3 h 一次,这样经过 9～12 h 即可。

(2)秸秆饲料酶—酵母加工处理:是用酵母菌将秸秆进行发酵处理,以产生酵母发酵饲料的一种秸秆调制方法,采用这种方法加工处理的饲料,具有禾本科牧草青贮料的稠度和面包香味,稍具酸味,饲料中蛋白质和纤维素的消化率可分别提高到 80%和 85%,与谷物饲料的水平相当。这种方法在拥有饲料车间和配备有搅拌和蒸煮设备的畜牧场均可使用。具体方法如下:

先将切碎的 500～700 kg 秸秆送入搅拌—蒸煮设备中,启动搅拌器,并依次加入尿素 10～15 kg、磷酸二铵 10 kg、磷酸二氢钙 10 kg 和食盐 10 kg,之后继续加料,并每隔 5～10 min 给搅拌-蒸煮容器送一次蒸汽,直到加料工序结束,使饲料混合物在 90～100℃的条件下蒸煮 50～60 min。在此期间,搅拌器应每运转 10～15 min 间歇一次,这样便达到了高温灭菌和饲料与各种矿物质盐及添加剂充分混合的目的,并能使尿素分解产生氨气,使纤维进一步得到破坏。

高温灭菌后为防止酶失去活性应采用自来水或空气将混合料冷却至 50～55℃以下,然后再按每吨秸秆 5 kg 的比例,向搅拌机中加入各种酶制剂,发酵应持续 2 h,其间搅拌机每运转 10～15 min 间歇 10 min,发酵结束时,混合料中的温度应降至 28～32℃。此时,再向搅拌机内加入 100～150 L 的"酵母乳"。

制取"酵母乳"的方法:每 4.5～5.0 t 秸秆混合料应用 30～40 kg 的麸皮或面粉或 20 kg 糖蜜,将其拌入 100～150 L 热水中,在 28～32℃的条件下,向这种液态混合物中按 4:1 的比例加入 10 kg 的面包酵母和 0.5 kg 的酶制剂,充分搅拌后,再充分暴露于空气之中,以强化酵母生长。

(二)青干草的加工调制

优质干草饲用价值高,营养丰富,利用它可以节约大量的蛋白质饲料,降低饲养成本,提高经济效益。另外调制干草,方法简便,原料丰富,成本低,便于长期大量贮藏,在养牛生产上起着重要的作用。

1. 青干草制作的几种实用方法

主要有地面干燥法、草架干燥法、发酵干燥法及人工干燥法等几种。

(1)地面干燥法:采用地面干燥法干燥牧草的具体过程和时间,随地区气候的不同而有所不同。牧草含水降至 38%时,植物酶和微生物酶对养分的分解才能减慢。所以牧草收割后,应薄层平铺暴晒 6～7 h,使其凋萎(含水 40%～50%)后,用搂草机搂成松散草垄,继续干燥 4～5 h;使含水降至 35%～40%(叶子开始脱落前)时,用集草器集成小草堆,继续干燥 1.5～2 d 即可制成青干草(含水 15%～18%)进行贮存。晒制干草,必须注意天气预报,如遇天气变化,应将草拢成小草垛,待天晴时再摊晒;如遇大雨应拢成大剁,并理顺顶部草,使其成帽状,以防雨淋。此法营养损失大,可高达40%。所以在多雨季节,不提倡采用地面干燥法。

(2)草架干燥法:在潮湿地区由于牧草收割时多雨,地面经常是潮湿的,在生产上多采用草架干燥法来晒制干草。首先把割下来的牧草在地面上干燥0.5d或1d,使其含水量降至45%～50%,无论天气好坏都要及时用草叉将草自上而下上架。最底层应高出地面,不与地面接触,这样既有利于通风,也避免与地面接触吸潮。在堆放完毕后应将草架两侧牧草整理平顺,这样遇雨时,雨水可沿其侧面流至地表,减少雨水浸入草内。这种方法可以大大地提高牧草的干燥速度,保证干草品质,减少各种营养物质的损失。

(3)人工干燥法:在自然条件下晒制干草,营养物质的损失相当大,干物质的损失约占鲜草的20%,蛋白质损失约占30%。采用人工快速干燥法,则营养物质的损失可降低到最低限度,只占鲜草总量的5%～10%。人工干燥的形式可以归纳成以下三类:

①常温鼓风干燥。牧草的干燥可以在室外露天堆贮场,也可以在草棚中进行干燥,经堆垛后,在草堆中设置栅栏通风道,用鼓风机强行吹入空气。如果刈割后的牧草在田间预干到含水量在65%左右时,置于设有通风道的草棚下,进行干燥,可节省能源开支。这种方法在干草收获时期,白天、早晨和晚间的相对湿度低于75%,温度高于15℃时使用。

②低温烘干法。利用加热的空气将青草水分烘干,干燥温度在50～70℃,需5～6 h,在20～150℃,5～30 min即可干燥。

③高温快速干燥法。它的工艺过程是将切碎的青草(长约25 mm)快速通过高温干燥机再由粉碎机粉碎成粒状或直接压制成草块。这种方法主要用来生产干草粉或经轧粒机压制成干草饼。

2. 青干草的堆剁与贮藏

青干草调制成后,必须及时堆垛和贮藏,以免散乱损失。一般地,堆垛贮藏的青干草水分含量不应超过18%,否则容易发霉、腐烂。另外,草垛应坚实、均匀,尽量缩小受雨面积。剁顶不应有凹陷和裂缝。草垛顶脊必须用草绳或泥土封压坚固,以防大风吹刮。在青干草的贮藏过程中注意做好四防(防畜、防火、防雨、防雪水)工作。对草垛要定期检查和做好维护工作,如发现剁形不正或漏缝,应当及时修正。及时采取散热措施,防止草垛自燃。要使用防腐剂,以防止青干草在堆贮过程发霉变质。

3. 青干草的利用

青干草同青贮料一样,在贮存一段时间后,饲喂给家畜前,也应检查其质量:色、香、味和质地。优质青干草颜色鲜绿、香味浓郁、适口性好、叶量多、叶片及花序损失不到5%。饲喂时,也要分段、分层取喂,避免养分流失、质量下降或发霉变质;饲喂牛,要有一个适应过程,防止暴食和食欲突然下降。

(三)精饲料的加工调制

精饲料的营养价值和消化率一般都比较高,但种皮、硬壳及内部淀粉粒的结构均影响营养成分的消化吸收和利用。所以,这类饲料在饲喂前必须经过加工调制,以便能够充分发挥其作用。

1. 磨碎

质地坚硬或有皮壳的饲料,喂前需要磨碎,否则难以消化而由粪中排出,造成浪费。牛喂整粒玉米,就会出现这种现象。对牛来讲精饲料也不必磨得太细,以碎到直径1～2 mm为宜。

但棉籽以整粒饲喂为好,棉籽在瘤胃内其表层棉纤维素即被消化,籽实中脂肪和蛋白质等送至真胃后再被消化。

2. 压扁

将谷物用蒸汽加热到 120℃左右,再用压扁机压成 1 mm 厚的薄片,迅速干燥。由于压扁处理使饲料中的淀粉经加热糊化,豆类籽实中抗营养因子也受到破坏。因此,用于喂牛的消化率和效果明显提高。

3. 湿润及浸泡

湿润一般用于尘粉多的饲料,而浸泡多用于硬实的籽实或油饼,使之软化或用于溶去有毒物质。对磨碎或粉碎的精料,喂牛前,应尽可能湿润一下,以防饲料中粉尘多而影响牛的采食和消化,对预防粉尘呛入气管而造成的呼吸道疾病也有好处。坚硬的饲料,经过浸泡后变得膨胀柔软,便于咀嚼和消化,但是浸泡的时间应掌握好,浸泡时间过长,会造成营养成分的损失,适口性也随之降低,有的饲料甚至还会因为浸泡过久而变质。

4. 饲料颗粒化

将饲料粉碎后,根据家畜的营养需要,按一定的饲料配合比例搭配,并充分混合,用饲料压缩机加工成一定的颗粒形状。颗粒饲料属全价配合饲料的一种,可以直接用来喂牛。颗粒饲料一般为圆柱形,喂牛时以直径 4～5 mm、长 10～15 mm 为宜。颗粒饲料适口性好,饲喂方便,有利于消化,可以增加牛的采食量,且营养齐全,能充分利用饲料资源,减少饲料损失,当今养牛生产中应用较多。

除上述方法外,还可以对精饲料进行蒸煮、焙炒、发芽及糖化等处理。

 ## 任务 2　牛场的饲料供应计划制订

饲料供应计划是牛场年度生产计划中的重要内容之一,主要是饲料生产与供给计划,它是牛场正常生产经营的保证。

一、奶牛场牛群结构

一般来说,母牛可供繁殖使用 10 年左右。成年母牛的正常淘汰率为 10%,外加低产牛、疾病牛淘汰率 5%,年淘汰率在 15% 左右。所以,一般奶牛场的牛群组成比例为:成年牛 58%～65%,18 月龄以上青年母牛 16%～18%,12～18 月龄育成母牛 6%～7%,6～12 月龄育成牛 7%～8%,犊牛 8%～9%。牛群结构是通过严格合理选留后备牛和淘汰劣等牛达到的,一般后备经 6 月龄、12 月龄、配种前、18 月龄等多次选择,每次按一定的淘汰率如 10% 选留,有计划培育和创造优良牛群。成年母牛群的内部结构,一般为一、二产母牛占成年母牛群的 35%～40%,三至五产母牛占 40%～45%,六产以上母牛占 15%～20%,牛群平均胎次为 3.5～4.0 胎(年末成年母牛总胎数与年末成年母牛总头数之比)。常年均衡供应鲜奶的奶牛场,成年母牛群中产乳牛和干乳牛也有一定的比例关系,通常全年保持 85% 左右处于产乳,15% 左右处于干乳。

以繁殖为主的牛场,牛群组成比例为公牛 2%～3%,繁殖母牛 60%～65%,育成母牛

20%～30%,犊母牛8%左右。采用冻精配种的牛场,可不考虑公牛的淘汰更新,但要计划培育和创造优良后备种公牛。必须坚持按不同经济类型种牛标准,留种和更新淘汰制度,始终保持牛群结构最佳水平。每年更新淘汰15%～25%为宜。

二、饲料消耗定额

饲料消耗定额是生产单位重量牛奶或增重所规定的饲料消耗标准,是确定饲料需要量、合理利用饲料、节约饲料和实行经济核算的重要依据。

在制定不同类别奶牛的饲料消耗定额时,首先应查找其饲养标准中对各种营养成分的需要量,参照不同饲料的营养价值确定日粮的配给量;再以日粮的配给量为基础,计算不同饲料在日粮中的占有量;最后再根据占有量和牛的年饲养头日数即可计算出年饲料的消耗定额。由于各种饲料在实际饲喂时都有一定的损耗,尚需加上一定损耗量。

一般情况下,奶牛饲料消耗定额为:成年母牛每头每天平均需5 kg优质干草,玉米青贮20 kg;育成牛每头每天平均需干草3 kg,玉米青贮15 kg。成年母牛精饲料除按2.5～3.5 kg奶给1 kg精饲料外,每头每天还需加基础料2 kg;初孕牛平均每头每天2.5～3 kg精料;育成牛为2.5 kg;犊牛为1.5 kg。

三、饲料供应计划的制订

饲料供应计划应在牛群周转计划(明确每个时期各类牛的饲养头数)和各类牛群饲料定额等资料基础上进行编制。牛场全年饲料总需要量要在计划需要量的基础上增加5%～10%的损耗量,以留有余地。现以某牛场的饲料供应计划为例,说明其制订编制方法。

(一)确定奶牛场各类牛群的年平均饲养头数

牛场可根据牛群周转计划,确定平均饲养头数。

年平均饲养头数(成年母牛、育成牛、犊牛)=全年饲养头日数/365

北京西郊某奶牛场各类牛群的年平均饲养头数及日粮定额如表3-2所示。

表3-2 某规模化奶牛场牛群年平均饲养头数及日粮定额

牛群类别	期末存栏/头	年平均饲养头数/头	年饲养头日数/d	日粮定额/kg						
				精料	粗料	青贮料	青绿多汁饲料	食盐	骨粉	牛奶
成年母牛	1 710	1 688.2	616 200	12	5.0	20.0	10.0	0.12		
育成牛	418	412.3	150 504	3.0	3.0	15.0	1.0	0.08		
犊牛	358	351.8	128 424	1.5	1.5	1.0	0.5	0.02	0.02	1.5
总计	2 486	2 452.3	895 128							

(二)确定各类饲料的需要量

奶牛主要饲料的全年需要量,可按下式进行估算:

1. 混合精饲料

成年母牛年基础料需要量(kg)＝年平均饲养头数×2 kg×365

年产奶饲料需要量(kg)＝全群全年总产奶量(kg)÷(2.5～3.5)

育成牛年饲料需要量(kg)＝年平均饲养头数×(2.5～3)kg×365

犊牛年饲料需要量(kg)＝年平均饲养头数×1.5 kg×365

混合精料中的各种饲料供应量,可按混合精料配方中占有的比例计算。如成年母牛的混合精料的配合比例为:玉米50％、豆饼或豆粕34％、麦麸12％、矿物质饲料3％、添加剂预混料1％,则混合精料中各种饲料的供应量为:

玉米供应量＝混合精料供给量×50％

豆饼供应量＝混合精料供给量×34％

麦麸供应量＝混合精料供给量×12％

矿物质饲料供应量＝混合精料供给量×3％

添加剂预混料供应量＝混合精料供给量×1％

2. 玉米青贮

成母牛年需要量(kg)＝年平均饲养头数×20(kg)×365

育成牛年需要量(kg)＝年平均饲养头数×15(kg)×365

3. 干草

成母牛年需要量(kg)＝年平均饲养头数×5(kg)×365

育成牛年需要量(kg)＝年平均饲养头数×3(kg)×365

犊牛年需要量(kg)＝年平均饲养头数×1.5(kg)×365

4. 甜菜渣

成母牛年需要量(kg)＝年平均饲养头数×20(kg)×180

按表3-2提供的数据计算,各类牛群对各类饲料的全年需要量,如表3-3所示。

表 3-3　奶牛主要饲料的全年需要量

牛群类别	年平均饲养头数/头	年饲养头日数/d	饲养需要量/kg						
			精料	粗料	青贮料	青绿多汁饲料	食盐	骨粉	牛奶
成年母牛	1 688.2	616 200							
育成牛	412.3	150 504							
犊牛	351.8	128 424							
总计	2 452.3	895 128							

四、计算各类牛群的饲料供应量

牛场该年度实际需计划的饲料量,应该包括各类饲料的年需要量和各类饲料的估计年损耗量两部分,其中精料、矿物质饲料、牛奶损耗率按照5％,粗料、青贮、青绿多汁饲料损耗率按照10％计算。生产中将各类牛群需要各种饲料总数相加,再增加5％～10％的损耗量,即为该牛场的饲料供应总量。牛场各种饲料年供应计划如表3-4所示。

表 3-4　某牛场饲料损耗量与年供应量

牛群类别	年平均饲养头数/头	年饲养头日数/d	饲养需要量/kg						
			精料	粗料	青贮料	青绿多汁饲料	食盐	骨粉	牛奶
成年母牛	1 688.2	616 200							
育成牛	412.3	150 504							
犊牛	351.8	128 424							
总计	2 452.3	895 128							
需要量									
损耗量									
供应量									

五、填写年度饲料供应计划表

调查各种饲料的规格与单价,填写某牛场的年度饲料供应计划表。如表 3-5 所示。

表 3-5　_____牛场_____年饲料供应计划

牛群类别	饲料种类							备注
	精料	粗料	青贮料	青绿多汁饲料	食盐	骨粉	牛奶	
成年母牛								
育成牛								
犊牛								
供应量/kg								
单价/(元/kg)								
金额/万元								

【案例分析】

泌乳牛日粮配方饲喂效果分析

一、案例简介

甘肃省兰州市某奶牛良种繁育场饲养荷斯坦奶牛 3 500 头,成年母牛年单产≥8 600 kg。牛群全部采用全混合日粮(TMR)分阶段饲养,日喂 TMR 4 次,每日清槽,设置有自动饮水设备自由饮水,日挤奶 3 次,牛舍设有矿物质盐砖供奶牛自由舔食。现有 2013 年 9 月该牧场泌乳牛日粮配方及饲喂效果记录,如表 3-6、表 3-7 所示。请结合项目三《牛的饲料选用与供应计划》的相关知识,认真阅读案例资料,分析该日粮配方是否能满足泌乳牛群的生产需要。

表 3-6 泌乳牛日粮配方表

预期产奶量	40 kg	预期乳脂率	3.8%	泌乳天数	100 d
泌乳牛体重	600 kg	预期乳蛋白	3.0%	平均温度	15℃
原料名称	数量(鲜重)/kg	微量营养	数值	CNCPS 分析	数值
玉米	7.00	维生素 A/IU	171 600	日粮 DM	23.5 kg
麸皮	0.57	维生素 D$_3$/IU	42 900	日粮(DM)/%	53.4%
豆粕	1.86	维生素 E/IU	1 000	精:粗	60:40
棉粕	0.80	铁/mg	430	钙:磷	1.97:1
胡麻饼	0.72	锰/mg	430	CP/%(DM)	17.0%
菜籽粕	0.50	钴/mg	6	NE/kg(DM)	7.24 MJ
美加力	0.30	铜/mg	430	日粮 NDF	33.0%
食盐	0.14	锌/mg	2 000	日粮 ADF	20.3%
磷酸氢钙	0.25	硒/mg	21	粗饲料 NDF	20.3%
石粉	0.13	碘/mg	26	日粮 NFC	38.9%
小苏打	0.24	烟酸/mg	286	EE/%(DM)	5.5%
氧化镁	0.07			预计 DM	23.2 kg
预混料	0.14			VFA/%(DM)	0.9%
益康 XP	0.06			糖/%(DM)	4.1%
棉籽	1.2			淀粉/%(DM)	26.0%
甜菜渣	2			可溶性纤维/%	7.8%
干苜蓿	4.5			RUP/%(CP)	38.5%
湿啤酒糟	8			Lys/%(MP)	6.35%
全株青贮	16			Met/%(MP)	2.01%
				Lys:Met	3.16:1
				预计乳中尿素(MUN)	14 mg/dL

表 3-7 泌乳牛日粮配方饲喂效果检测表

检测项目	检测值	检测项目	检测值
实际产奶量	38kg	实际乳脂率	3.6%
剩料量	<5%	实际乳蛋白率	3.2%
反刍比例*	>80%	实际乳总固体	12.1%
粪便评分	3.6分	体况评分	2.72分

* 反刍比例:指投喂 TMR 2 h 后观察休息牛反刍比例。

二、案例分析

1. 分析表 3-6、表 3-7 可知,泌乳牛群的日粮配方饲喂效果基本达到了预期生产水平,产奶量和乳脂率稍低于预期,乳蛋白率高于预期,但都在可接受范围。

2. 预计的干物质采食量和实际干物质采食量接近,每日剩料量小于5%,符合牛场牛群饲槽管理标准要求。配方预计干物质采食量与牧场实际接近主要看牧场以下几个方面是否做到位:

(1)牧场应检测每批购进饲料的水分的含量,每周测定青贮水分,评估青贮发酵质量及其对干物质采食量的影响。每周测定投喂的TMR水分,确保与配方一致。

(2)牧场应定期检测粗饲料中NDF含量,粗饲料NDF是奶牛干物质采食量最大的影响因素。

(3)牧场应每周利用滨州筛对TMR的制作进行评估,控制适宜的饲草粒度大小,保证奶牛良好的反刍。

(4)牧场定期检测校正TMR搅拌车自带称重系统,保证每批TMR制作的精确度。

(5)牧场每天应详细记录每个牛群的TMR投喂量、剩草量,评估配方与TMR制作情况。

(6)保证牛只的舒适度,保证饮水清洁、方便,牛舍夏季要有良好的降温设施。

(7)配方中应有足够的蛋白质(17%)和食盐供给(140 g),高产牛还要保证充足的过瘤胃蛋白(38.5%)。

(8)保证每头牛应有46 cm以上的采食槽位。饲槽剩料应每日清理。

3. 饲料NDF含量和TMR有效粒度都会影响乳脂率的提高。案例配方中日粮NDF和粗饲料提供的NDF分别为33%和20.3%,符合高产牛TMR对NDF的要求。

4. 案例配方中非纤维碳水化合物NFC为38.9%,符合泌乳盛期牛NFC达到38%的要求。合适的NFC含量对保证正常的乳蛋白生产至关重要,但NFC过高会使瘤胃发酵功能受到抑制。

5. 日粮中含有较多快速降解的碳水化合物容易引起瘤胃过酸,影响瘤胃正常功能。案例配方中可降解淀粉含量为26%,糖含量为4.1%,没有超过上限,符合泌乳牛对可降解淀粉和糖的要求。

6. 日粮中合适的氨基酸含量可以提高蛋白质的利用效率,高产牛日粮中可额外添加过瘤胃赖氨酸、蛋氨酸。案例配方中Lys、Met占代谢蛋白质MP分别为6.35%、2.01%,限制性氨基酸含量不足(NRC推荐Lys∶Met为6.6%∶2.2%),应略加调整。

7. 案例配方中添加了过瘤胃脂肪(美加力)300 g,过瘤胃脂肪可以减轻体脂过度动员和能量负平衡的影响,牛群平均体况评分为2.72分,表明利用该配方饲喂的牛只失重较多。

8. 高产牛饲喂高精料日粮时,日粮中应添加适量的缓冲剂。该配方中添加了小苏打240 g,氧化镁70 g,能满足稳定瘤胃pH的要求,但添加较多的缓冲剂会影响饲料适口性。

9. 国内大多数牧场高产牛群Ca含量标准为0.9～1.0%日粮DM。案例配方中Ca、P分别为1.18%、0.60%日粮DM,提高日粮Ca含量可使奶牛血钙≥9～10 mg/dL,有效预防奶牛血钙浓度过低,保证瘤胃与子宫肌肉的正常功能。

【阅读材料】

牛的饲养标准与日粮配合

一、牛的饲养标准

经过大量反复实验和实践总结制定的一头牛每天应给予主要营养物质的数量及用多少饲

料可满足这些营养需要量,称为牛的饲养标准。它反映了牛生存和生产对饲料及营养物质的客观要求,它是牛生产计划中组织全年饲料供给,设计饲料配方、生产平衡饲粮和对牛进行标准化饲养的科学依据。牛的饲养标准包括两个主要部分:一是营养需要量或供给量或推荐量;二是常用饲料营养价值表,营养供给量或推荐量,一般是指最低营养需要量再加上安全系数计算而来。

(一)中国奶牛饲养标准

我国第1版《奶牛饲养标准》1986年由农业部批准颁布,第3版《奶牛营养需要和饲养标准》于2004年出版。具体内容参见《中华人民共和国农业行业标准NY/T 34—2004·奶牛饲养标准》。

(二)NRC奶牛饲养标准

美国NRC《乳牛营养需要》第7版(2001),反映了当今奶牛营养科学最新动态和成果,其中包括小型和大型的后备母牛饲养标准,泌乳牛饲养标准(早期、中期)和干奶牛饲养标准。具体内容参见《美国NRC(2001)奶牛营养需要》。

(三)肉牛饲养标准

参照国外的饲养标准,结合我国的饲养实验,制定出了适合我国国情的肉牛饲养标准。肉牛饲养标准是肉牛群体的平均营养需要量,在实际日粮配合时必须根据具体情况(牛群体况、当地饲料来源、环境、设备等)及肉牛对营养物质的实际需求量进行调整。具体内容参见《中华人民共和国农业行业标准NY/T 815—2004·肉牛饲养标准》。

二、日粮配合

(一)日粮配合的原则

日粮配合必须遵循以下原则:

(1)必须准确计算牛的营养需要和各种饲料的营养价值。因此,牛的饲养标准和常用饲料营养价值表是最主要的依据。在有条件的情况下,最好能够实测各种饲料原料的主要养分含量。

(2)日粮组成尽量多样化,以便发挥不同饲料在营养成分、适口性以及成本之间的补充性。在粗饲料方面,尽量做到豆科与禾本科互补;在草料方面,尽量做到高水分与低水分互补;在蛋白质饲料方面,尽量做到降解与非降解饲料互补。

(3)追求粗料比例最大化。在确保满足牛营养需要的前提下,要追求粗料比例最大化。这样,可以降低饲料成本,促进牛的健康。因此,在可供选择的范围内,要选择适口性好、养分浓度高的粗料。在粗饲料质量有限或牛生产水平高的情况下,要尽可能不让精料比例超过60%。

(4)配合日粮时必须因地制宜,充分利用本地的饲料资源,以降低饲养成本,提高生产经营效益。

(5)先配粗饲料,后配精饲料,最后补充矿物质。

(二)日粮配合的方法

1. 计算机法

目前,最先进、最准确的方法是用专门的配方软件,通过计算机配合日粮。市场上有多种配方软件,其基本工作原理都是一样的,差别主要在于数据库的完备性和操作的便捷性等方面。

2. 手工计算法

手工计算法首先应了解牛的生产水平或生长阶段,掌握牛的干物质采食量,计算或查出每天的养分需要量;随后选择饲料,配合日粮。

现以体重 500 kg,日产乳脂率为 3% 的牛奶 15 kg 的成年奶牛的日粮配合为例,说明手工计算配制奶牛日粮的步骤如下:

第一步,查奶牛营养需要表(重点是能量、蛋白质、钙、磷),结果如表 3-8 所示。

表 3-8　查得的奶牛营养需要量

项目	奶牛能量单位/(NND/d)	可消化粗蛋白质/(g/d)	钙/(g/d)	磷/(g/d)
维持需要	11.97	317	30	22
产奶需要	13.05	765	58.5	39
合计	25.02	1 082	88.5	61

第二步,查出所用饲料的营养成分含量,结果如表 3-9 所示。

表 3-9　查得的奶牛饲料营养成分含量表

饲料种类	奶牛能量单位/(NND/kg)	可消化粗蛋白质/(g/kg)	钙/(g/kg)	磷/(g/kg)
苜蓿干草	1.54	68	14.3	2.4
玉米青贮	0.25	3	1.0	0.2
豆腐渣	0.31	28	0.5	0.3
玉米	2.35	59	0.2	2.1
麦麸	1.88	97	1.3	5.4
棉籽饼	2.34	153	2.7	8.1
豆饼	2.64	366	3.2	5
磷酸钙(脱氟)			279.1	143.8

第三步,计算奶牛食入的粗饲料的营养。每天饲喂玉米青贮 25 kg,苜蓿干草 3 kg,豆腐渣 10 kg,可获营养物质量如表 3-10 所示。

表 3-10　奶牛食入的粗饲料可获得营养物质量

饲料种类	数量/(kg/d)	奶牛能量单位/(NND/d)	可消化粗蛋白质/(g/d)	钙/(g/d)	磷/(g/d)
苜蓿干草	3	4.62	204	42.9	7.2
玉米青贮	25	6.25	75	25	5
豆腐渣	10	3.1	280	5	3
合计		13.97	559	72.9	15.2
不足		−11.05	−523	−15.6	−45.8

第四步,不足营养用精料补充。每千克精料按含 2.4 个奶牛能量单位(NND)计算,补充精料量应为:11.05/2.4＝4.6(kg)。按照 5 kg 精料初步拟订配方:如饲喂玉米 2 kg、麸皮

1 kg、棉籽饼 2 kg,其精料营养如表 3-11 所示。

表 3-11 补充精料的营养成分

饲料种类	数量/(kg/d)	奶牛能量单位/(NND/d)	可消化粗蛋白质/(g/d)	钙/(g/d)	磷/(g/d)
玉米	2	4.7	118	0.4	4.2
麦麸	1	1.88	97	1.3	15.4
棉籽饼	2	4.68	306	5.4	16.2
合计		11.26	521	7.1	35.8
粗料养分		13.97	559	72.9	15.2
养分合计		25.23	1 080	80	51
不足		0.21	−2	−8.5	−10

第五步,补充可消化粗蛋白质。加豆饼 0.025 kg,奶牛能量单位(NND):0.025×2.64＝0.066,可消化粗蛋白质 DCP:0.025×366＝9.15(g),钙:0.025×3.2＝0.08(g),磷:0.025×5＝0.125(g),则日粮 NND 总量为 25.296,粗蛋白质为 1 089.15 g,钙为 80.08 g,磷为51.125 g。

第六步,补充矿物质。尚缺钙 8.42 g,磷 9.875 g,补磷酸钙 68.67 g,可获得能量、蛋白质及钙、磷平衡的日粮。

第七步,补充营养及非营养性添加剂。小苏打按占精料的 2% 计算为 100 g,食盐按占精料的 1% 计算为 50 g,微量元素及维生素预混料按 1% 计算为 50 g。

按照上述步骤配出的体重 500 kg、日产奶 15 kg(乳脂率 3%)的奶牛日粮结构见表 3-12。

表 3-12 体重 500 kg、日产奶 15 kg 的奶牛日粮构成

饲料种类	进食量/(kg/d)	奶牛能量单位/(NND/d)	可消化粗蛋白质/(g/d)	钙/(g/d)	磷/(g/d)
苜蓿干草	3.00	4.62	204.00	42.90	7.20
玉米青贮	25.00	6.25	75.00	25.0	5.00
豆腐渣	10.00	3.10	280.00	5.00	3.00
玉米	2.00	4.70	118.00	0.40	4.20
麦麸	1.00	1.88	97.00	1.30	15.40
棉籽饼	2.00	4.68	306.00	5.40	16.20
豆饼	0.025	0.066	9.15	0.08	0.125
磷酸钙(脱氟)	0.068 67			19.17	9.88
小苏打	0.10				
食盐	0.05				
1%预混料	0.05				
合计	43.294	25.296	1 089.15	99.25	61.005

【考核评价】

牛场饲料供应计划的制定

一、考核题目

青海西宁市某规模化牛场各类牛群年平均饲养头数分别为：成年公牛 1 头，成年母牛 101.5 头，青年公牛 2，青年母牛 50.0，犊公牛 21.5，犊母牛 30.0。各类牛群的年饲养头日数及日粮定额，如表 3-13 所示，饲料损耗率按 5％～10％计算，青绿多汁饲料按照 180 d 计算。试根据当地的饲料规格与单价，做出该牛场的年度饲料供应计划。

表 3-13 某规模化奶牛场牛群年平均饲养头数及日粮定额

牛群类别	年平均饲养头数/头	年饲养头日数/d	日粮定额/kg						
			精料	粗料	青贮料	青绿多汁饲料	食盐	骨粉	牛奶
成年公牛	1.0	365.0	5.0	10.0	10.0	2.0	0.08		
成年母牛	101.5	37 047.5	4.5	30.0	15.0	10.0	0.12		
青年公牛	2.0	730.0	1.5	10.0	5.0	1.0	0.08		
青年母牛	50.0	18 250	1.5	10.0	3.0	1.0	0.08		
犊公牛	21.5	7 847.5	0.6	2.0	1.0	0.5	0.02	0.02	1.5
犊母牛	30.0	10 950	0.7	2.0	1.0	0.5	0.02	0.02	1.5
总计	206	75 190							
备注									

二、评价标准

第一步，根据公式，饲料需要量＝年平均饲养头数×日粮定额×365（青绿多汁饲料应乘以 180），代入表 3-13 提供的数据，计算出各类牛群对各种饲料的年度需要量，并填入表 3-14 中。

表 3-14 奶牛主要饲料的全年需要量 　　　　　　　　　　kg

牛群类别	年平均饲养头数/头	年饲养头日数/d	饲料种类						
			精料	粗料	青贮料	青绿多汁饲料	食盐	骨粉	牛奶
成年公牛	1.0	365.0	1 825	3 650	3 650	360	29.2		
成年母牛	101.5	37 047.5	166 713.8	1 111 425	555 712.5	182 700	4 445.7		
青年公牛	2.0	730.0	1 059	7 300	3 650	360	58.4		
青年母牛	50.0	18 250	27 375	182 500	54 750	9 000	1 460		
犊公牛	21.5	7 847.5	4 708.5	15 695	7 847.5	1 935	157	157	11 771.3
犊母牛	30.0	10 950	7 665	21 900	10 950	2 700	219	219	16 425
年度需要量	206	75 190	209 382.3	1 342 470	636 560	200 295	6 369.3	6 383.9	28 196.3

第二步,根据牛场各种饲料的年度需要量,计算各种饲料的损耗量(精料、矿物质饲料、牛奶损耗率按照 5％,粗料、青贮、青绿多汁饲料损耗率按照 10％计算),将牛场饲料需要量与饲料损耗量相加,即为该牛场的饲料供应总量。安排好牛场各种饲料年供应计划量,并填入表3-15中。

表 3-15　某牛场饲料损耗量与年供应量　　　　　　　　　　　　　　　　　　kg

牛群类别	年平均饲养头数/头	年饲养头日数/d	饲料种类						
			精料	粗料	青贮料	青绿多汁饲料	食盐	骨粉	牛奶
成年公牛	1.0	365.0	1 825	3 650	3 650	360	29.2		
成年母牛	101.5	37 047.5	166 713.8	1 111 425	555 712.5	182 700	4 445.7		
青年公牛	2.0	730.0	1 095	7 300	3 650	360	58.4		
青年母牛	50.0	18 250	27 375	182 500	54 750	9 000	1 460		
犊公牛	21.5	7 847.5	4 708.5	15 695	7 847.5	1 935	157	157	11 771.3
犊母牛	30.0	10 950	7 665	21 900	10 950	2 700	219	219	16 425
需要量			209 382.3	1 342 470	636 560	200 295	6 369.3	6 383.9	28 196.3
损耗量			10 469.1	134 247	63 656	20 029.5	318.5	319.2	1 409.8
供应量			219 851.4	1 476 717	700 216	220 324.5	6 050.8	6 703.1	29 606.1

第三步,在市场调查或牛场访问的基础上,了解饲料单价,计算金额后填入饲料供应计划(表 3-16)中。

表 3-16　_____牛场_____年饲料供应计划　　　　　　　　　　　　　　kg

牛群类别	饲料种类							备注
	精料	粗料	青贮料	青绿多汁饲料	食盐	骨粉	牛奶	
成年公牛	1 825	3 650	3 650	360	29.2			
成年母牛	166 713.81	111 142.57	555 712.53	182 700	4 445.0			
青年公牛	95	300	650	360	758.4			
青年母牛	27 375	182 500	54 750	9 000	1 460			
犊公牛	4 708.5	15 695	7 847.5	1 935	157	157	11 771.3	
犊母牛	7 665	21 900	10 950	2 700	219	219	16 425	
供应量	219 851.4	1 476 717	700 216	220 324.5	6 050.8	6 703.1	29 606.1	
单价/(元/kg)								
金额/万元								

【信息链接】

1. NY/T 5127—2002 无公害食品 肉牛饲养饲料使用准则。

2. NY/T 728—2003 禾本科牧草干草质量分级。

3. NY/T 34—2004 奶牛饲养标准。

4. NY/T 815—2004 肉牛饲养标准。

5. NY/T 1170—2006 苜蓿干草捆质量。

6. NY/T 1245—2006 奶牛用精饲料。

7. GB/T 20804—2006 奶牛复合微量元素维生素预混合饲料。

8. NY/T 1574—2007 豆科牧草干草质量分级。

9. GB/T 21513—2008 畜牧用盐。

10. 饲料成分及营养价值表(2012年第23版,中国饲料数据库)。

项目四

牛的选种选配和杂交繁殖

🍁 学习目标

　　了解牛的生物学特性,记住常用牛品种的特征;掌握牛的外貌评定和生产性能测定、选种、引种、选配和杂交利用方法;熟悉牛的发情鉴定方法和确定适宜的配种时机;掌握牛的人工授精、妊娠诊断和接产技术。

🍁 学习任务

◆◆◆ 任务 1　牛的生物学特性及品种 ◆◆◆

　　牛是大型反刍动物,其生态分布遍及世界各地,是当前人类饲养的主要家畜之一。在漫长的进化过程中,由于适应各地的自然环境条件,经过长期的自然选择和人工选择,逐渐形成了不同于其他动物的生活习性和特点。只有掌握牛的这些特殊的习性和特点,进行科学的饲养管理,才能达到提高生产性能和经济效益的目的。

一、牛的生理学特性

牛的生理学特性主要表现在其特殊的消化生理和泌乳生理方面。

(一)消化生理特点

1. 唾液腺及唾液分泌

牛的唾液腺主要由腮腺、颌下腺和舌下腺组成。唾液腺可以分泌唾液,有润湿饲料、溶解食入物、杀菌和保护口腔的作用。成年母牛的腮腺 1 d 可分泌唾液为 $100\sim150$ L,高产奶牛分泌唾液可达 250 L。牛的唾液中不含淀粉酶,但含有大量的碳酸氢盐和磷酸盐,可中和瘤胃发酵产生的有机酸,以维持瘤胃内的酸碱平衡。犊牛在哺乳阶段唾液中含有一种独特的舌脂酶,以利胃肠对脂肪的进一步消化,其对于乳脂的消化有重要意义。此外,牛口腔唾液中还含有较高浓度的黏蛋白、尿素、矿物质(P、Mg、Cl 等),可以为瘤胃微生物连续提供易被吸收的营养物质。

2. 反刍与胃的组成

(1)反刍:反刍动物将采食的富含粗纤维的草料,在休息时逆呕到口腔,经过重新咀嚼,并混入唾液再吞咽下去的过程叫反刍。反刍就像一种有控制的呕吐,它是对富含粗纤维的植物性饲料消化过程中的补充现象,由逆呕、重咀嚼、混合唾液和吞咽 4 个过程构成。牛的日反刍时间一般为 6～8 h,每昼夜反刍 14～17 次,反刍通常在采食后 1～2 h 出现,每一次反刍的持续时间平均为 40～50 min,然后间歇一段时间再开始第二次反刍。犊牛一般在生后 3 周出现反刍,这时犊牛开始选食草料,瘤胃内有微生物滋生。饲料的物理性质和瘤胃中挥发性脂肪酸(VFA)是影响反刍的主要因素。

(2)胃的组成:牛的胃由四个部分组成,即瘤胃、网胃、瓣胃和皱胃,占据腹腔的绝大部分空间。前 3 个胃无腺体组织分布,不分泌胃液,主要起贮存食物、水和发酵分解粗纤维的作用,一般统称为前胃。皱胃内有腺体分布,可分泌胃液,称为后胃。

①瘤胃。俗称"草包",体积最大,瘤胃内有大量的微生物繁殖,是细菌发酵饲料的主要场所,有"发酵罐"之称,对各种饲料的分解与营养物质的合成起着重要作用。因此,牛具有较强的采食、消化、吸收和利用多种粗饲料的能力。一般牛为 94.6 L,占总胃的 80% 左右。

②网胃。也称"蜂巢胃",靠近瘤胃,功能同瘤胃。网胃是吸入水分的贮存库,同时能帮助食团逆呕和排出胃内的发酵气体(嗳气)。网胃体积最小,成年牛约占总胃的 5%。网胃位于瘤胃背囊的前下方,位置较低,因此金属异物(如铁钉、铁丝等)被吞入胃内时,易留存在网胃,引起创伤性网胃炎。网胃的前面紧贴着肺,而肺与心包的距离又很近,金属异物还可穿过膈刺入心包,继发创伤性心包炎。

③瓣胃。也称"百叶肚",位于瘤胃右侧面,网胃的内侧面,占 4 个胃的 7%。初生犊牛的网胃沟(或称食道沟)起着将乳汁自食管输往瓣胃沟和皱胃的通道作用。对于成年牛,瓣胃如同一个过滤器,通过收缩把食物稀软部分送入皱胃,把粗糙部分留瓣叶间,在此还大量吸收水和酸。

④皱胃。也称"真胃",其有消化腺,可以分泌胃液。皱胃是连接瓣胃和小肠的管状器官,也是菌体蛋白质和过瘤胃蛋白质被消化的部位,食糜经幽门进入小肠,消化后的营养物质通过肠壁吸收进入血液。其功能与非反刍家畜单胃的功能基本相同。

3. 食道沟及食道沟反射

食道沟始于贲门,延伸至网胃·瓣胃口,是食道的延续,当它关闭合拢时便形成一个由食道至瓣胃的管状结构,称食道沟。在哺乳期的犊牛,食道沟可以通过吸吮乳汁而出现闭合,称食道沟反射。可使乳汁直接进入瓣胃和真胃,以防牛乳进入瘤胃或网胃而引起细菌发酵和消化道疾病。一般情况下,哺乳结束的育成牛和成年牛食道沟反射逐渐消失。

4. 瘤胃发酵及嗳气

牛的瘤胃—网胃中寄居着大量的细菌和原虫。据测定,每毫升瘤胃内容物的微生物数量为 10^9～10^{10} 个,60 多种。这些微生物不断地发酵着进入瘤胃中的饲料营养物质,产生 VFA 及各种气体(如 CO_2、CH_4、H_2S、NH_3、CO 等)。这些气体只有通过不断地嗳气动作排出体外,才能预防胀气。牛在饲喂后 0.5～2 h 期间是其产气高峰期。当牛采食大量带有露水的豆科牧草和富含淀粉的根茎类饲料(如甘薯)时,瘤胃发酵作用急剧上升,所产生的气体来不及嗳出时,就会出现"胀气",此时应及时机械放气和灌药止酵,否则会引起牛窒息死亡。

(二)泌乳生理特点

泌乳是母牛为哺育犊牛而表现的正常生理功能,乳用牛的泌乳性能是评价其生产力的重要指标。牛的泌乳包括乳的分泌和排出两个独立而又相互联系的过程。

1. 乳的分泌

乳腺组织的分泌细胞,从血液摄取营养物质后,在乳腺泡和细小乳导管的分泌上皮细胞内生成乳,其中包括复杂的选择性吸收和一系列的物质合成过程。

2. 排乳

乳在乳腺泡的上皮细胞内形成后,连续不断地分泌进入腺泡腔,当乳充满腺泡腔和细小乳导管时,依靠腺泡周围的肌上皮和导管系统平滑肌的反射性收缩,将乳周期性地转移入乳导管和乳池内发生排乳。在哺乳或榨乳刺激作用下,反射性地引起乳房容纳系统紧张度改变,使乳腺泡和乳导管中的乳再迅速流入乳池。同时使乳头管开放,乳汁排出体外。

二、牛的行为学特性

(一)采食行为

牛获得作为营养源的食物的行为称为采食行为。牛无上门齿,而有齿垫,嘴唇厚,所以用舌把牧草卷入,头部稍微向前上方移动,下腭门齿切取,将一部分摄入口腔。放牧时牧草在30～45 cm 高时采食最快,而不能啃食过矮的草。自由采食的牛通常每天采食时间需要 6 h,易咀嚼、适口性好的饲料的采食时间短,秸秆的采食时间较长。

牛喜食带有酸甜口味的饲料,采食速度快,饲料在口中不经仔细咀嚼即咽下,在休息时进行反刍。牛舌大而厚,有力而灵活,舌的表面有许多向后凸起的角质化刺状乳头,会阻止口腔内的饲料掉出来。如饲料中混有铁钉、铁丝、玻璃碴等异物时,很容易吞咽到瘤胃内,当瘤胃强烈收缩时,尖锐的异物会刺破胃壁,造成创伤性网胃炎。网胃的前面紧贴着肺,而肺与心包的距离又很近,金属异物还可穿过膈刺入心包,继发创伤性心包炎,危及牛的生命。当牛吞入过多的塑料薄膜或塑料袋时,会造成网—瓣胃孔堵塞,严重时会造成死亡。

在生产实践中,可通过控制牛的采食行为提高生产性能,同时保持机体健康、提高福利。①应用酸味和甜味调味剂调制低质粗饲料,如玉米、高粱、小麦等农作物的秸秆,改善其适口性,提高采食量,降低饲养成本。常用的有机酸调味剂主要有柠檬酸、苹果酸、酒石酸、乳酸等;甜味调味剂有糖蜜和甜蜜素等。②粗饲料收购时,要注意其中的异物,如铁钉、铁丝等。③在饲养牛时,保证牛有足够的休息时间进行反刍,消化食物,否则会导致消化不良,引起疾病。④牧草高度未超过 5～10 cm 时,不宜放牧。因为牛难以吃饱,并会因"跑青"而大量消耗体力。

(二)饮水行为

牛在饮水时先把上下唇合拢,中央留一小缝,伸入液体中,然后因下颚、上颚和舌的有规律的运动,使口腔内形成负压,液体便被吸入到口腔中。牛的饮水量因环境温度和采食饲料的种类不同而有较大差异,一般每天至少饮水 4 次以上,饮水量 15～30 L。饮水行为多发生在午前和傍晚,很少在夜间或黎明时饮水,生产中最好是自由饮水。

(三)排泄行为

牛每天的排泄次数和排泄量因饲料的性质和采食量、环境温度、湿度、产奶量和个体状况的不同而异。正常牛每天平均排尿 9 次，排粪 12～18 次。牛没有选择排泄时间和场所的习惯，因此控制排泄行为的难度很大。拴系式饲养牛舍中容易在牛床上排粪尿，因此，牛床的长度、宽度和拴系方法等都与牛的污染、粪尿沟中排粪尿等有直接关系。牛床的尺寸太小时，容易引起牛的后肢踏开粪尿沟的盖子，为此应设置稍微有余地的空间为好。另外，在挤奶室中停止饲喂精饲料可减少排粪频度约 1/4，排尿频度约 1/3。

(四)群居行为

牛是群居家畜，具有合群行为，放牧时喜欢 3～5 头结群活动。舍饲时仅有 2% 单独散卧，40% 以上 3～5 头结群卧地。牛群经过争斗会建立优势序列，优势者在各方面都占有优先地位。公牛好斗，但去势后性情温驯。牛群混合时一般要 7～10 d 才能恢复平静，因此，放牧时，牛群不宜太大，一般以 70 头以下为宜，否则影响牛的辨识能力，增加争斗次数，同时影响牛的采食。

根据牛的这一生物学特性，在生产实践中，①利用其合群性，可以大群放牧，确保放牧按时归队，有序进入挤奶厅和防御敌害。②分群时应考虑到牛的年龄、健康状况和生理状态，以便于进行统一的饲养管理。转群时最好集中数头牛一起进行，可以减少针对一头牛的攻击。③在育肥时，育肥群体中不要加入陌生个体。④舍饲牛应有一定的运动场面积，面积太小，容易发生争斗，一般每头成年牛的运动场面积应为 15～30 m²。

(五)繁殖行为

1. 发情行为和交配行为

公母牛的发情症状有很大差异。公牛通过听觉、嗅觉判别母牛的发情状态，不需特殊环境便可产生求偶行为，表现为追逐，与母牛靠近，阴茎勃起，并试图爬跨。公牛发情无周期性，而母牛的发情则不同，具有明显的周期性。发情时，母牛变得不安、兴奋，采食量下降、外阴红肿、阴道分泌物增加，常伴有"挂线"现象，愿意接近公牛，并接受公牛爬跨。公牛的交配具有特定的行为过程，其典型的模式是：性激动，求偶，勃起，爬跨，交合，射精和交配结束。当发情母牛与公牛接触时，常出现公牛嗅舐母牛外阴部，然后公牛阴茎勃起试图爬跨，母牛接受时，体姿保持不动，公牛跃起并将前肢搭于其骨盆前方，阴茎插入后 5～10 s 射精，尾根部肌肉痉挛性收缩，公牛跃下，阴茎缩回，完成交配动作。

2. 分娩行为

配种后，若母牛排出的卵子受精，则进入妊娠状态。已妊娠的母牛性情变得温驯，行动谨慎，此过程一直维持到分娩。母牛的分娩可分为产前期、胎儿产出期和产后期 3 个行为时期。

(1)产前期：快要分娩时，母牛摄食行为减弱，出现有规则的不安，惊恐地环顾四周，两耳不断往各个方向转动，继而表现为躺下和起立交替，不断踏步，回顾腹部，并常拱背，尿频，出现轻度的腹部收缩运动。随着时间的延长，疼痛性痉挛越来越明显和频繁，此后每隔大约 15 min 出现一次持续约 20 s 的强直收缩。产前期大约持续 4 h。

(2)胎儿产出期：胎儿产出期开始于更为强烈的努责，羊膜暴露，大约每隔 3 min 有一次持续 0.5 min 左右的努责。犊牛的前肢被推挤到外阴部时,努责则更强更快。当犊牛的前躯部分产出之后,多数母牛即可迅速起立(若此前母牛是侧卧躺下),并采取站立姿势,牛犊的后躯于是很快地由盆腔中脱出,随着脐带断裂,分娩期结束。

（3）产后期:在胎儿产出、母牛经过或长或短的休息之后,开始舐吃犊牛体表附着的胎膜和胎水。自然状态下的母牛,甚至会吞噬随后排出的胎盘;在人工饲养管理下,一般会采取措施,防止母牛这种产后行为的建立。

(六)母性行为

母性行为的表现是母牛能哺育、保护和带领犊牛,这种行为以生单胎的母牛要比生双胎的母牛反应性强些。母牛在产犊后 2 h 左右即与犊牛建立牢固的相互联系。母子相识,除通过互相认识外貌外,更重要的是气味,其次是叫声。犊牛存在时,其体嗅、叫声或用头部激烈撞击母牛乳房等排乳刺激促进母牛催产素的分泌,乳汁开始由乳腺排出。人工哺乳的犊牛也可以此认出犊牛饲养员,使以后成长为成年牛时仍对人温顺,较之随母牛哺乳成长的牛,更易接受乳房按摩和挤奶等活动。

(七)休息和运动

牛每天需要 9～12 h 的休息时间,表现为站立或躺卧,休息时反刍,咀嚼食物,牛一昼夜至少躺卧睡眠 3 h。因此,在夏季对牛可进行夜间放牧或饲喂,使牛在夜间有充分的时间采食和反刍。牛喜欢自由活动,在运动时常表现嬉耍性的行为特征,幼牛特别活跃,饲养管理上要保证牛的运动时间,散栏式饲养有利于牛的健康和生产。

三、牛的生态适应性

牛在世界各地的不同地域分布广泛。各种不同种类和品种的牛在其世代生活的环境中,经过漫长的进化过程,通过风土驯化和对气候的适应,已逐渐对本地的海拔高度、季节变化、光照强度、阳光辐射、温度、湿度、植被及饲料等诸多自然条件形成了高度的适应性。

(一)不同牛种的地域适应性

牦牛适应于高寒、海拔 3 000 m 以上的高山草原地区。水牛适应于低洼、潮湿地区。水牛汗腺不发达,夏季炎热,需要泡水散体热。因其被毛稀,抗寒力差,难以适应北方气候。黄牛主要分布于温带和亚热带地区,耐寒不耐热。我国南方黄牛个体小,皮薄毛稀,耐热耐潮湿,并能抗蜱。

(二)环境温度适应性

一般来说,大部分牛耐寒不耐热,适应性极强。在高温条件下,牛主要通过出汗和热性喘息调节体温。当环境温度超过 27℃时,食欲降低,反刍次数减少,消化机能明显降低,甚至抑制皱胃的食糜排空活动,泌乳牛的产奶量下降,育肥牛的生长速度减慢。当环境温度超过30℃时,牛的直肠温度开始升高,当体温升高到 40℃时,往往出现热性喘息。当环境温度低于8℃时牛的维持需要增加,采食量增加,又浪费饲料。

(三)环境湿度适应性

牛对环境湿度的适应性,主要取决于环境的温度。夏季的高温、高湿环境还容易使牛中暑,特别是产前、产后母牛更容易发生。所以在我国南方的高温高湿地区应对产奶牛进行配种时间和产犊时间调节,以避开高温季节产犊。

(四)抗病力性能

牛的抗病力或对疾病的敏感性取决于不同品种、不同个体的先天免疫特性和生理状况。一般来说,牛的抗病力很强,正是由于抗病力强,往往在发病初期不易被发现,没有经验的饲养员一旦发现病牛,多半病情已很严重。因此,必须时刻细致观察,尽早发现,及时治疗。

根据牛的生态适应性,在生产实践中,①在牧场和牛舍的设计上应注意防暑,特别是太阳辐射热的防止,如屋顶应设隔热层,建筑凉棚,绿化环境。②热天牛体淋水,使用风扇,饮用冷水,提高日粮营养水平等,缓解热应激,减少生产损失。③寒冷地区,虽不必过分考虑牛舍的保温问题,但亦必须能躲避风雪,牛舍内温度仍需保持 0℃以上。

四、牛品种及特征

在养牛生产中品种的使用是前提。按照经济用途不同,可将牛品种分为乳用牛品种、肉用牛品种、兼用牛品种和役用牛品种。

(一)乳用牛品种及特征

世界上,专门化乳用牛品种不多。就产奶水平而言,荷斯坦牛是目前世界上最好的奶牛品种,数量最多、分布最广。而娟姗牛则以高乳脂率著称于世。

1. 荷斯坦牛

荷斯坦牛原称荷兰牛,因其毛色呈黑白相间的花片,故以往统称为黑白花牛。荷斯坦牛原产于荷兰北部的北荷兰省和西弗里生省。荷斯坦牛在各国经过长期的风土驯化和系统选育,或与当地牛杂交,育成了具有各自特征的荷斯坦牛,并冠以该国的名称,如新西兰荷斯坦牛、加拿大荷斯坦牛、中国荷斯坦牛等。一个多世纪以来,由于各国对荷斯坦牛的选育方向有所不同,牛群状况也各有特点,形成了乳用和乳肉兼用两大类型。其培育经历了 2 000 多年的历史,为最悠久的奶牛品种。荷斯坦牛是世界第一大品种牛。

(1)乳用型荷斯坦牛:美国、加拿大、以色列、澳大利亚和日本等国的荷斯坦牛均属此类型。

①外貌特征。被毛细短,毛色呈黑白斑块(少量为红白花),界限分明、额部多有白星(三角星或广流星),腹下、四肢下部及尾尖为白色。体格高大,结构匀称,皮薄骨细,皮下脂肪少,乳静脉粗大而多弯曲,乳房特别大,且结构良好,后躯较前躯发达,侧望体躯呈楔形,具有典型的乳用型外貌。公牛体重为 900～1 200 kg、母牛 650～750 kg,犊牛初生重平均 40～50 kg;公牛平均体高 145 cm,体长 190 cm,胸围 226 cm,管围 23 cm;母牛相应为 135 cm,170 cm,195 cm和 19 cm。

②生产性能。乳用型荷斯坦牛产奶量为各乳牛品种之冠。母牛平均年产奶量一般为6 500～7 500 kg,乳脂率为 3.6%～3.8%。美国 2000 年登记的荷斯坦牛平均产奶量达9 777 kg,乳脂率为 3.66%、乳蛋白率为 3.23%。创世界个体最高纪录者,是美国一头名叫"Muranda Oscar Lucinda-ET"牛,于 1997 年 365 d 2 次挤奶产奶量高达 30 833 kg。创终身产奶量最高纪录是美国加利福尼亚州的 1 头奶牛,在泌乳的 4 796 d 内共产奶 189 000 kg。产肉性能一般,屠宰率为 48%～53%。

③荷斯坦牛的缺点。乳脂率较低,不耐热,高温时产奶量明显下降。因此,夏季饲养,尤其南方要注意防暑降温。

(2)兼用型荷斯坦牛:荷兰本土的荷斯坦牛群基本上都属此类,欧洲国家如德国、法国、丹麦、瑞典、挪威、俄罗斯等国的荷斯坦牛也属此类型。

①外貌特征。兼用型荷斯坦牛的全身肌肉较乳用型丰满,皮下脂肪较多,体格较小,四肢短而开张,肢势端正,体躯宽深略呈矩形,尻部方正且发育好;乳房附着良好,前伸后展,发育匀称呈方圆形,乳头大小适中,乳静脉发达。毛色与乳用型荷斯坦牛相似。其体重比乳用型略小,公牛体重为900~1 100 kg、母牛550~700 kg,犊牛初生重平均35~45 kg;公牛平均体高120.4 cm,体长156.1 cm,胸围197.1 cm,管围19.1 cm。

②生产性能。兼用型荷斯坦牛的平均产奶量比乳用型低,年平均产奶量4 500~6 000 kg,但乳脂率比乳用型高,一般为3.8%~4.0%。产肉性能较好,屠宰率可达55%~60%。

(3)红白花荷斯坦牛:红白花荷斯坦牛与黑白花荷斯坦牛属同一来源。目前在美国、英国、荷兰、德国、加拿大、丹麦、意大利等国均有一定数量。美国于1964年成立了红白花牛协会。加拿大和美国分别于1971年和1974年允许红白花牛注册登记。红白花荷斯坦牛的产奶性能虽不及黑白花,但也相当高。丹麦1985—1986年度5 050头红白花母牛305 d的平均产奶量为5 970 kg,乳脂率为3.9%。该牛还具有较强的耐热性。

(4)改良本地黄牛的效果:用荷斯坦牛改良本地黄牛,杂种牛的体型外貌、生长发育和产奶性能均有较大的改进,但在适应性、生活力和抗病力方面,低代杂种牛较高代杂种牛为好,尤其是发病率有随级进杂交代数的增加而递增的趋势。

2. 中国荷斯坦牛

中国荷斯坦牛原称中国黑白花牛,是引用国外各类型的荷斯坦公牛与各省、市本地黄牛的杂交种经过长期选育而成的。是我国产奶最高、数量最多、分布最广的奶牛品种。

(1)品种形成:早在19世纪40年代,我国即从国外引入荷斯坦牛,最初由荷兰、德国及俄国引入,后又从日本、美国引入。历经100多年的培育而形成目前我国唯一的专用奶牛品种。农牧渔业部和中国奶牛协会于1987年3月4日对该品种进行了鉴定验收。1992年,"中国黑白花奶牛"品种更名为"中国荷斯坦牛"。现已分布全国各地。

(2)外貌特征:该牛毛色同乳用型(见荷斯坦牛)。由于各地引用的荷斯坦公牛和本地母牛类型不同,以及饲养环境条件的差异,使中国荷斯坦牛的体格不够一致,就体型而言,可分为南方型和北方型。北方型荷斯坦牛的体格较大。成年牛体尺、体重见表4-1。

表4-1　成年中国荷斯坦牛体尺、体重

(昝林森.2007.牛生产学)

地区	性别	体高/cm	体长/cm	胸围/cm	管围/cm	体重/kg
北方	母	135	160	200	19.5	600
	公	155	200	240	24.5	1 100
南方	母	132	170	196	—	586

(3)生产性能

①泌乳性能。据中国奶牛协会 1984 年统计,注册登记的 21 905 头纯种牛中:305 d 各胎次平均产乳量为 6 359 kg,平均乳脂率为 3.56%。在京、津、沪、东北三省、内蒙古、新疆、山西等大中城市附近及重点育种场,其全群年平均产乳量在 7 000 kg 以上。创我国个体产奶最高纪录者是北京东郊农场 1 059 号牛,其 305 d 产奶量为 16 090 kg。

②产肉性能。据测定,未经育肥的淘汰母牛屠宰率为 49.5%～63.5%,净肉率为 40.3%～44.4%;6、9、12 月龄牛屠宰率分别为 44.2%、56.7%、54.3%;经育肥 24 月龄的公牛屠宰率为 57%。

③繁殖性能。中国荷斯坦牛性成熟早,具有良好的繁殖性能,年平均受胎率为 88.8%,长期受胎率为 48.9%。

(4)选育方向:加强适应性的选育,特别是抗热、抗病能力的选育,重视牛的外貌结构和体质,提高优良牛在牛群中的比率,稳定优良的遗传特性。对牛的生产性能选择,仍以提高产奶量为主,并具有一定肉用性能,注意提高乳脂率和乳蛋白率。

3. 娟姗牛

娟姗牛是英国培育的专门化小型奶牛品种,以乳脂率高、乳房形状好而闻名,此外,还以耐热、性成熟早、抗病力强而著称。

(1)原产地:娟姗牛原产于英吉利海峡的娟姗岛,是英国的一个古老的奶牛品种。娟姗岛气候温和、多雨,年平均气温 10℃ 左右,牧草茂盛,奶牛终年以放牧为主。娟姗牛早在 18 世纪已闻名于世,19 世纪被欧美各国引入。

(2)外貌特征:娟姗牛体型小而清秀,轮廓清晰,头小而轻,两眼间距宽,额部稍凹陷,耳大而薄。角中等大小,琥珀色,角尖黑,向前弯曲。颈细小,有皱褶,颈垂发达。鬐甲狭窄,肩直立,胸深宽,背腰平直,腹围大,尻长、平、宽。乳房发育匀称,形状好,乳静脉粗大而弯曲,乳头略小。后躯较前躯发达,体型呈楔形。娟姗牛被毛细短而有光泽,毛色有灰褐、浅褐及深褐色,以浅褐色为最多。鼻镜及舌为黑色,嘴、眼周围有浅色毛环,尾尖为黑色。

娟姗牛体格小,成年公牛活重为 650～750 kg,母牛为 340～450 kg。犊牛初生重为 23～27 kg;成年母牛平均体高 113.5 cm,体长 133 cm,胸围 154 cm,管围 15 cm。

(3)生产性能:娟姗牛一般年平均产奶量为 3 500～4 000 kg,乳脂率平均为 5.5%～6.0%,是奶牛中少有的高乳脂率品种。英国 1 头娟姗牛一个泌乳期最高产奶量为 18 929.3 kg,创造了娟姗牛产奶的世界最高纪录。乳脂肪球大,易于分离,乳汁黄色,风味好,适于制作黄油。

(4)引种与利用:娟姗牛被世界各国广泛引种,在美国、英国、加拿大、日本、新西兰、澳大利亚等国均有饲养。我国于 19 世纪中叶引入娟姗牛,由于该品种适应炎热的气候,所以,在我国南方地区可列为今后引种的较佳选择。2002 年经农业部批准,广州市奶牛研究所承担了建设我国首个娟姗牛原种场的任务。

4. 其他乳用牛品种

目前,世界分布较多的乳用牛品种还有英国的爱尔夏牛、更赛牛和德国的安格勒牛,均为中型乳用品种牛。

(二)肉用牛品种

目前,全世界有 60 多个专门化肉牛品种,其中英国 17 个,法、意、美、前苏联各 11 个,不含兼用品种和我国黄牛品种。世界上主要的肉牛品种,按其品种来源、体型大小和产肉性能,大致可以分为下列 3 类。

1. 中小型早熟品种

其特点是生长快,肉中脂肪多,皮下脂肪厚;体型较小,一般成年公牛体重为 500 ～ 700 kg,母牛为 400～500 kg,如海福特牛、短角牛、安格斯牛、德温牛等品种。

2. 大型欧洲品种

其产于欧洲大陆,原为役用牛,后转为肉用。其特点是体型大,肌肉发达,脂肪少,生长快,但较晚熟。成年公牛体重可超过 1 000 kg,母牛可超过 700 kg,如法国的夏洛来牛和利木赞牛、意大利的契安尼娜牛、德国黄牛、加拿大的康凡特牛等品种。

3. 含瘤牛血液的品种

有抗旱王、肉牛王、圣塔·格特鲁牛、婆罗门牛等品种。

现将我国引进的主要肉用牛品种介绍如表 4-2 所示。

表 4-2　我国引进的主要肉用牛品种

品种	原产地	外貌特征	生产性能	杂交改良效果
夏洛来牛	原产于法国中西部到东南部的夏洛来省和涅夫勤地区。是世界闻名的大型肉用牛品种	被毛白色或乳白色,皮肤常带有色斑。全身肌肉特别发达,骨骼结实,四肢强壮。头小而宽,嘴端宽、方,角圆而较长,并向前方伸展。颈粗短,胸宽深,肋骨方圆,背宽肉厚,体躯丰满呈圆桶状,后臀肌肉发达,并向后和侧面突出。成年公牛体重 1 100～1 200 kg,母牛 700～800 kg	最显著的特点是生长速度快,瘦肉率高,耐粗饲。在良好的饲养条件下,6 月龄公犊可达 250 kg。日增重可达 1.4 kg。屠宰率为 60%～70%,胴体瘦肉率为 80%～85%。该牛纯种繁殖时难产率高达 13.7%。夏洛来牛肌肉纤维比较粗糙,肉质嫩度不够好	我国于 1964 年和 1974 年,先后从法国引进该牛,主要分布在东北、西北和南方部分地区。夏洛来牛是我国肉牛生产配套系的父本和轮回杂交的亲本,与本地黄牛杂交,夏杂后代体格明显加大,增长速度加快,杂种优势明显
利木赞牛	原产于法国中部的利木赞高原。数量仅次于夏洛来牛,为法国第二大品种。目前有 54 个国家引入利木赞牛,属于大型肉用牛品种	被毛为红色或黄色,口、鼻、眼圈周围、四肢内侧及尾帚毛色较浅,角为白色,蹄为红褐色。头较短小,额宽,胸部宽深,体躯较长,后躯肌肉丰满,四肢粗短。成年公牛平均体重 1 100 kg,母牛600 kg。在法国公牛活重可达 1 200～1 500 kg,母牛达 600～800 kg	产肉性能高,胴体质量好,眼肌面积大,前后肢肌肉丰满,出肉率高。10 月龄体重即可达 408 kg,哺乳期平均日增重为 0.86～1.0 kg。8 月龄小牛即可具有大理石花纹的肉质。难产率极低,一般只有 0.5%	我国于 1974 年开始从法国引入,主要分布在黑龙江、辽宁、山东、安徽、陕西、河南和内蒙古等地,与本地黄牛杂交,杂种优势显著。利鲁杂种一代牛耐粗饲,适应性强;F1 母牛初配月龄可比黄牛提前 3～5 个月,产犊间隔比黄牛缩短

续表4-2

品种	原产地	外貌特征	生产性能	杂交改良效果
皮埃蒙特牛	原产于意大利北部皮埃蒙特地区。属于大型肉用牛品种，是目前国际公认的终端父本。主要分布在我国山东、河南、黑龙江、北京和辽宁省	被毛灰白色，鼻镜、眼圈、肛门、阴门、耳尖，尾帚等为黑色。犊牛出生时被毛为浅黄色，以后慢慢变为白色。中等体型，皮薄，骨细。全身肌肉丰满，外形很健美。后躯特别发达，双肌性能表现明显。公牛体重不低于1 000 kg，母牛平均为500～600 kg。公母牛的体高分别为 150 cm 和 136 cm	皮埃蒙特牛生长快，肥育期平均日增重1.5 kg。生长速度为肉用品种之首。肉质细嫩，瘦肉含量高，屠宰率一般为65%～70%，胴体瘦肉率达84.13%，脂肪和胆固醇含量低	我国于1986年引进皮埃蒙特牛的冻精和冻胚，现已在全国12个省推广应用，杂交效果良好。皮杂后代生长速度达到国内肉牛领先水平
契安尼娜牛	原产于意大利中西部的契安尼娜山谷。是目前世界上体形最大的肉牛品种，含有瘤牛血统	被毛白色，尾帚黑色，除腹部外，皮肤均有黑色素。犊牛出生时，被毛为深褐色，在 60 日龄时逐渐变为白色。成年牛体躯长、四肢高、体格大、结构良好，但胸部深度不够。成年公牛体重1 500 kg，母牛 800～1 000 kg。公牛体高184 cm，母牛 150 ～170 cm	契安尼娜牛生长强度大，一般日增重均在1 kg以上，2岁内日增重可达 2.0 kg。产肉多而品质好，大理石纹明显，适应性好，繁殖力强且很少难产	该牛与南阳黄牛进行杂交，契南一代日增重在 1.0 kg以上，屠宰率为 60%，但骨量大，且牛肉嫩度变差
海福特牛	原产于英格兰西部的海福特郡。世界上最古老的中小型早熟肉牛品种	体躯毛色为橙黄色或黄红色，具有"六白"特征，即头、颈垂、鬐甲、腹下四肢下部及尾尖为白色。分为有角和无角两种。公牛角向两侧伸展，向下方弯曲，母牛角向上挑起。颈粗短，体躯肌肉丰满，呈圆桶状，背腰宽平，臀部宽厚。肌肉发达，四肢短粗	在良好条件下，7～12月龄日增重可达1.4 kg以上。一般屠宰率为 60%～65%。18月龄公牛活重可达500 kg以上	我国于1974年首批从英国引入海福特牛。用海福特牛改良我国本地黄牛，杂种一代牛体型趋向于父本，体躯低矮，生长快，抗病耐寒，适应性好

续表4-2

品种	原产地	外貌特征	生产性能	杂交改良效果
安格斯牛	原产于英国的阿伯丁、安格斯和金卡丁等郡。是英国最古老的小型肉用牛品种之一。占美国肉牛总数的1/3	安格斯牛无角,头小额宽且表现清秀,体躯宽深,呈圆桶状,背腰宽平,四肢短,后躯发达,肌肉丰满。被毛为黑色,光泽性好。近些年来,美国、加拿大等国家育成了红色安格斯牛。公牛体重700~900 kg,母牛500~600 kg	增重性能良好,平均日增重约为1.0 kg。肉牛中胴体品质最好,屠宰率60%~70%。难产率低	早熟,耐粗饲,放牧性能好,但较神经质,易受惊。性情温顺,耐寒,适应性强。是国际肉牛杂交体系中最好的母系
比利时蓝白花牛	分布在比利时中北部。是荷斯坦牛血统中唯一被育成纯肉用的专门品种	毛色为白身躯中有蓝色或黑色斑点,色斑大小变化较大。鼻镜,耳缘,尾巴多黑色。个体高大,体躯呈长筒状,体表肌肉醒目,肌束发达,"双肌"特征明显,头部轻,尻微斜。公牛体重1 200 kg,母牛700 kg	犊牛早期生长速度快,最高日增重可达1.4 kg。屠宰率65%	我国于1996年引入比利时蓝白花牛,用于肉牛配套系的父系
德国黄牛	原产于德国和奥地利。其中德国数量最多,系瑞士褐牛与当地黄牛杂交育成的	毛色为浅黄色、黄色或淡红色。体型外貌近似西门塔尔牛。体格大,体躯长,胸深,背直,四肢短而有力,肌肉强健。母牛乳房大,附着结实。成年公牛体重1 000~1 100 kg,母牛700~800 kg	年产奶量达4 164 kg,乳脂率4.15%。初产年龄为28个月,难产率低。平均日增重0.985 kg。平均屠宰率62.2%,净肉率56%	1996年和1997年,我国先后从加拿大引进该牛,其适应性强,生长发育良好

(三)乳肉兼用牛品种

1. 西门塔尔牛

(1)原产地:原产于瑞士西部的阿尔卑斯山区,主要产地是西门塔尔平原和萨能平原。是瑞士数量最多的牛品种,为世界著名的大型乳、肉、役兼用品种。加拿大的西门塔尔牛又称加系西门塔尔牛,属于肉乳兼用品种。

(2)外貌特征:西门塔尔牛毛色多为黄白花或淡红白花,头、胸、腹下、四肢下部、尾帚多为白色。额与颈上有卷毛。角较细,向外上方弯曲。后躯较前躯发达,体躯呈圆筒状。四肢强壮,大腿肌肉发达。乳房发育中等。成年公牛活重平均为800~1 200 kg,母牛600~750 kg。犊牛初生重为30~45 kg。

(3)生产性能:西门塔尔牛的乳用和肉用性能均较好。泌乳期平均产奶量在4 000 kg以上,乳脂率 4%。周岁内平均日增重 0.8~1.0 kg,肥育后公牛屠宰率 65%左右;瘦肉多,脂肪少,肉质佳。成年母牛难产率为 2.8%。适应性强,耐粗放管理。我国目前约有中国西门塔尔牛 30 000 余头,核心群平均产奶量已突破 4 500 kg。

(4)引种与利用:西门塔尔牛是改良我国黄牛范围最广,数量最多,杂交效果最成功的牛种。杂交后代无论是体型、产奶量还是产肉量均有显著提高。目前,西门塔尔牛是世界第二大品种牛,总头数达 4 000 万头,其头数仅少于荷斯坦牛。我国自 20 世纪初即开始引入。于 1981 年成立了中国西门塔尔牛育种委员会。中国西门塔尔牛于 2001 年 10 月通过国家品种审定。在我国北方及长江流域各省设有原种场。

2. 国外其他乳肉兼用牛品种

国外其他乳肉兼用牛品种见表 4-3。

表 4-3　国外其他乳肉兼用牛品种

品种	原产地	外貌特征	生产性能	主要特点及利用
瑞士褐牛	瑞士阿尔卑斯山区。瑞士的第二大牛品种	被毛为褐色,由浅褐、灰褐至深褐色,在鼻镜四周有一浅色或白色带,鼻、舌、角尖、尾帚及蹄黑色。头宽短,额稍凹陷。体格略小于西门塔尔牛。成年公牛体重 1 000 kg,母牛 500~550 kg。犊牛初生重 35~38 kg	年产奶量 5 000~6 000 kg,乳脂率 4.1%~4.2%,18 月龄活重可达 485 kg,屠宰率 50%~60%。1999 年,美国乳用瑞士褐牛 305 d 平均产奶量达 9 521 kg	成熟较晚,一般 2 岁配种。耐粗饲,适应性强,全世界约有 600 万头。对"新疆褐牛"育成起到了重要作用
丹麦红牛	丹麦	被毛为红或深红色,公牛毛色通常较母牛深。鼻镜浅灰至深褐色,蹄壳黑色,部分牛只乳房或腹部有白斑毛。乳房大,发育匀称。体格较大,体躯深长。成年公牛体重 1 000~1 300 kg,成年母牛体重 650 kg。犊牛初生重 40 kg	美国 2000 年 53 819 头母牛的平均产奶量为 7 316 kg,乳脂率 4.26%;最高单产 12 669 kg,乳脂率 5%。丹麦红牛也具有良好产肉性能。屠宰率一般为 54%	以乳脂率、乳蛋白率高而著称,1984 年我国首次引进丹麦红牛 30 头,用于改良延边牛、秦川牛和复州牛,效果良好
短角牛	英国东北部	现代的短角牛有 3 个类型,兼用型短角牛属于其中一个类型。分有角和无角两种。角细短,呈蜡黄色,角尖黑。被毛多为红色或酱红色,少数为红白沙毛或白毛,部分个体腹下或乳房部有白斑,鼻镜为肉色,眼圈色淡。成年公牛体重 900~1 200 kg,母牛 600~700 kg,犊牛初生重 32~40 kg	305 d 产奶量一般 2 800~3 500 kg,乳脂率 3.5%~4.2%。1998 年 1 头乳用短角牛在 365 d 日挤奶 2 次情况下产奶 15 913 kg,乳脂率 2.8%,乳蛋白率 3.4%,创个体单产最高纪录	我国于 1913 年首次引入,主要用于改良蒙古牛,肉用性能与乳用性能明显提高。对"中国草原红牛"的育成起到了重要作用

续表4-3

品种	原产地	外貌特征	生产性能	主要特点及利用
蒙贝利亚牛	法国东部。法国第二大奶牛品种	被毛具有明显的"胭脂红色花斑"，有色毛主要分布在颈部、尾根与坐骨端，其余部位多为白色。体型高大，成年公牛体重900～1 100 kg，成年母牛体重650～750 kg，后躯发达，乳房发育好。犊牛初生重，公牛46.0kg，母牛42.4 kg	2001 年,法国 374 869 头蒙贝利亚牛平均产奶量 6 110 kg，乳脂率 3.88%，乳蛋白率 3.24%。24 月龄公牛体重 531.1 kg，母牛 416.2 kg。14～15 月龄屠宰，日增重可达 1.20～1.35 kg	1987 年我国从法国引进该牛 169 头，分别饲养于吉林、北京、四川、新疆及内蒙古，用于改良本地黄牛杂交后代

3. 国内乳肉兼用牛培育品种

国内乳肉兼用牛培育品种见表 4-4。

表 4-4　国内乳肉兼用牛培育品种

品种	原产地及分布	外貌特征	生产性能	主要特点及培育过程
三河牛	原产于内蒙古呼伦贝尔草原的三河地区。主要分布在呼伦贝尔盟及邻近地区的农牧场。目前，大约有11 万头	被毛为界限分明的红白花，头白色或有白斑，腹下、尾尖及四肢下部为白色。角向上前方弯曲。体格较大，平均活重公牛1 050 kg，母牛547.9 kg。犊牛初生重公牛35.8 kg，母牛 31.2 kg	平均年产乳量为 2 500 kg 左右，在较好的饲养条件下可达 4 000 kg。乳脂率 4.10%～4.47%。产肉性能良好，2～3 岁公牛屠宰率为 50%～55%	耐粗饲，耐严寒，抗病力强，适合高寒条件下放牧。生产性能不稳定，后躯发育欠佳。是我国培育的第一个乳肉兼用品种，含西门塔尔牛的血统。1986 年 9 月 3 日通过验收，并由内蒙古区政府批准正式命名"三河牛"
中国草原红牛	原产于吉林、辽宁、河北和内蒙古。主要分布于吉林白城地区、内蒙古赤峰市、锡林郭勒盟南部和河北张家口地区。目前，大约有 14 万头	毛色多为深红色，少数牛腹下、乳房部分有白斑，尾帚有白毛。全身肌肉丰满，结构匀称。乳房发育较好。成年公牛体重825.2 kg，成年母牛体重482 kg。犊牛初生重：公犊 31.9 kg，母犊 30.2 kg	泌乳期220 d，平均产奶量 1 662 kg，乳脂率4.02%，最高个体产奶量为4 507 kg。18 月龄的阉牛，经放牧育肥，屠宰率为50.8%。短期催肥后屠宰率为58.1%	耐粗抗寒，适应性强，发病率低。生产性能不稳定，后躯发育欠佳。1985 年 8 月 20 日，经农牧渔业部授权吉林省畜牧厅，在赤峰市对该品种进行了验收，正式命名为"中国草原红牛"。含有乳肉兼用型短角牛血统
新疆褐牛	原产于新疆伊犁、塔城等地区。主要分布于新疆南北。现有牛数约45 万头	被毛为深浅不一的褐色，额顶、角基、口轮周围及背线为灰白色或黄白色。肌肉丰满。头清秀，嘴宽。角大小中等，向侧前上方弯曲，呈半椭圆形。成年公牛体重 951 kg，母牛 431 kg	舍饲条件下平均产乳量 2 100～3 500 kg，高的可达 5 162 kg，乳脂率 4.03%～4.08%。放牧条件下，2 岁以上牛的屠宰率为 50%以上	适应性好，耐严寒和酷暑，抗病力强，宜于放牧，体型外貌好，但其生产性能尚不稳定。1983 年经新疆畜牧厅评定验收并命名为"新疆褐牛"。含有瑞士褐牛血统

续表4-4

品种	原产地及分布	外貌特征	生产性能	主要特点及培育过程
科尔沁牛	主产于内蒙古东部地区的科尔沁草原。1994年末约有8.12万头	被毛为黄（红）白花，白头，体格粗壮，结构匀称，胸宽深，背腰平直，四肢端正，后躯及乳房发育良好，乳头分布均匀。成年公牛体重991 kg，母牛508 kg。犊牛初生重38～42 kg	280 d产奶量3 200 kg，乳脂率4.17%，高产达4 643 kg。在常年放牧加短期补饲条件下18月龄屠宰率为53.3%，经短期育肥屠宰率可达61.7%	适应性强、耐粗抗寒、抗病力强、宜于放牧。于1990年通过鉴定，由内蒙古区政府正式验收命名为"科尔沁牛"。以西门塔尔牛为父本，蒙古牛、三河牛为母本，采用育成杂交方法培育而成

(四)我国黄牛品种

"中国黄牛"是我国固有且长期以役用为主，除水牛、牦牛以外的群体总称。广泛分布于全国各地，我国黄牛按地理分布区域和生态条件，分为中原黄牛、北方黄牛和南方黄牛三大类型。中原黄牛是指秦川牛、南阳牛、鲁西牛、晋南牛。北方黄牛主要包括蒙古牛和延边牛。产于东南、西南、华南、华中和台湾的黄牛均属南方黄牛。

我国黄牛品种，大多具有适应性强、耐粗饲、牛肉风味好等优点，但大都属于役用或役肉兼用体型，体型较小，后躯欠发达，成熟晚、生长速度慢。

现将我国黄牛主要品种介绍如下（表4-5），其他黄牛品种可参阅《中国牛品种志》。

表 4-5 我国黄牛主要品种

品种	原产地及分布	外貌特征	生产性能	杂交效果
秦川牛	因产于陕西关中的"八百里秦川"而得名。现群体总数约80万头	属大型牛，骨骼粗壮，肌肉丰厚，体质强健，前躯发育良好，具有役肉兼用牛的体型。角短而钝、多向外下方或向后稍弯。毛色多为紫红色及红色。鼻镜肉红色。部分个体有色斑。蹄壳和角多为肉红色。公牛颈上部隆起，鬐甲高而厚，母牛鬐甲低，荐骨稍隆起。缺点是后躯发育较差，常见有尻稍斜的个体	在中等饲养水平下，18月龄时的平均屠宰率为58.3%，净肉率为50.5%	全国有21个省、自治区曾引进秦川公牛改良本地黄牛，效果良好
南阳牛	河南省南阳地区白河和唐河流域的广大平原地区。现有145万头	毛色以深浅不一的黄色为主，另有红色和草白色，面部、腹下、四肢下部毛色较浅。体型高大，结构紧凑，公牛多为萝卜头角，母牛角细。鬐甲较高，肩部较突出，公牛肩峰8～9 cm，背腰平直，荐部较高，额部微凹，颈部短厚而多皱褶。部分牛胸欠宽深，体长不足，尻部较斜，乳房发育较差	产肉性能良好，15月龄育肥牛屠宰率55.6%，净肉率46.6%，眼肌面积92.6 cm²	全国22个省已有引入，杂交后代适应性、采食性和生长能力均较好

续表4-5

品种	原产地及分布	外貌特征	生产性能	杂交效果
晋南牛	主产于山西省西南部的运城、临汾地区。现有66万余头	毛色以枣红为主,红色和黄色次之。鼻镜粉红色。体型粗大,体质结实,前躯较后躯发达。额宽,顺风角,颈短粗,垂皮发达,肩峰不明显,胸宽深,臀端较窄,乳房发育较差	18月龄时屠宰,屠宰率53.9%。经强度肥育后屠宰率59.2%。眼肌面积79.00 cm²	曾用于四川、云南、陕西、甘肃、安徽等地的黄牛改良,效果良好
鲁西牛	主产于山东省西南部的菏泽、济宁地区	毛色以黄色为主,多数牛有"三粉"特征,即眼圈、口轮、腹下与四肢内侧毛色较浅,呈粉色。公牛多平角或龙门角;母牛角形多样,以龙门角居多。公牛肩峰宽厚而高。垂皮较发达。尾细长,尾毛多,扭生如纺锤状。体格较大,但日增重不高,后躯欠丰满	18月龄育肥,公、母牛平均屠宰率为57.2%,净肉率为49.0%,眼肌面积89.1 cm²	
延边牛	主产于吉林省延边朝鲜族自治州及朝鲜	公牛头方额宽,角基粗大,多向外后方伸展成一字形或倒八字形。母牛角细而长,多为龙门角。毛色为深浅不一的黄色,鼻镜呈淡褐色,被毛长而密。胸部宽深,皮厚而有弹力。公牛颈厚隆起,母牛乳房发育良好	18月龄育肥牛平均屠宰率57.7%,净肉率47.2%,眼肌面积75.8 cm²	耐寒、耐粗,抗病力强,适应性良好。善走山路
蒙古牛	原产于蒙古高原地区。广泛分布于我国北方各省区	毛色多样,但以黑色、黄色者居多。头短宽、粗重,角长,向上前方弯曲。垂皮不发达。鬐甲低下。胸较深,背腰平直,后躯短窄,尻部倾斜,四肢短,蹄质坚实。皮肤较厚	中等膘情的成年阉牛,平均屠宰率为53.0%,净肉率44.6%,眼肌面积56.0 cm²	耐干旱和严寒能力强,发病率低。主产区总数约300万头

(五)其他牛品种

1. 水牛

水牛是热带、亚热带地区特有的畜种,主要分布在亚洲地区,约占全球饲养量的90%。水牛具有乳、肉、役多种经济用途,适于水田作业。水牛奶营养丰富,脂肪、干物质及总能量都高于荷斯坦牛牛奶。

水牛按其外形、习性和用途常分成两种类型,即沼泽型水牛和河流型水牛。沼泽型水牛有泡水和滚泥的自然习性。这类水牛细胞染色体核型为$2n=48$。体型较小,生产性能偏低,适应性强,以役用为主。主要分布于中国、泰国、越南、缅甸、老挝、柬埔寨、马来西亚、菲律宾、印尼和尼泊尔等国家,沼泽型水牛一般以产地命名;河流型水牛原产于江河流域地带,习性喜水。这类水牛细胞染色体核型为$2n=50$。体型大,以乳用为主,也可兼作其他用途。这类水牛主要分布于印度、巴基斯坦、保加利亚、意大利和埃及等国家。我国已引进了世界著名的乳用水牛品种摩拉水牛和尼里-拉菲水牛。主要水牛品种介绍见表4-6。

表4-6 主要水牛品种

品种	原产地及分布	外貌特征	生产性能	主要特点
摩拉水牛	原产于印度西北部。饲养有摩拉水牛3 000万头，占其水牛总数的47%	毛色通常为黑色，尾帚为白色，被毛稀疏。角短、向后向上内弯曲，呈螺旋形。尻部斜，四肢粗壮。公牛头粗重，母牛头较小、清秀。公牛颈厚，母牛颈长薄，无垂肉和肩峰。乳房发达，乳头大小适中，距离宽，乳静脉弯曲明显。我国繁育的摩拉水牛成年公、母牛体重分别为969.0 kg和648 kg	平均泌乳期为251～398 d，泌乳期平均产奶量1 955.3 kg。个别好的母牛305 d泌乳期产奶量达3 500 kg。公牛在19～24月龄育肥165天，平均日增重为0.41 kg；屠宰率为53.7%	耐热、耐粗饲、抗病力强、适应性强。但摩拉水牛性情偏于神经质，应加强调教和培育。我国于1957年开始从印度引进摩拉水牛，数量有逐年上升的趋势。南方各省均有饲养，尤其以广西较多
尼里-拉菲水牛	原产于巴基斯坦旁遮普省中部的尼里河与拉菲河流域一带。约占全国水牛总头数的70%	外貌近似摩拉水牛。毛色为黑色，部分为棕色。特征性外貌为玉石眼（虹膜缺乏色素），前额、脸部、鼻端、四肢下部有白斑，尾帚为白色。角短，角基粗，角向后朝上卷曲，呈螺旋状。头较长，前额突出。体躯深厚，体格粗壮。前躯较窄，后躯宽广，侧望呈楔形，乳房发达，乳头粗大且长，乳静脉显露、弯曲。尾端达飞节以下，成年公、母牛体重分为800 kg和600 kg	平均泌乳期为316.8 d，泌乳量为2 262.1 kg，平均日产奶7.1 kg，最高日产奶量达18.4 kg，优秀个体泌乳量可达3 400～3 800 kg。与巴基斯坦原产地选育的核心牛群平均泌乳量基本相近。公牛在19～24月龄育肥168 d，平均日增重0.43 kg，屠宰率、净肉率分别为50.1%、39.3%	耐粗饲、群性好、耐热和抗病力强、适应性强。其体态比原产地水牛更加丰满，性情也更温驯。1974年，巴基斯坦政府赠送给中国政府50头尼里一拉菲水牛，分配给广西、湖北各25头。据1988年不完全统计，尼里一拉菲水牛在中国已发展到209头
中国水牛	主要分布于淮河以南的水稻产区，其中广西、云南、广东、贵州、四川数量最多	全身被毛深灰色或浅灰色，且均随年龄增长而毛色加深为深灰色或暗灰色，被毛稀疏，前额平坦而较狭窄，眼大突出。角左右平伸，呈新月形或弧形，颈下和胸前多有浅色颈纹和胸纹，皮粗糙而有弹性。鬐甲隆起，肋骨弓张，背腰宽而略凹。腰角大而突出，后躯差，尻部斜，尾粗短，着生较低，四肢粗短	宜于水田作业，使役年限一般为12年。泌乳期8～10个月，泌乳量500～1 000 kg，乳脂率7.4%～11.6%。乳蛋白率4.5%～5.9%，肉用性能较差，屠宰率46%～50%，净肉率35%左右	中国水牛属沼泽型水牛。湖北的滨湖水牛、四川的德昌水牛、云南的德宏水牛和广西的西林水牛为典型代表。我国水牛数量约为2 280.9万头，仅次于印度和巴基斯坦，我国有18个省区有水牛分布

2. 牦牛

(1)分布与分类：中国是世界上牦牛数量最多的国家，现有牦牛1 377.4万头，约占世界牦牛总头数的92%，主要分布在我国青藏高原、川西高原和甘肃南部及周围海拔3 000 m以上的高寒地区,其中青海 480 万头、四川 400 万头、西藏 380 万头、甘肃 90 万头、新疆 22 万头、云南 5 万头。其次是蒙古国,约有牦牛 60 万头。目前,全世界约有牦牛 1 500 万头。

我国饲养牦牛历史悠久,已形成 10 个优秀的类群。分别是四川的麦洼牦牛、九龙牦牛、甘肃的天祝白牦牛、青海的环湖牦牛、高原牦牛、西藏的亚东牦牛、高山牦牛、斯布牦牛、新疆的巴州牦牛及云南中甸牦牛等。

(2)生物学特性与经济价值:牦牛比普通牛胸椎多 1～2 个,荐椎多 1 个,肋骨多 1～2 对,胸椎和荐椎大 1～2 倍,胸部发达,体温、呼吸、脉搏等生理指标也比普通牛高。因此,其能很好地适应高寒地区的环境条件。牦牛常被誉为"高原之舟"。牦牛作为原始品种,具有产乳、毛、肉、皮、绒等多种经济用途,也可作为役力。牦牛毛和尾毛是我国传统特产,以白牦牛毛最为珍贵。

(3)外貌特征:牦牛外貌粗野,体躯强壮,头小颈短,嘴较尖,胸宽深,鬐甲高,背线呈波浪形,四肢短而结实,蹄底部有坚硬的突起边缘,尾短而毛长如帚,全身披满粗长的被毛,尤其是腹侧丛生密而长的被毛,形似"围裙",粗毛中生长绒毛。有的牦牛有角,有的无角。毛色主要以黑色居多,约占 60%,其次为深褐色、黑白花、灰色及白色。公母牦牛两性异相,公牦牛头短颈宽,颈粗长,肩峰发达。母牦牛头尖,颈长角细,尻部短而斜。成年公牦牛体重为 300～450 kg,母牦牛为 200～300 kg。

(4)生产性能:成年牦牛的屠宰率为 55%,净肉率 41.4%～46.8%,眼肌面积 50～88 cm²。泌乳期 3.5～6 个月,产奶量 240～600 kg,乳脂率 5.65%～7.49%。剪毛量,公牛产毛 3.6 kg,绒 0.4～1.9 kg,母牛产毛 1.2～1.8 kg,绒 0.4～0.8 kg。负载 60～120 kg,日行走 15～30 km。

◆◆◆ 任务 2　牛的外貌评定 ◆◆◆

体型外貌是体躯结构的外部表现,外部表现又是以内部器官的发育程度为基础的。不同用途的牛具有不同的体型外貌。由于牛体是一个有机的整体,体型外貌在一定程度上能反映其器官功能、生产性能和健康状况。体型外貌能确切反应牛的生产潜力,是选购牛时的一个重要依据。有的人在"相牛"时以毛色和旋毛位置来鉴别牛的优劣,这是不可靠的。毛色虽为品种特征之一,但它与生产性能关系不大。挑选牛只,主要是根据其与生产力表现相关性状,即体型外貌、整体结构、生产性能、繁殖能力、适应性等来进行选择。

一、牛的外貌特征

研究牛的外貌,旨在揭示体质外貌与生产性能和健康程度之间的关系,以便比较容易地选择生产性能强、健康的牛只。不同生产类型的牛,由于长期各组织器官利用强度、选育目的和培育条件不同,体型外貌存在显著差异。为准确判断牛的外貌特征,特列出牛体各部位名称,如图 4-1 所示。

1. 乳用牛外貌特征

奶牛皮薄骨细,血管显露,被毛短而有光泽;肌肉不发达,皮下脂肪沉积少;胸腹宽深,后躯

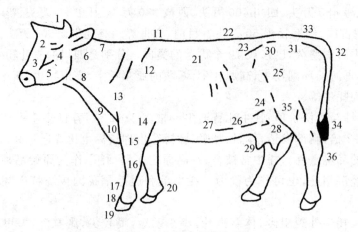

图 4-1　牛体各部位名称

1. 枕骨脊　2. 额　3. 鼻梁　4. 颊　5. 下额　6. 颈　7. 后颈　8. 喉　9. 垂皮　10. 胸部

11. 鬐甲　12. 肩　13. 肩关节　14. 肘　15. 前臂　16. 腕　17. 管　18. 系　19. 蹄

20. 附蹄　21. 肋　22. 背　23. 腰　24. 后肋　25. 股　26. 乳静脉　27. 乳井

28. 乳房　29. 乳头　30. 腰角　31. 荐骨　32. 坐骨结节　33. 尾根

34. 尾帚　35. 膝关节　36. 飞节

和乳房十分发达;骨骼舒展、外形清秀,属于细致紧凑体质类型。有"三宽,三大"的特征,即背腰宽,腹围大;腰角宽,骨盆大;后裆宽,乳房大。

奶牛的体型,后躯显著发达,从侧望、前望、腑望均呈"楔形"(又称"三角形")。

从局部看,头轻,狭长而清秀,额宽,鼻孔大、口大。颈细长而薄,颈侧多纵行皱纹,垂皮较小。胸部发育良好,肋长,适度扩张,肋骨斜向后方伸展。背腰平直,腹大而深,腹底线从胸后沿浅弧形向后伸延,至肷部下方向上收缩,腹腔容积大,饱满、充实,不下垂。尾细,毛长,尾帚过飞节。四肢端正,结实。蹄质致密,两后肢距离较宽。尻长、平、宽,腰角显露。

乳房发达,呈浴盆状。乳房体积大,前乳房向腹下前方延伸,超过腰角垂线之前,后乳房充满于两股之间且突出于躯干的后方,附着点高,左右附着点距离宽,乳房有一定的深度,要求底部略高于从飞节向前作的水平线,且底部平坦,附着紧凑。四个乳区发育匀称。乳头长度为$6.5 \sim 7$ cm,直径为 $2 \sim 3$ cm,呈圆柱状,垂直于地面。乳头分布均匀,乳头间距宽,呈中央分布。乳镜显露。乳静脉粗大、弯曲多。乳井大而深。悬垂乳房和漏斗乳房都属畸形乳房。

乳井:是乳静脉在第八、九肋骨处进入胸腔所经过的孔道,它的粗细是乳静脉大小的标志。

乳静脉:是指乳房沿下腹部经过乳井到达胸部,汇合胸内静脉而进入心脏的静脉血管,分为左右两条,泌乳牛,特别是高产牛的乳静脉比干奶牛或低产牛的粗大,弯曲而且分枝多,这是血流循环良好的标志。

乳镜:在乳房的后部到阴门之间,有明显的带有线状毛流的皮肤褶,称为乳镜。

2. 肉牛外貌特征

肉用牛皮薄骨细,体躯宽深而低垂,全身肌肉高度丰满,皮下脂肪发达、疏松而匀称。属于细致疏松体质类型。

肉牛的体型,前后躯都很发达,前望、侧望、上望(腑视)和后望,四个侧面均呈现"长方形",整体呈现"长方砖形"或圆桶状。肉牛体形方正,在比例上前后躯较长而中躯较短,以致前、中、后躯的长度趋于均等。全身显得粗短紧凑。被毛细密而富有光泽,呈现卷曲状态的,是优良肉用牛的特征。

从局部看,头宽短、多肉。角细,耳轻。颈短、粗、圆。鬐甲低平、宽。肩长、宽而倾斜。胸宽、深,胸骨突于两前肢前方。垂肉高度发育,肋长,向两侧扩张而弯曲大。肋骨的延伸趋于与地面垂直的方向,肋间肌肉充实。背腰宽、平、直。腰短肷小。腹部充实呈圆桶形。尻宽、长、平,腰角不显,肌肉丰满。后躯侧方由腰角经坐骨结节至胫骨上部形成大块的肉三角区。尾细,帚毛长。四肢上部深厚多肉,下部短而结实。肢间间距大。

3. 役用牛的外貌特征

役牛皮厚骨粗,肌肉强大而结实,皮下脂肪不发达。属于粗糙紧凑体质类型。役牛胸部宽深、肌肉发达,鬐甲高而结实,前躯发育充分,后躯相对较弱,前高后低。因此从侧望呈"倒梯形",与乳牛的正常体型相反。

从局部看,头大、粗重、额宽。颈部短而粗壮,垂皮发达。鬐甲高、长而丰圆。胸围大,腹部充实。尻长、宽并有不同程度的斜度。四肢骨骼强壮,肌肉和筋腱分明。蹄大而圆,蹄质致密、坚实。

二、肉眼鉴别

牛的外貌评定就是通过肉眼观察、手触摸和必要的测量,按照不同品种规定的统一评分鉴定标准,对牛体各部位的优缺点进行衡量,分别给予一定的分数,最后算得每头牛的总分,以判断牛的优劣,最后获得总分最高者为最好。

牛的外貌评定方法有肉眼鉴别、测量鉴别、评分鉴别和线性外貌评定,其中以肉眼鉴别应用最广。

肉眼鉴别是用眼睛观察牛的外貌,并借助于手的触摸对家畜各部位和整个畜体进行鉴别的方法。步骤如下:

在鉴别之前,首先要了解牛的品种、年龄、胎次、泌乳月、妊娠日期、健康状况、体重等情况,以避免鉴别时出现不必要的误差。

选择宽阔而平坦的地方进行。鉴定时让牛四肢站立自然、头略抬直,鉴定者站在距牛 5～8 m 的地方。首先对牛的前后、左右进行一次初步观察,对牛的大小、匀称程度、各部位的主要优缺点得出一个总的轮廓概念;然后从牛的前方看牛头部及品种特征、前肢肢势、胸、腹的宽度、肋骨开张程度等;然后走到牛体右侧,鉴别头与颈、颈与肩结合情况及颈、鬐甲、肩、胸、背、腰、腹、尻、乳房等各部位的体型特征;再走到牛的后侧,看后躯发育情况、尻宽、坐骨端、乳房及后肢肢势等;最后再到牛的左侧进行补充鉴别。

肉眼观察完毕后,再用手触摸,了解其皮肤、被毛、皮下组织、乳房等发育情况。

最后,让牛自由行走,观察四肢的动作的协调性和步伐等。

进行肉眼鉴别时,可将各部位评定的分数或结果做记录。

三、体尺测量和体重估测

(一)体尺测量

体尺测量是测量鉴别的重要内容之一,是进行牛体活重估测的基础性工作,它能准确反映牛主要部位的发育情况,弥补肉眼鉴别的缺陷,能有效提高初学者的鉴别能力。体尺测量所用的测量工具主要有测杖、卷尺、圆形测量器、测角计等。每项测量数据后要标注出所用测量工具。测量时牛要站立自然且正直,场地平坦,光线充足,并事先校正测量器械。由于测量的目的不同,测量项目亦不同,一般奶牛要求至少测量三高、三围、三宽和三长。

1. 体高

从鬐甲最高点至地面的垂直距离。

2. 腰高

两腰角连线中点到地面的垂直距离。也称为十字部高。

3. 荐高

荐骨最高点至地面的垂直距离。

4. 胸围

肩胛骨后缘处体躯垂直周径。

5. 管围

左前肢掌骨上 1/3(最细)处的水平周径。

6. 腹围

腹部最粗部分的垂直周径。

7. 胸宽

两侧肩胛骨后缘处量取最宽处的水平距离。

8. 腰角宽

两腰角外缘之间的距离。也称十字部宽。

9. 髋宽

两侧髋关节之间的直线距离。

10. 体斜长

从肩端前缘至坐骨结节后缘的距离,简称体长;估测体重时需要用软尺紧贴皮肤量取。

11. 体直长

肩端前缘向下引垂线至坐骨结节后缘向下所引垂线之间的水平距离。

12. 尻长

腰角前缘到坐骨结节后缘的直线距离。

(二)体重估测

体重是反映牛发育情况的重要指标,对种公牛、育成牛和犊牛尤为重要。母牛应测定其泌乳高峰期的体重,并应扣除胎儿的重量。测定牛体重最准确的方法是直接用地磅称重。称重应在早晨饲喂和饮水前、挤奶后进行,连称 3 d,取其平均数。缺乏直接称重条件时,可利用测量的体尺进行估算,公式如下:

$$6\sim12\text{月龄奶牛体重(kg)}=[\text{胸围}^2(\text{m})\times\text{体斜长}(\text{m})]\times98.7$$

$$16\sim18\text{月龄奶牛体重(kg)}=[\text{胸围}^2(\text{m})\times\text{体斜长}(\text{m})]\times87.5$$

$$\text{成年奶牛、乳肉兼用牛体重(kg)}=[\text{胸围}^2(\text{m})\times\text{体斜长}(\text{m})]\times90$$

$$\text{成年肉牛、肉乳兼用牛体重(kg)}=[\text{胸围}^2(\text{m})\times\text{体直长}(\text{m})]\times100$$

$$\text{黄牛体重(kg)}=[\text{胸围}^2(\text{cm})\times\text{体斜长}(\text{cm})]/11\,420$$

$$\text{水牛体重(kg)}=[\text{胸围}^2(\text{m})\times\text{体斜长}(\text{m})]\times80+50$$

四、评分鉴别

评分鉴别是根据牛的不同生产类型,按各部位与生产性能和健康程度的关系,分别规定出不同的分数和评分标准,进行评分,最后综合各部位评得的分数,即得出该牛的总分数。以此划分牛的外貌等级。评分鉴别是在肉眼鉴别的基础上进行的,是肉眼鉴别的具体量化(赋分值),具体步骤,按肉眼鉴别进行。

(一)奶牛的外貌评分鉴别

中国荷斯坦牛外貌鉴定评分标准已于 1983 年 5 月 1 日由国家标准局正式颁布实施。现将其评分标准列于表 4-7 和表 4-8 中。

表 4-7　中国荷斯坦母牛外貌鉴别评分表

项目	项目与给满分标准	标准分
一般外貌与乳用特征	1. 头、颈、鬐甲、后大腿等部位棱角和轮廓明显	15
	2. 皮肤薄而有弹性,毛细而有光泽	5
	3. 体高大而结实,各部结构匀称,结合良好	5
	4. 毛色黑白花,界线分明	5
	小计	30
体躯	5. 长、宽、深	5
	6. 肋骨间距宽,长而开张	5
	7. 背腰平直	5
	8. 腹大而不下垂	5
	9. 尻长、平、宽	5
	小计	25
泌乳系统	10. 乳房形状好,向前后延伸,附着紧凑	12
	11. 乳房质地:腺发达,柔软而有弹性	6
	12. 四乳区:前乳区中等大,四个乳区匀称,后乳区高、宽而圆,乳镜宽	6
	13. 乳头:大小适中,垂直呈柱形,间距匀称	3
	14. 乳静脉弯曲而明显,乳井大,乳房静脉明显	3
	小计	30
肢蹄	15. 前肢:结实,肢势良好,关节明显,质坚实,蹄底呈圆形	5
	16. 后肢:结实,肢势良好,左右两肢间宽,系部有力,蹄形正,蹄质坚实,蹄底呈圆形	10
	小计	15
	总计	100

根据外貌评分结果,按表 4-9 评定等级。

表 4-8　中国荷斯坦公牛外貌鉴别评分表

项目	细目与给满分标准	标准分
一般外貌	1. 毛色黑白花,体格高大	7
	2. 有雄相,肩峰中等,前躯较发达	8
	3. 各部位结合良好而匀称	7
	4. 背腰:平直而结实,腰宽而平	5
	5. 尾长而细,尾根与背线呈水平	3
	小计	30
体躯	6. 中躯:长、宽、深	10
	7. 胸部:胸围大,宽而深	5
	8. 腹部紧凑,大小适中	5
	9. 后躯:尻部长、平、宽	10
	小计	30
乳用特征	10. 头、体型、后大腿的棱角明显,皮下脂肪少	6
	11. 颈长适中,垂皮少,鬐甲呈楔形,肋骨扁长	4
	12. 皮肤薄而有弹性,毛细而有光泽	3
	13. 乳头呈柱形,排列距离大,呈方形	4
	14. 睾丸:大而左右对称	3
	小计	20
肢蹄	15. 前肢:肢势良好,结实有力,左右两肢间宽;蹄形正,质坚实,系部有力	10
	16. 后肢:肢势良好,结实有力,左右两肢间宽,飞节轮廓明显,系部有力,蹄形正,蹄质坚实	10
	小计	20
	总计	100

表 4-9　中国荷斯坦牛外貌鉴别等级标准

性别	特等	一等	二等	三等
公	85	80	75	70
母	80	75	70	65

说明:1. 对公、母牛进行外貌鉴定时,若乳房、四肢和体躯中有一项有明显生理缺陷者,不能评为特级;两项时不能评为一级;三项时不能评为二级。

2. 中国荷斯坦母牛的鉴定时间为第一、第二和第五胎产后的第二个泌乳月各进行一次;公牛的鉴定时间为 12 月龄和 16 月龄各一次。

3. 对于乳用幼牛,由于泌乳系统尚未发育完全,泌乳系统可作次要部分,而把重点放在其他三部分上。

(二)肉牛外貌评分鉴别

我国肉牛繁育协作组制定的纯种肉牛外貌鉴定评分标准见表 4-10,对纯种肉牛的改良牛,可参照此标准执行。

1. 成年肉牛外貌鉴定评分表

见表 4-10。

表 4-10 成年肉牛外貌鉴定评分表

部位	鉴定要求	评分	
		公	母
整体结构	品种特征明显,结构匀称,体质结实,肉用牛体型明显。肌肉丰满,皮肤柔软有弹性	25	25
前躯	胸宽深,前胸突出,肩胛宽平,肌肉丰满	15	15
中躯	肋骨开张,背腰宽而平直,中躯呈圆桶形。公牛腹部不下垂	15	20
后躯	尻部长、平、宽,大腿肌肉突出延伸,母牛乳房发育良好	25	25
肢蹄	肢蹄端正,两肢间距宽,蹄形正,蹄质坚实,运步正常	20	15
合计		100	100

2. 成年肉牛外貌评级标准

见表 4-11。

表 4-11 成年肉牛外貌评级标准

等级	特等	一等	二等	三等
公牛	85 分以上	80～84 分	75～79 分	70～74 分
母牛	80 分以上	75～79 分	70～74 分	65～69 分

(三)奶牛体况评分

奶牛体况评分是检查牛只膘情的最简单有效的办法。是评价奶牛饲养管理是否合理,并作为调整饲料、加强饲养管理的依据,是保证牛只健康、增重和增加产奶量的有力措施之一,一般每月评定一次,评分的通用方法是 5 分制,奶牛体况评分主要是根据目测和触摸牛的尾根、尻角(坐骨结节)、腰角(髋结节)、脊柱(主要是椎骨棘突和腰椎横突)及肋骨等关键骨骼部位的皮下脂肪蓄积情况而进行的直观评分。

1. 评分标准

奶牛体况评分标准应本着准确、实用、简明、易操作的原则加以制定。现介绍国外奶牛体况评分标准,仅供参考。本标准采用 5 分制,评分标准见表 4-12 和图 4-2。

表 4-12 奶牛的体况评分标准

项目	1 分	2 分	3 分	4 分	5 分
脊峰	尖峰状	脊突明显	脊突不明显	稍呈圆形	脊突埋于脂肪中圆滑
腰角间	深度凹陷	明显凹陷	略有凹陷	较平坦	丰满呈圆形

续表4-12

项目	1分	2分	3分	4分	5分
腰角与坐骨	深度凹陷	凹陷明显	较少凹陷	稍圆	无凹陷
尾根部	凹陷很深呈"V"形	凹陷明显呈"U"形	凹陷很少稍有脂肪沉着	脂肪沉着明显凹陷更小	大量脂肪沉积
整体	极度消瘦皮包骨样	瘦但不虚弱骨骼轮廓清晰	全身骨节不明显胖瘦适中	皮下脂肪沉积明显	过度肥胖

2. 评分方法

评定时,可将奶牛拴于牛床上进行。评定人员通过对奶牛评定部位的目测和触摸,结合整体印象,对照标准给分。评定时牛体应自然舒张,否则肌肉紧张会影响评定结果。具体评定方法如下:

首先,要观察牛体的大小,整体丰满程度。

其次,从牛体后侧观察尾根周围的凹陷情况,然后再从侧面观察腰角和尻部的凹陷情况和脊柱、肋骨的丰满程度。

最后,触摸尻角、腰角、脊柱、肋骨以及尻部皮下脂肪的沉积情况。操作要点为:

①用拇指和食指掐捏肋骨,检查肋骨皮下脂肪的沉积情况。过肥的奶牛,不易掐住肋骨。

②用手掌在牛的肩、背、尻部移动按压,以检查其肥度。

③用手指和掌心掐捏腰椎横突,触摸腰角和尻角。如肉脂丰厚,检查时不易触感到骨骼。评定时,侧重于尾根、尻角、尻部及腰角等部位的脂肪和肌肉沉积情况,结合肋骨、脊柱及整体印象,达到准确、快速、科学评定的目的。

3. 评定时期及体况变动

成母牛每年体况评定4次。分别在产犊、泌乳高峰、泌乳中期和干奶期进行,后备牛在6月龄、临配种时和产前2个月时进行评定,各时期的适宜体况评分见表4-13。奶牛在不同时期应有一合适的体况,以使其产奶能力最大限度发挥,同时又能保证繁殖消化机能的正常以及奶牛健康不受影响。如果奶牛的体况评分不符合要求时,应该采取必要的饲养管理措施加以调整。

表 4-13 奶牛各时期适宜体况评分

奶牛阶段	评定时间	适宜体况评分
成母牛	产犊(围产期)	3.5
	泌乳前期	2.75~3.0
	泌乳中期	3.0~3.25
	泌乳后期	3.25~3.5
	干奶期	3.5
后备牛	6~13 月龄	2.0~3.0
	第一次配种	2.5~3.0
	产犊(分娩期)	3.5

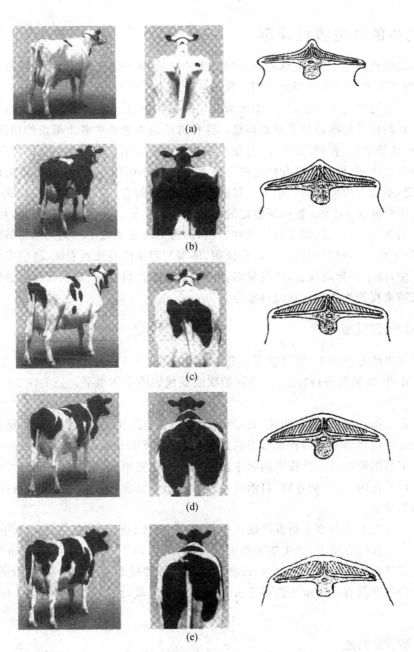

图 4-2　奶牛的体况评分示意图

（王根林．2006.养牛学）

（a）体况评分 1 分（牛瘦削。腰椎横突（短肋）尖锐突出体表，横突下的皮肤向内深陷，从腰部上方可以很容易地触摸到横突，腰部两侧下陷。背、腰、荐椎显露，腰角、坐骨端向外尖锐突出。肛门区下陷，在尾根处形成空腔。臀部触摸不到脂肪组织，容易触摸到骨盆骨）；（b）体况评分 2 分（牛偏瘦。短肋仍向外尖锐突出，但末端已有组织覆盖，稍有圆润感；压迫上方可触摸到横突，腰部两侧下陷。尾根处空腔较浅，腰角和坐骨端空出。周围体表下陷稍缓，较易触摸到骨盆骨）；（c）体况评分 3 分（膘情中等。轻压体表可以触摸到短肋，短肋下体表略下陷。胸背腰椎棘突、腰角、坐骨端突出圆润，臀部有脂肪组织沉积）；（d）体况评分 4 分（体况偏肥。用力压难分清短肋结构，腰椎两侧体表无明显凹陷，短肋下体表无明显凹陷。背腰上部圆平，腰角、坐骨端圆润，尻部宽平。尾根处有脂肪组织形成的皱褶，用力压迫可以触摸到骨盆骨）；（e）体况评分 5 分（体况肥胖。短肋处有脂肪组织皱褶，即使用力压迫也难以感觉到短肋。背腰上部圆平、腰角、坐骨端微露。尾根埋入脂肪组织中，用力压迫触摸不到骨盆骨）。

五、奶牛的体型线性评定

奶牛体型线性鉴定方法,最早是由美国在生产上应用,然后加拿大、德国、荷兰、日本等国相继采用,现已被世界上多数国家采用。我国从1983年开始从荷斯坦牛中应用,1994年7月由中国奶牛协会育种委员会制订了《中国荷斯坦牛体型线性鉴定实施方案(试行)》,1996年5月对部分性状的评分标准进行了必要调整。这种方法是根据奶牛各个部位的功能和生物学特性给以评分,比较全面、客观、数量化,避免主观抽象因素影响。对每个性状的评分不是依其分数的高低确定其优劣,而是看该性状趋向于最大值或最小值的程度,具有数量化评分标准,评分明确、肯定,不会有模棱两可的情况。目前世界上鉴定的性状数量最多可达29个,其中主要性状15个,次要性状14个。各国所鉴定的性状数略有差异。具体的评分方法,目前世界有两种,即50分制和9分制。我国也有这两种方法,两种方法在实践中均无问题,采用哪种方法都可以,不必强求统一。根据国内外的研究证明,体型与奶牛终身效益有关,乳房发育良好、四肢健壮的奶牛中,群生产年限较长,产乳量多。随着奶牛生产机械化、集约化程度的提高,世界很多国家越来越重视奶牛体型性状线性鉴定。

(一)体型鉴定程序

体型鉴定主要是对母牛,也可应用于公牛。母牛在1~4个泌乳期之间,每个泌乳期在泌乳60~150 d内,挤奶前进行鉴定,用最好胎次成绩代表该个体水平。公牛在2~5岁,每年评定一次。

体型鉴定工作主要由省(自治区、直辖市)奶牛协会组织实施。根据登记牛所有者的申请,定期派出经过专门培训并获得评定资格的鉴定员,到牛群中开展评定工作。

体型鉴定数据应由鉴定员按中国奶牛协会的要求如实填报,汇总到省(自治区、直辖市)奶牛协会存入计算机内,每年初各省(自治区、直辖市)奶牛协会再将上一年度的有关数据汇总后上报中国奶牛协会。

具体负责体型鉴定的鉴定员资格确认由各省(自治区、直辖市)奶牛协会及中国奶牛协会承担。各省(自治区、直辖市)奶牛协会可根据需要,培训若干省(自治区、直辖市)级体型鉴定员。这些鉴定员均应定期接受再培训,以利于统一标准和提高水平。各省(自治区、直辖市)向中国奶牛协会推荐具有一定水平的鉴定员为国家级鉴定员,经中国奶牛协会认可后发给正式证书。

(二)体型评定方法

1. 单个体型性状的识别与判断

我国现阶段主要注重鉴别评定15个主要性状,如图4-3至图4-17所示,它们分别是:

(1)体高:极端低的个体(低于130 cm)评给1~5分,中等高的个体(140 cm)评给25分,极端高的个体(高于150 cm)评给40~50分,即140 cm±1 cm,线性评分25分±2分。通常认为,当代奶牛的最佳体高段为145~150 cm。评定方法见图4-3和表4-14。

(2)胸宽(体强度):也称为结实度。胸宽用前内档宽表示,即两前肢内侧的胸底宽度,反映母牛保持高产水平和健康状态能力。前内档宽低于15 cm评1~5分,25 cm时属中等,评25分,在25 cm的基础上,每增减1 cm,增减2个线性分。胸宽线性分在35~38分是当代奶牛最佳表现。评定方法见图 4-4 和表 4-15。

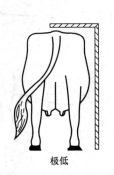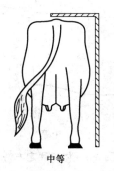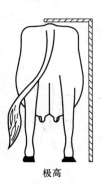

极低　　　　　　　中等　　　　　　　极高

图 4-3　体高评定方法

表 4-14　体高评定方法

标准/cm	评　　分	
（十字部的高度）	50 分制	9 分制
极低（130）	5	1
中等（140）	25	5
极高（150）	45	9

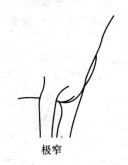

极窄　　　　　　　中等　　　　　　　极宽

图 4-4　胸宽评定方法

表 4-15　胸宽评定方法

标准/cm	评　　分	
（前肢正确站立的宽度）	50 分制	9 分制
极窄（15）	5	1
中等（25）	25	5
极宽（35）	45	9

（3）体深：奶牛最后一根肋骨处腹下沿的深度，反映采食粗饲料的能力。极欠深的个体评给 1～5 分，体深中等的个体评给 25 分，这时胸深率（胸深与体高之比）为 50％，胸深率在 50％ 的基础上，每增减 1％，增减 3 个线性分。此外，最后两根肋骨间距不足 3 cm 扣 1 分，超过 3 cm 加 1 分。极端深的个体评给 45～50 分。通常认为，适度体深的体型是当代奶牛的最佳体

型结构。评定方法见图4-5和表4-16。

图4-5 体深评定方法

表4-16 体深评定方法

标准	评 分	
	50分制	9分制
极浅	5	1
中等	25	5
极深	45	9

(4)楞角性(乳用性、清秀度):肉厚、极粗重的个体评给1～5分,轮廓基本鲜明个体评给25分,轮廓非常鲜明、清秀的个体评给45～50分。通常认为,轮廓非常鲜明的体型是当代奶牛的最佳体型结构。评定时,鉴定员可依据第12、13肋骨,即最后两肋的间距衡量开张程度,两指半宽为中等程度,三指宽为较好。评定方法见图4-6和表4-17。

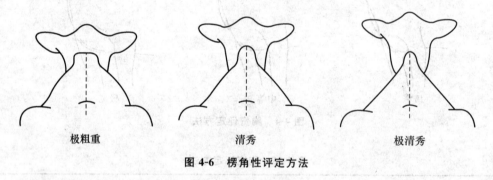

图4-6 楞角性评定方法

表4-17 楞角性评定方法

标准	评分	
	50分制	9分制
极粗重	5	1
清秀	25	5
极清秀	45	9

(5)尻角度:腰角至坐骨端的倾斜度,即坐骨端与腰角的相对高度。水平尻时应评20分,臀角明显高于腰角的个体(逆10°)评给1～5分,腰角略高于臀角的个体(5°)评给25分,腰角明显高于臀角的个体(10°)评给45～50分,在此基础上,每增减1°或1 cm,增减2.5个线性分。

通常认为,当代奶牛的最佳尻角度是腰角微高于臀角,且两角连线与水平线夹角达 5°时最好。评定方法见图 4-7 和表 4-18。

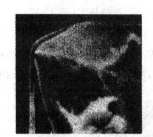

极低　　　　　　　　　中等　　　　　　　　　极高

图 4-7　尻角度评定方法

表 4-18　尻角度评定方法

标准/cm	评分	
(腰角与坐骨端之间的相对高度)	50 分制	9 分制
极低(—4)	5	1
中等(4)	25	5
极高(12)	45	9

(6)尻宽:主要依据髋宽、腰角宽和坐骨宽进行线性评分。坐骨宽极窄的个体(小于 15 cm)评给 1～5 分,坐骨宽中等的个体(20 cm)评给 25 分,坐骨宽很大的个体(大于 24 cm)评给 45～50 分。通常认为,尻极宽的体型是当代奶牛的最佳体型结构。评分方法见图 4-8 和表 4-19。

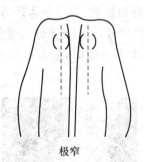
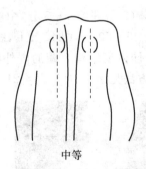
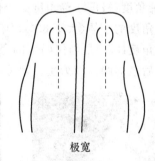

极窄　　　　　　　　　中等　　　　　　　　　极宽

图 4-8　尻宽评定方法

表 4-19　尻宽评定方法

标准/cm	评分	
(两坐骨端外缘之间的宽度)	50 分制	9 分制
极窄(15)	5	1
中等(20)	25	5
极宽(24)	45	9

(7)后肢侧视:直飞的个体(飞节处向下垂直呈柱状站立,飞节角度大于155°)评给1～5分,飞节处有适度弯曲的个体(飞节角度为145°)评给25分,曲飞的个体(飞节处极度弯曲呈镰刀状站立,飞节角度小于135°)评给45～50分,在此基础上,每增加1°下降2分,每下降1°增加2分。通常认为,两极端的奶牛均不具有最佳侧视姿势,只有适度弯曲的体型(飞节角度为145°)才是当代奶牛的最佳体型结构,且偏直一点的奶牛耐用年限长。后肢一侧伤残时,应看健康的一侧。评分方法见图4-9和表4-20。

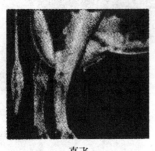  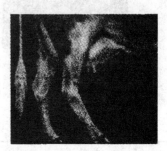

直飞　　　　　　　　　　中等　　　　　　　　　　曲飞

图4-9　后肢侧视评定方法

表4-20　后肢侧视评定方法

标准(角度)	评分	
	50分制	9分制
直飞(155°)	5	1
中等(145°)	25	5
曲飞(135°)	45	9

(8)蹄角度:极度小蹄角度的个体(25°)评给1～5分,中等蹄角度的(45°)个体评给25分,极度大蹄角度的个体(大于65°)评给45～50分,即45°±1°,线性评分25分±1分。通常认为,适当的蹄角度(55°)是当代奶牛的最佳体型结构。蹄的内外角度不一致时,应看外侧的角度。评定时以后肢的蹄角度为主。评分方法见图4-10和表4-21。

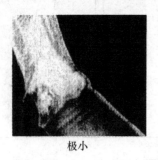 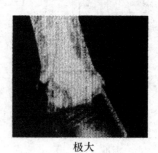

极小　　　　　　　　　　中等　　　　　　　　　　极大

图4-10　蹄角度评定方法

(9)前乳房附着:连接附着极度松弛(90°)个体评给1～5分,附着中等结实程度(110°)的个体评给25分,充分紧凑(130°)的个体评给45～50分,即110°±1°,线性评分25分±1分。通常认为,连接附着偏于充分紧凑的体型是当代奶牛的最佳体型结构。乳房损伤或患乳房炎时,应看不受影响或影响较小的一侧。评分方法见图 4-11 和表 4-22。

表 4-21　蹄角度评定方法

标准（角度） （蹄前缘与蹄底的角度）	评分	
	50 分制	9 分制
极小（25°）	5	1
中等（45°）	25	5
极大（65°）	45	9

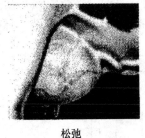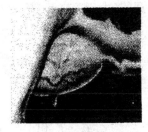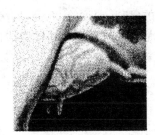

松弛　　　　　　　　中等　　　　　　　　紧凑

图 4-11　前乳房附着评定方法

表 4-22　前乳房附着评定方法

标准（角度） （乳房侧韧带与腹壁构成角度）	评分	
	50 分制	9 分制
松弛（90°）	5	1
中等（110°）	25	5
紧凑（130°）	45	9

（10）后乳房高度：该距离为 20 cm 的评 45 分，距离为 25 cm 的评 35 分，距离为 30 cm 的评 25 分，距离为 35 cm 的评 15 分，距离为 40 cm 的评 5 分。通常认为，乳腺组织的顶部极高的体型是当代奶牛的最佳体型结构。评定方法见图 4-12 和表 4-23。

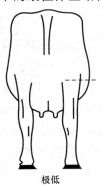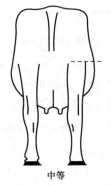

极低　　　　　　　　中等　　　　　　　　极高

图 4-12　后乳房高度评定方法

表 4-23　后乳房高度评定方法

标准/cm	评分	
（乳腺组织上缘至阴门基部的距离）	50 分制	9 分制
极低（40）	5	1
中等（30）	25	5
极高（20）	45	9

（11）后乳房宽度：乳腺组织上缘的宽度。后房极窄的个体（小于 7 cm）评给 1～5 分，中等宽度的（15 cm）评给 25 分，后房极宽的（大于 23 cm）评给 45～50 分。通常认为，后房极宽的体型是当代奶牛的最佳体型结构。刚挤完奶时，可依据乳房皱褶多少，加 5～10 分。评定方法见图 4-13 和表 4-24。

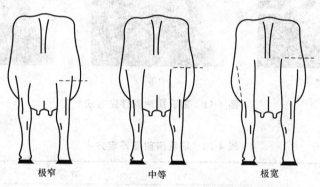

极窄　　　　　　　中等　　　　　　　极宽

图 4-13　后乳房宽度评定方法

表 4-24　后乳房宽度评定方法

标准/cm	评分	
（后乳房左右两个附着点间的距离）	50 分制	9 分制
极窄（7）	5	1
中等（15）	25	5
极宽（23）	45	9

（12）悬韧带（乳房悬垂、乳房支持）：中央悬韧带松弛没有房沟的个体评给 1～5 分，中央悬韧带强度中等表现明显、二等分房沟的个体（沟深 3 cm）评给 25 分，中央悬韧带呈结实有力且房沟深的个体（沟深 6 cm）评给 45～50 分。悬韧带的强度高才能保持乳房的应有高度和乳头的正常分布，减少乳房外伤的机会。通常认为，强度高的悬韧带是当代奶牛的最佳体型。评定时，通常为提高评定速度，可依据后乳房底部悬韧带处的夹角深度进行评定，无角度向下松弛呈圆弧评 1～5 分，呈钝角评 25 分，呈锐角评 45～50 分。评定方法见图 4-14 和表 4-25。

（13）乳房深度：乳房底平面在飞节以下极深的个体（下 5 cm）评给 1～5 分，飞节稍上有适宜深度的个体（上 5 cm）评给 25 分，乳房底平面在飞节上仅有极浅深度的个体（15 cm 以上）评给 45～50 分，即 5 cm±1 cm，线性评分 25 分±2 分。从容积上考虑，乳房应有一定的深度，但过深时,乳房容易受伤和感染乳房炎。通常认为,拥有适宜深度的乳房才是当今奶牛的最佳体型结构,即初产牛应在30分以上,2~3产大于25分,4产的大于20分为好。对该性状要求严格,乳房底在飞节上评20分,稍低于飞节即给15分。评定方法见图4-15和表4-26。

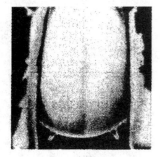
极弱

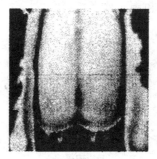
中等

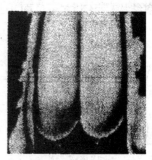
极强

图 4-14　悬韧带评定方法

表 4-25　悬韧带评定方法

标准/cm	评分	
（后乳房纵沟的深度）	50 分制	9 分制
极弱（0）	5	1
中等（3）	25	5
极强（6）	45	9

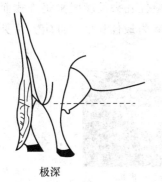
极深

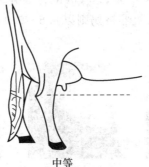
中等

极浅

图 4-15　乳房深度评定方法

表 4-26　乳房深度评定方法

标准/cm	评分	
（后乳房底部至飞节之间的相对距离）	50 分制	9 分制
极深（-5）	5	1
中等（5）	25	5
极浅（15）	45	9

(14)乳头位置:主要根据后视前乳区乳头的分布情况进行评分。乳头基底部在乳区外侧,乳头离开的个体评给 1~5 分,乳头配置在各乳房中央部位的个体评给 25 分,乳头在乳区内侧分布、乳头靠的近的个体评给 45~50 分。通常认为,乳头分布靠得近的体型是当代奶牛的最佳体型结构。评定方法见图 4-16 和表 4-27。

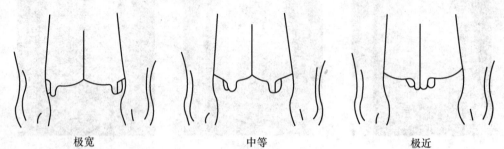

极宽　　　　　　　　中等　　　　　　　　极近

图 4-16　乳头位置评定方法

表 4-27　乳头位置评定方法

标准/cm	评分	
(前后乳头在乳房基部的位置)	50 分制	9 分制
极近	45	9
中等	25	5
极宽	5	1

(15)乳头长度:长度为 9.0 cm 的评 45 分,长度为 7.5 cm 的评 35 分,长度为 6.0 cm 的评 25 分,长度为 4.5 cm 的评 15 分,长度为 3.0 cm 的评 5 分。最佳乳头长度因挤奶方式而有所变化,手工挤奶乳头长度可偏短,而机器挤奶则以 6.5~7.0 cm 为最佳长度。评定方法见图 4-17 和表 4-28。

极短　　　　　　　　中等　　　　　　　　极长

图 4-17　乳头长度评定方法

表 4-28　乳头长度评定方法

标准/cm	评分	
(前乳头长度)	50 分制	9 分制
极短(3)	5	1
中等(6)	25	5
极长(9)	45	9

2. 线性分转换为功能分

单个体型性状的线性分须转换为功能分，才可用来计算特征性状的评分和整体评分。见表4-29。

表 4-29　单个体型性状线性分与功能分的转化关系

线性分	功能分														
	体高	胸宽	体深	楞角性	尻角度	尻宽	后肢侧视	蹄角度	前房附着	后房高度	后房宽度	悬韧带	乳房深度	乳头位置	乳头长度
1	51	51	51	51	51	51	51	51	51	51	51	51	51	51	51
2	52	52	52	52	52	52	52	52	52	52	52	52	52	52	52
3	54	54	54	53	54	54	53	53	53	54	53	53	53	53	53
4	55	55	55	54	55	55	54	55	54	56	54	54	54	54	54
5	57	57	57	55	57	57	55	56	55	58	55	55	55	55	55
6	58	58	58	56	58	58	56	58	56	59	56	56	56	56	56
7	60	60	60	57	60	60	57	59	57	61	57	57	57	57	57
8	61	61	61	58	61	61	58	61	58	63	58	58	58	58	58
9	63	63	63	59	63	63	59	63	59	64	59	59	59	59	59
10	64	64	64	60	64	64	60	64	60	65	60	60	60	60	60
11	66	65	65	61	65	65	61	65	61	66	61	61	61	61	61
12	67	66	66	62	66	66	62	66	62	66	62	62	62	62	62
13	68	67	67	63	67	67	63	67	63	67	63	63	63	63	63
14	69	68	68	64	69	68	64	67	64	67	64	64	64	64	64
15	70	69	69	65	70	69	65	68	65	68	65	65	65	65	65
16	71	70	70	66	72	70	67	68	66	68	66	66	66	67	66
17	72	72	71	67	74	71	69	69	67	69	67	67	67	69	67
18	73	72	72	68	76	72	71	69	68	69	68	68	68	71	68
19	74	72	72	69	78	73	73	70	69	70	69	69	69	73	69
20	75	73	73	70	80	74	75	71	70	70	70	70	70	75	70
21	76	73	73	72	82	75	78	72	72	71	71	71	71	76	72
22	77	74	74	73	84	76	81	73	73	72	72	72	72	77	74
23	78	74	74	74	86	76	84	74	74	74	73	73	73	78	76
24	79	75	75	76	88	77	87	75	75	75	75	74	74	79	78
25	80	75	75	76	90	78	90	76	76	75	75	75	75	80	80
26	81	76	76	76	88	78	87	77	76	76	76	76	76	81	83
27	82	77	77	77	86	79	84	79	77	77	77	77	77	81	85
28	83	78	78	84	80	81	81	78	77	78	78	78	79	82	88
29	84	79	79	79	82	80	78	83	79	77	79	79	82	82	90
30	85	80	80	80	80	81	75	85	80	78	80	80	85	83	90
31	86	82	81	81	79	82	74	87	81	78	81	81	87	83	89
32	87	84	82	82	78	82	73	89	82	79	82	82	89	84	88
33	88	86	83	83	77	83	72	91	83	80	83	83	90	84	87
34	89	88	84	84	76	84	71	93	84	80	84	84	91	85	86

续表4-29

线性分	功能分														
	体高	胸宽	体深	楞角性	尻角度	尻宽	后肢侧视	蹄角度	前房附着	后房高度	后房宽度	悬韧带	乳房深度	乳头位置	乳头长度
35	90	90	85	85	75	85	70	95	85	81	85	85	92	85	85
36	91	92	86	87	74	86	68	94	86	81	86	86	91	86	84
37	92	94	87	89	73	87	66	93	87	82	87	87	90	86	83
38	93	91	88	91	72	88	64	92	88	83	88	88	89	87	82
39	94	88	89	93	71	89	62	91	90	84	89	89	87	87	81
40	95	85	90	95	70	90	61	90	92	85	90	90	85	88	80
41	96	82	89	93	69	91	60	89	94	86	90	91	82	88	79
42	97	79	88	91	68	93	59	88	95	87	91	92	79	89	78
43	95	78	87	89	67	95	58	87	94	88	91	93	77	89	77
44	93	78	86	87	66	97	57	86	92	89	92	94	76	90	76
45	90	77	85	85	65	95	56	85	90	90	92	95	75	90	75
46	88	77	82	82	62	93	55	84	88	91	93	92	74	87	74
47	86	76	79	79	59	91	54	83	86	92	94	89	73	84	73
48	84	76	77	77	56	90	53	82	84	94	95	86	72	81	72
49	82	75	76	76	53	89	52	81	82	96	96	83	71	78	71
50	80	75	75	75	51	88	51	80	80	97	97	80	70	75	70

3. 整体评分及特征性状的构成

见表4-30至表4-34。

表 4-30 体躯容积性状的构成 %

特征性状	体高	胸宽	体深	尻宽
权重	20	30	30	20

表 4-31 乳用特征性状的构成 %

特征性状	楞角性	尻角度	尻宽	后肢侧视	蹄角度
权重	60	10	10	10	10

表 4-32 一般外貌性状的构成 %

特征性状	体高	胸宽	体深	尻角度	尻宽	后肢侧视	蹄角度
权重	15	10	10	15	10	20	20

表 4-33 泌乳系统性状的构成 %

特征性状	前房附着	后房高度	后房宽度	悬韧带	乳房深度	乳头位置	乳头长度
权重	20	15	10	15	25	7.5	7.5

表 4-34　整体评分构成　　　　　　　　　　　　　　　　　　　%

特征性状	体躯容积	乳用特征	一般外貌	泌乳系统
权重	15	15	30	40

4. 整体评分中 15 个性状的权重系数

见表 4-35。

表 4-35　整体评分中 15 个性状的权重系数　　　　　　　　%

具体性状	体高	胸宽	体深	楞角性	尻角度	尻宽	后肢侧视	蹄角度	前房附着	后房高度	后房宽度	悬韧带	乳房深度	乳头位置	乳头长度	合计
权重	7.5	7.5	7.5	9	6	7.5	7.5	7.5	8	6	4	6	10	3	3	100

5. 母牛的等级评定

根据母牛的整体评分,将每牛分成 6 个等级,即优(90～100 分)、良(85～89 分)、佳(80～84 分)、好(75～79 分)、中(65～74 分)、差(64 分以下)。该 6 级用英文字母表示分别为 EX、VG、G^+、G、F、P。

(三)体型评定的数据处理与公布

应用公畜模型或动物(个体)模型的最佳线性无偏预测法(BLUP)分析体型评定的有关数据。

根据母牛体型评定成绩估计种公牛体型成绩,并按省(自治区、直辖市)公布种公牛的标准化体型性状柱形图。

六、牛的年龄鉴别

年龄是评定牛经济价值和育种价值的重要指标。根据母牛配种繁殖记录和牛的卡片,可以准确确定其年龄,在牛场缺乏记录的情况下,可根据牙齿、角轮的情况,大致鉴别牛的年龄。在牛的买卖交易时,年龄是决定其价格的重要因素

(一)牙齿鉴定法

1. 牛牙齿的种类、数目和排列方式

根据牙齿出生的先后顺序,将其分为乳齿与永久齿(恒齿)。最先出生的是乳齿,随着年龄的增长,逐渐被永久齿代替。

牛无上门齿和犬齿,上门齿的位置被角质化的切齿板(齿垫)代替。永久齿和乳齿的齿式如表 4-36 所示。

表 4-36　牛的齿式

种类		后臼齿	前臼齿	犬齿	门齿	犬齿	前臼齿	后臼齿	合计
永久齿	上颌	3	3	0	0	0	3	3	12
(32 枚)	下颌	3	3	0	8	0	3	3	20

续表4-36

种类		后白齿	前白齿	犬齿	门齿	犬齿	前白齿	后白齿	合计
乳齿	上颌	0	3	0	0	0	3	0	6
(20枚)	下颌	0	3	0	8	0	3	0	14

乳齿与永久齿的区别明显。乳门齿小而洁白,有明显的齿颈,齿间有空隙,表面平坦,齿薄而细致。永久门齿的外形比较大而粗壮,齿冠长,几乎没有齿颈,排列整齐,齿间无空隙,齿根呈棕黄色,齿冠微黄。

2. 牙齿鉴定的依据和方法

根据牙齿鉴别牛的年龄,通常是以牙齿在发生更换和磨损过程中所呈现的规律性变化为依据的,这些变化首先是从钳齿开始的,逐渐向两侧发展,最后到隅齿,前白齿虽也有更换,但由于观察白齿比较困难,故判断牛年龄时,一般不参考白齿的变化。

由于奶牛一般都有记录资料,目前我国尚没有纯种肉牛,因此,下面以黄牛为例说明牙齿的变化与年龄之间的关系(表4-37)。

表4-37 黄牛牙齿的变化与年龄之间的关系

年龄	牙齿的变化	年龄	牙齿的变化
出生	具有1~3对乳门齿	2.5~3岁	永久钳齿生出
0.5~1月龄	乳隅齿生出	3~4岁	永久内中间齿生出
1~3月龄	乳门齿磨损不明显	4~5岁	永久外中间齿生出
3~4月龄	乳钳齿与内中间齿前缘磨损	5~6岁	永久隅齿生出
5~6月龄	乳外中间齿前缘磨损	7岁	门齿齿面齐平,中间齿出现齿线
6~9月龄	乳隅齿前缘磨损	8岁	全部门齿都出现齿线
10~12月龄	乳门齿磨面扩大	9岁	钳齿中部呈珠形圆点
13~18月龄	乳钳齿与内中间齿齿冠磨平	10岁	内中间齿中部呈珠形圆点
18~24月龄	乳外中间齿齿冠磨平	11岁	外中间齿中部呈珠形圆点
		12~13岁	全部门齿中部呈珠形圆点

5岁以前,根据下门齿的乳齿被永久齿更换的对数判断,更换的对数加1,即为牛的年龄,下门齿全部更换完毕时称为"齐口",即在民间称的"齐牙六岁",实际为5岁。5岁以后,要根据永久齿的齿线和齿星等来鉴别牛的年龄,由于齿线和齿星是由磨损引起的,很多因素会阻碍或加剧磨损,因而会影响年龄鉴别准确性。牛年龄鉴别方法可概括为:"2、3、4、5看牙换,6、7、8、9看磨面,10、11、12、13看珠点"。

3. 牙齿鉴定的操作要领

鉴定时,首先观察牛的外貌,对牛的年龄有一个大概的印象。然后鉴定人员从牛右侧前方慢慢接近牛只,左手托住牛的下颌,右手迅速捏住牛鼻中隔最薄处,并顺势抬起牛头,使其呈水平状态,随后迅速把左手四指并拢插入牛的右侧口角,通过无齿区,将牛舌抓住,顺手一扭,用拇指尖顶住牛的上颌,其余4指握住牛舌,并轻轻将牛舌拉向右口角外边,然后观察牛门齿更换及磨损情况,按标准判定牛的年龄。

牛门齿的变化情况因牛类型的不同而存在着一定的差异。一般早熟肉牛品种比奶牛成熟早 0.5 年左右,黄牛又比奶牛晚 0.5～1 年,水牛比黄牛晚 1 年。当然,影响鉴别准确性的因素还有很多,如环境条件、饲料性质、营养状况、生活习性、牙齿的形状、排列方式等。因此,鉴别时要充分考虑它们的影响,尽量减小鉴定的误差。

(二)角轮鉴定法

角轮是角表面的凹陷形成的环形痕迹,从角的基部开始逐渐向角尖方向形成。角轮是由于营养不足,角部周围组织未能充分发育而形成的。

母牛每产一次犊即出现一个角轮。故由角轮数目的多少,便可判断母牛的年龄。一般计算的方法是:

$$母牛年龄(岁)=第一次产犊年龄+角轮数目$$

通常母牛多在 2.5 岁或 3 岁首次产犊,故将角轮的总数加 2.5 或 3(早熟牛加 2.5,晚熟牛加 3),即得出该牛的实际年龄。

在种公牛和阉牛的角上,一般是没有角轮的,但在营养条件差时也会出现角轮。而且多出现在冬季。牛角不是一出生就有的,故其计算的方法为:

$$公(阉)牛年龄(岁)=角轮数+1$$

但这种方法并不十分准确可靠,由于母牛流产、饲料不足、空怀及疾病等原因,角轮的深浅、宽窄都不一样。因此,在鉴别时,不仅用眼观察角轮的深浅与距离,用手摸角轮的数目,而且还要根据角轮的具体情况,判断该牛的年龄。故用此法误差较大,只能作为参考。

 任务3 牛的生产性能评定

一、奶牛产奶性能的测定

奶牛产奶性能指标主要有个体产奶量、群体产奶量、乳脂率、乳蛋白率、饲料转化率等。现将有关评定指标及计算方法介绍如下:

(一)个体产奶量

1.测定方法

(1)每天实测:是在每头牛每次挤奶后称量登记(机挤),每天计算,每月统计,年终或泌乳期结束进行总和。目前,在设施现代化的奶牛场,每日产奶量由电脑信息管理系统记录并储存。

(2)估测:产奶量的估测在国外较为普遍。我国奶协推荐每月测 3 d,每次间隔 9～11 d(多采用 10 d),由此来估测每月和整个泌乳期的产奶量。其计算公式为:

$$月产奶量(kg)=(M_1 \times D_1)+(M_2 \times D_2)+(M_3 \times D_3)$$

式中:M_1、M_2、M_3 为月内 3 次测定日全天产奶量;D_1、D_2、D_3 为当次测定日与上次测定日间隔天数。

2. 计算

(1)305 d产奶量:根据中国奶牛协会规定,个体牛一个泌乳期产奶量以305 d的产奶量为统计标准。即自产犊后泌乳第1天开始累加到305 d止的总产奶量。如果泌乳期不足305 d者,用实际奶量,并注明产奶天数;如果超过305 d,超出部分不计算在内。

(2)305 d校正产奶量:又叫305 d标准乳量。为了满足奶牛育种工作的需要,经过广泛研究,中国奶牛协会制定了统一的校正系数表,使用240~370 d产奶量记录的奶牛可统一乘以相应系数,获得理论的305 d产奶量。表中天数以5舍6进方法,如某牛产奶275 d,用270 d校正系数;产奶276 d,则用280 d校正系数。此外,奶牛的年龄和挤奶次数也是影响产奶量的一个重要因素,还应进行校正。其校正系数见中国奶牛协会统一规定的校正系数表(表4-38,表4-39)。

表4-38 泌乳不足305 d的校正系数

胎次	泌乳天数							
	240	250	260	270	280	290	300	305
1	1.182	1.148	1.116	1.036	1.055	1.031	1.011	1.000
2~5	1.165	1.133	1.103	1.077	1.052	1.031	1.011	1.000
6以上	1.155	1.123	1.094	1.070	1.047	1.025	1.099	1.000

表4-39 泌乳超过305 d的校正系数

胎次	泌乳天数							
	305	310	320	330	340	350	360	370
1	1.000	0.987	0.965	0.947	0.924	0.911	0.895	0.881
2~5	1.000	0.988	0.970	0.952	0.936	0.925	0.911	0.904
6以上	1.000	0.988	0.970	0.956	0.900	0.928	0.916	0.993

(3)全泌乳期实际产奶量:指产犊后泌乳第一天开始到干乳为止的累计产乳量。

(4)年度产奶量:是指1月1日至本年度12月31日为止的全年产奶量,其中包括干奶阶段。

(5)终生产奶量:母牛各个胎次的产乳量的总和。各个胎次泌乳量应以全泌乳期实际产乳量为准计算。

(二)群体产奶量

群体产奶量是衡量群体产奶性能的一项重要指标,它是具体反映一个场、一个地区、一个省、一个国家的饲养管理水平的一项综合指标。其有2种统计方法。

1. 成母牛全年平均产奶量

为进行成本核算,提高管理水平和总体效益,需要计算成母牛的全年平均产奶量,其公式如下:

$$成年母牛全年平均产奶量(kg/头) = \frac{全群全年总产奶量(kg)}{全年平均每天饲养成母牛头数(头)}$$

式中成母牛包括泌乳牛、干奶牛、转进或买进的成母牛,卖出或死亡以前的成母牛,以及其他 2.5 岁以上的在群母牛。将上述母牛在各月的不同饲养天数相加,除以 365 d,即可计算出全年平均每天饲养的成母牛头数;全群全年总产奶量是指全年中每头产奶牛在该年度内各月实际产奶量的总和。

2. 泌乳牛全年平均产奶量

计算公式如下:

$$泌乳牛全年平均产奶量(kg/头) = \frac{全群全年总产奶量(kg)}{全年平均每天饲养泌乳牛头数(头)}$$

牛群全年各月实际泌乳牛头日数累加,除以 365 d,即为全年平均每天饲养泌乳牛头数。泌乳牛全年平均产奶量较成母牛全年平均产奶量高,它反映了一个牛群的质量,也作为个体选种的一个重要指标。

(三)乳脂率

常规乳脂率测定,在各泌乳期内每月测定 1 次。为简化手续,中国奶牛协会提出,在奶牛的 1、3、5 胎进行乳脂率测定,每胎的第 2、5、8 个泌乳月各测 1 次。奶样根据每次挤奶量按比例采集,并将每次采集的奶样混合均匀,然后进行测定。测定乳脂率常用的方法有盖氏法和巴氏法,现已有专门的乳脂快速测定仪。

1. 平均乳脂率计算

采用 2、5、8 泌乳月测定乳脂率,一般用产后第 2 个泌乳月所测定的乳脂率(F_1)代表产后 1~3 泌乳月的乳脂率,产后第 5 个泌乳月所测定的乳脂率(F_2)代表产后 4~6 泌乳月的乳脂率,产后第 8 个泌乳月测定的乳脂率(F_3)代表产后第 7~9 个泌乳月的乳脂率,其平均乳脂率计算公式为:

$$平均乳脂率 = \frac{F_1 \times (1\sim3)泌乳月产奶量 + F_2 \times (4\sim6)泌乳月产奶量 + F_3 \times (7\sim9)泌乳月产奶量}{1\sim9 泌乳月总产奶量}$$

2. 4% 标准奶的计算

由于个体牛所产的奶,含脂率不尽相同,为了便于比较,需校正到统一含脂率。国际上一般以含脂率 4% 的乳作为标准乳(FCM),其校正公式为:

$$FCM = M \times (0.4 + 0.15F)$$

式中:M 为泌乳期产奶量(kg);F 为该期所测得的平均乳脂率(计算时直接代入% 前的数字)。

(四)饲料转化率

常用每千克饲料生产多少千克牛奶或生产 1 kg 牛奶需要多少千克饲料来表示。

(五)排乳性能

包括单位时间排乳量大小和乳房 4 个乳区排乳量的均衡性等。

1. 排乳速度

在机械化挤乳条件下,乳牛排乳速度对于劳动生产率的提高很有影响。据研究,至少包括4个方面的指标:完成挤乳的时间长短、平均排乳流量、挤乳过程中任一单位时间和2 min内挤出乳量。

2. 前乳房指数

指1头牛的前乳房的挤乳量占总挤乳量的百分率,一般范围在40%～46.8%。从理论上讲,该指数大了较好,说明前后乳区的发育更为匀称。

(六)产乳指数(MPI)

指成年母牛(5岁以上)一年(一个泌乳期)平均产乳量(kg)与其平均活重之比(表4-40),这是判断牛产乳能力高低的一个有价值的指标。

表4-40　不同经济类型牛(品种)产乳指数(MPI)值

经济类型	产乳指数(MPI)范围	经济类型	产乳指数(MPI)范围
(专门化)乳用牛	>7.9	肉乳兼用牛	2.4～5.1
乳肉兼用牛	5.2～7.9	肉(或役)用牛	<2.4

二、奶牛生产性能测定体系(DHI)

(一)DHI简介

DHI为英文Dairy Herd Improvement(奶牛场牛群改良计划)的缩写,也称牛奶记录体系,简称DHI。实质上是奶牛场由经验管理、被动管理转变为数据管理、主动管理,由传统管理实现现代管理的一次大变革。它是通过测试奶牛的奶量、乳成分、体细胞数,并收集有关资料,经分析后,形成的反映奶牛场配种、繁殖、饲养、疾病、生产性能等的信息,围绕这些信息可以进行有序、高效的生产管理,亦可为奶牛场饲养管理提供决策依据。DHI作为奶牛场饲养管理的有效工具,在国外奶牛业已应用了50多年,世界上奶牛业发达国家如加拿大、美国、荷兰、日本、瑞典等都有类似的专门组织,负责DHI测定,为奶户提供有偿服务。DHI业已成为世界奶牛业发展的方向。

我国DHI系统创立于1994年,由中国-加拿大奶牛综合育种项目与我国有关组织在上海、西安、杭州等地建立了牛奶监测中心实验室。1999年5月,中国奶协已经成立了全国DHI协作委员会,制定了DHI技术认可标准,实验室验收标准及采样标准等。

1. 组织形式

可根据不同的实际情况组织进行。具体操作就是购置乳成分测定仪、体细胞测定仪、电脑等仪器设备建立一个中心实验室。按规范的采样办法对每月固定时间采来的奶样进行测试分析,测试后形成书面的产奶记录报告。报告内容多达20多项,主要有产奶量记录、奶成分含量、每毫升体细胞数量等内容。

2. 测试对象和间隔

测试对象为具有一定规模(20头以上成母牛)愿意运用这一先进科技来管理牛群并提高

效益的牧场,国内所有奶牛场均可参加。采样对象是所有泌乳牛(不含 15 d 之内新产牛,但包括手工挤奶的患乳房炎牛),测试间隔 1 月 1 次(21～35 d/次),参加测试后不应间断,否则影响数据准确性。

3.工作程序

(1)取样方法:对参加 DHI 的每头牛每月采集奶样一次。每次采样总量为 40 mL。每天 3 次挤奶者早、中、晚采样比例为 4∶3∶3,两次挤奶的比例为 6∶4。

(2)注意事项:

①确保每头奶牛编号的唯一性,奶牛号与样品号对应一致。

②采样前先加入防腐剂(进口颗粒或重铬酸钾饱和液),备好其他必需用具。

③所取奶样应具有代表性,即充分混合奶样。

④每次取样完毕后,把样品箱放在阴凉干燥处,在样品箱外贴上标签,标明场名、采样时间、采样人和送达地。

⑤要求在采样前对采样员进行培训,按要求进行采样,保证数据准确可靠。

⑥在一般情况下,加防腐剂的奶样在常温下可保存 5～7 d。加防腐剂的奶样应防止误食。

(3)资料收集:新加入 DHI 系统的奶牛场,应事先填报表 4-41 给测试中心。已经进入 DHI 系统的牛场每月只需把繁殖报表、产量报表交付 DHI 测试中心。为防止混乱,要求产量报表按牛号大小顺序排列,或将奶量单、牛号顺序与样品号顺序保持一致。

表 4-41　进入 DHI 系统的奶牛所需资料表

牛号	生日	父号	母号	本胎产犊日	胎次	奶量	母犊号	母犊父号

(4)测定产奶量:按要求定期测定产奶量,所有测试工具都应定期进行校正。

(5)奶样分析:测试内容有乳蛋白率、乳脂率、乳糖率、干物质及体细胞数等。

(6)数据处理及形成报告:DHI 测试中心将奶牛场的基础资料输入计算机,建立牛群档案,并与测试结果一同经过牛群管理专用软件,与其他的有关软件进行数据加工处理形成 DHI 报表。另外还可根据奶牛场需要提供 305 d 产奶量排名报表、不同牛群生产性能比较报告、体细胞总结报告、典型牛只泌乳曲线报告、DHI 报告分析等报表或报告,为牛场管理者提供管理决策依据。

(二)DHI 提供的信息

DHI 提供了 20 多项数据信息,包括:序号、牛号、分娩日期、DMI(泌乳天数)、胎次、HTM(牛群产奶量)、HTACM(校正产奶量)、Prev. M(上次产奶量)、F%(乳脂率)、P%(乳蛋白率)、F/P(乳脂/蛋白比例)、SCC(体细胞计数)、Mloss(牛奶损失)、LSCC(线形体细胞计数)、PreSCC(前次体细胞计数)、LTDM(累计奶产量)、LTDF(累计乳脂量)、LTDP(累计蛋白量)、PeakM(峰值奶量)、PeakD(峰值日)、305 M(305 d 奶量)、Reproseat(繁殖状况)、Duedate(预产期)。

(三)DHI 的分析应用

每份 DHI 报告可以提供牛群群体水平和个体水平两个方面的信息。

1. 群体水平

即牛群的整体水平,主要包括以下几个方面:

(1)较理想的牛群泌乳天数为 150～170 d,如果牛群为全年均衡产犊,也就使得全年的产奶量均衡,DIM(泌乳天数)就应处于 150～170 d,这一指标可以显示牛群繁殖性能及产犊间隔。

(2)牛群平均理想胎次为 3～3.5 胎,是根据奶牛泌乳生理特点、胎次泌乳量的效益率和健康管理的水平提出来的,可以作为衡量一个奶牛场管理水平的依据。

(3)上次(月)乳量,指上次(月)测乳日的乳量,可说明该牛生产性能是否稳定。

(4)乳脂率和乳蛋白率可以提示营养状况。

(5)体细胞数是牛群乳腺健康水平的标志。

(6)体细胞数与泌乳天数,这两项结合使用,可以确定与乳房健康相关的问题在什么地方发生。

(7)体细胞数与奶量损失,即牛奶中体细胞数与产奶量损失密切相关。

(8)前次 SCC 与本次 SCC 比较,提供了管理变化和治疗效果的指示。

(9)与峰值奶量有关的分析应用,增加峰值奶量是重要的指标,峰值奶量每提高 1 kg,相当于一个胎次奶产量一胎牛提高 400 kg,二胎牛提高 270 kg,三胎以上提高 256 kg。限制峰值奶量的因素有奶牛膘情、后备牛的饲养、干奶牛和围产期饲养管理、泌乳早期提供营养不足(体重减少情况)、乳房炎发病及遗传等。

(10)305 d 产奶量,该指标是衡量一个奶牛场生产经营状况的指标。

2. 个体水平

一个奶牛场管理的好坏,应当从每头牛的情况着手管理。DHI 报告为实现对每头奶牛的管理提供了非常实用的信息。

对照检查每头牛前后两次测定的奶产量,可分析出其产奶量升降是否正常,如果异常应及时查找原因并采取补救措施;个体牛的 SCC 直接反映了牛只乳房的健康状况,对比前后两次 SCC 可发现防治措施是否有效。

三、肉牛生产性能的评定

(一)生长肥育期主要指标的计算

1. 初生重与断奶重

初生重是指犊牛被毛擦干,在未哺乳前的实际重量。断奶重是指犊牛断奶时的体重。肉牛一般都随母哺乳,断奶时间很难一致。因此,在计算断奶重时,须校正到统一断奶时间,以便比较。另外,断奶重除受遗传因素影响外,受母牛泌乳力影响也很大,故计算校正断奶重时还应考虑母牛年龄因素。计算公式:

$$校正断奶重 = \left[\frac{实际最后体重 - 初生重}{实际断奶天数} \times 校正断奶天数 + 初生重 \right] \times 母牛年龄因素$$

断奶天数多校正到 200 d 或 210 d。母牛年龄因素:2 岁为 1.15,3 岁为 1.10,4 岁为 1.05,5～10 岁为 1.00,11 岁以上为 1.05。

2. 断奶后增重

为了比较断奶后的增重情况,应采用校正的周岁(365 d)或1.5岁(550 d)体重。计算公式:

$$校正的 365\ d 体重 = \frac{实际最后体重-实际断奶体重}{饲养天数} \times (365-校正断奶天数)+校正断奶重$$

$$校正的 550\ d 体重 = \frac{实际最后体重-实际断奶体重}{饲养天数} \times (550-校正断奶天数)+校正断奶重$$

3. 平均日增重

计算日增重须定期测定各阶段的体重。计算公式:

$$日增重 = \frac{期末重-期初重}{期初至期末的饲养天数}$$

4. 饲料利用率

饲料利用率与增重速度之间存在着正相关,是衡量牛对饲料的利用情况及经济效益的重要指标。应根据总增重、净肉重及饲养期内的饲料消耗总量来计算每千克体重(或净肉重)的饲料消耗量,多用干物质或能量表示。计算公式:

$$\frac{增重 1\ kg 体重需饲料}{干物质(kg)或能量(MJ)} = \frac{饲养期内共消耗饲料干物质(kg)或能量(MJ)}{饲养期内净增重(kg)}$$

$$\frac{生产 1\ kg 肉需饲料}{干物质(kg)或能量(MJ)} = \frac{饲养期内共消耗饲料干物质(kg)或能量(MJ)}{屠宰后的净肉重(kg)}$$

(二)肥度评定

目测和触摸是评定肉牛肥育程度的主要方法。目测主要观察牛体大小、体躯宽窄和深浅度,腹部状态、肋骨长度和弯曲程度以及垂肉、肩、背、腰角等部位的肥满程度。触摸是以手触测各主要部位的肉层厚薄和脂肪蓄积程度。通过肥度评定,结合体重估测,可初步估计肉牛的产肉量。

肉牛肥度评定分为5个等级,标准见表4-42。

表 4-42　肉牛宰前肥度评定标准

等级	评定标准
特等	肋骨、脊骨和腰椎横突都不明显,腰角与臀端呈圆形,全身肌肉发达,肋部丰满,腿肉充实,并向外突出和向下延伸
一等	肋骨、腰椎横突不显现,但腰角与臀端未圆,全身肌肉较发达,肋部丰满,腿肉充实,但不向外突出
二等	肋骨不甚明显,尻部肌肉较多,腰椎横突不甚明显
三等	肋骨、脊骨明显可见,尻部如屋脊状,但不塌陷
四等	各部关节完全暴露,尻部塌陷

(三)屠宰测定

1. 屠宰指标测定

(1)宰前活重:称取停食 24 h,停水 8 h 后临宰前体重。

(2)宰后重:称取屠宰放血后的重量或宰前重减去血重。

(3)血重:称取屠宰放出血的重量,即宰前活重与宰后重之差。

(4)胴体重:称取屠体除去头、皮、尾、内脏器官、生殖器官、腕跗关节以下四肢而带肾脏及周围脂肪的重量。

(5)净肉重:称取胴体剔骨后的全部肉重。

(6)骨重:称取胴体剔除肉后的全部重量。

2. 胴体测定

测量方法见图 4-18。

(1)胴体长:自耻骨缝前缘至第 1 肋骨前缘的长度。

(2)胴体深:自第 7 胸椎棘突体表至第 7 胸骨体表的垂直深度。

(3)胴体胸深:自第 3 胸椎棘突的胴体体表至胸骨下部体表的垂直深度。

(4)胴体后腿围:在股骨与胫腓骨连接处的水平围度。

(5)胴体后腿长:耻骨缝前缘至跗关节的中点长度。

(6)胴体后腿宽:去尾的凹陷处内侧至同侧大腿前缘的水平距离。

(7)大腿肌肉厚:大腿后侧胴体体表至股骨体中点垂直距离。

(8)背脂厚:第 5~6 胸椎处的背部皮下脂肪厚。

(9)腰脂厚:第 3 腰椎处皮下脂厚。

3. 屠宰指标计算

(1)屠宰率:

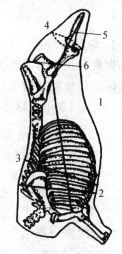

图 4-18 胴体测量示意图
1. 胴体长 2. 胴体胸深
3. 胴体深 4. 胴体后腿围
5. 胴体后腿长 6. 胴体后腿宽

$$屠宰率 = \frac{胴体重}{宰前活率} \times 100\%$$

肉用牛的屠宰率为 58%～65%,兼用牛为 53%～54%,乳用牛为 50%～51%。肉牛屠宰率超过 50% 为中等,超过 60% 为高指标。

(2)净肉率:

$$净肉率 = \frac{净肉重}{宰前活率} \times 100\%$$

良种肉牛在较好的饲养条件下,育肥后净肉率在 45% 以上。早熟种、幼龄牛、肥度大和骨骼较细者净肉率高。

(3)胴体产肉率:

$$胴体产肉率 = \frac{净肉重}{胴体重} \times 100\%$$

胴体产肉率一般为 80%～88%。

(4)肉骨比:又称产肉指数。

$$肉骨比 = \frac{净肉重}{骨重}$$

肉用牛、兼用牛、乳用牛的肉骨比分别为 5.0、4.1 和 3.3。肉骨比随胴体重的增加而提高,胴体重 185～245 kg 时,肉骨比为 4∶1,310～360 kg 时为 5.2∶1。

(5)眼肌面积:眼肌面积是评定肉牛生产潜力和瘦肉率大小的重要技术指标之一。它是指倒数第一和第二肋骨间脊椎上背最长肌(眼肌)的横截面积(单位:cm²)。

测定方法是:在第 12、13 肋骨间切开,在第 12 肋骨后缘用硫酸纸将眼肌面积描出,用求积仪或方格透明卡片(每格 1 cm²)计算出眼肌面积。

 # 任务 4　牛的选种方法及引种

一、牛的选种

(一)种公牛的选择

选择种公牛,主要依据外貌、系谱、旁系和后裔等几个方面的材料进行选择。

1. 外貌选择

种公牛的外貌等级不低于一级,种子公牛要求特级。

2. 系谱选择

种公牛的系谱必须记录翔实,至少 3 代以上清楚。

3. 旁系选择

对遗传力中等偏低的性状(如产乳量),比根据母亲的表型值选留更为可靠。

4. 后裔测定

种公牛后裔测定,是选择优良种公牛的主要手段和最可靠的方法。后裔测定方法,以奶牛为例,根据中国奶牛协会育种专业委员会 1992 年 10 月制定的《中国荷斯坦牛种公牛后裔测定规范(试行)》(此规范已由农业部作为法规发布)。

参加后裔测定的公牛一般 16～18 月龄采精,冷冻 1 000 头份,并集中在 3 个月内完成随机配种,应至少配孕母牛 100 头以上,其女儿的分布必须跨越省界并总共不少于 10 个牛场,分布场数越多越好。被测公牛的全部女儿满 15～18 月龄进行配种,待其分娩产奶后详细记录生产性能和外貌鉴定成绩。被测公牛的女儿在完成第一个泌乳期后,应及时汇总资料并公布后裔测定结果。

(二)母牛的选留与淘汰

1. 犊牛及青年母牛的选择

为了保持牛群高产、稳产,每年必须选留一定数量的犊牛、青年母牛。为此必须淘汰不符合要求的母牛,每年选留的母犊牛不应少于产乳母牛的1/3。

对初生小母牛以及青年母牛,首先是按系谱选择,即根据所记载的祖先情况,估测来自祖先各方面的遗传性。按系谱选择犊牛及青年母牛,应重视最近三代祖先。因为祖先愈近,对该牛的遗传影响愈大,反之则愈小。系谱一般要求三代清楚,即应有祖代牛号、体重、体尺、外貌、生产成绩。

按生长发育选择,主要以体尺、体重为依据,其主要指标是初生重,6月龄、12月龄体重、日增重,第一次配种及产犊时的年龄和体重,有的品种还规定了一定的体尺标准。犊牛出生后,6月龄、12月龄及配种前按犊牛、青年牛鉴定标准进行体型外貌鉴定。对不符合标准的个体应及时淘汰。

新生犊牛有明显的外貌与遗传缺陷,如失明、毛色异常、异性双胎母犊等,应及时淘汰。在犊牛发育阶段出现四肢关节粗大,姿势异常,步伐不正常,体型偏小,发育不良,也应淘汰。育成牛阶段有垂腹、卷腹、弓背或凹腰、生长发育不良,青年牛阶段有繁殖障碍、不发情、久配不孕、易流产和体型有缺陷等诸多现象,应一律淘汰。

2. 生产母牛的选择

生产母牛主要依据其本身表现进行选择,包括产乳性能、体质外貌、体重与体型大小、繁殖力(受胎率、胎间距等)及早熟性和长寿性等性状。最主要的是根据产乳性能进行评定,选优去劣。

(1)产奶量:要求成年母牛产奶量高。将产奶量高的母牛选留,产奶量低的母牛淘汰。因为头胎母牛产奶量和以后各胎次产奶量呈显著正相关,所以,从头胎母牛产奶量即可基本确定牛只生产性能优劣。以后各胎次母牛,除产奶因素外,有病残情况的应淘汰。

(2)乳品质:除乳脂率外,乳中蛋白质含量和非脂固体物含量也是很重要的性状指标。这些性状的遗传力都较高,通过选择容易见效。而且乳脂率与乳蛋白含量之间呈中等正相关,与其他非脂固体物含量也呈中等正相关。这表明,在选择高乳脂率的同时,也相应地提高了乳蛋白及其他非脂固体物的含量,达到一举两得之效。但在选择乳脂率的同时,还应考虑乳脂率与产奶量呈负相关,不能顾此失彼。

(3)繁殖力:繁殖力是生产性能表现的主要方面之一。因此,要求成年母牛繁殖力高、产犊多。对有繁殖障碍且久治不愈的母牛,应及时处理。

(4)饲料转化率:饲料转化率是奶牛的重要选择指标之一。在奶牛生产中,通过对产奶量直接选择,饲料转化率也会相应提高,可达到直接选择70%～95%的效果。

(5)排乳速度:排乳速度与整个泌乳期的总产量之间呈中等正相关(0.571)。排乳速度多采用排乳最高速度(排乳旺期每分钟流出的奶量)来表示。排乳速度快的牛,有利于在挤奶厅中集中挤奶,可提高劳动生产率。根据奶牛品种及其选育目标,确定排乳速度的选择标准。

(6)前乳房指数:生产中,应选留前乳房指数接近50%的母牛。

(7)泌乳均匀性的选择:产乳量高的母牛,在整个泌乳期泌乳稳定、均匀,下降幅度不大,产乳量维持在很高的水平。奶牛在泌乳期泌乳的均匀性,一般可分为以下三个类型:

①剧降型。这一类型的母牛产奶量低,泌乳期短,但最高日产量较高。

②波动型。这一类型泌乳量不稳定,呈波动状态。乳量也不高,繁殖力也较低,适应性差,不适宜留作种用。

③平稳型。本类型牛在牛群中最常见,泌乳量下降缓慢而均匀,产乳量高。一般在最初 3 个月占总产乳量的 36.6%;第四、五、六个月为 31.7%;最后几个月为 31.7%。这一类型牛健康状况良好,繁殖力也较高,可留作种用。

(三)冻精选择

根据当地或牛场的实际需要,全面审查种公牛的系谱资料,准确的选择冻精。

二、牛的引种

牛的引种是指将区外(省外或国外)牛的优良品种、品系或类型引入本地,直接推广或作为育种材料。近年随着我国商品乳牛、肉牛生产迅速发展的需要,引种是很普遍的,解决好引种的技术问题具有重要的现实意义。将本地(本省或本国)原来没有的品种牛从其他繁育地引进到本地来繁殖或用来改良本地牛品种,以提高本地牛的生产性能称为活体引种。在人工授精技术广泛应用的地区和有条件进行冷冻胚胎移植的地区,也可从外地将牛的冷冻精液或胚胎引入到本地使用或移植,以与本地母牛杂交或繁殖。引入品种牛的种质也是属于引种范畴,可以称这种方式为细胞引种。

对于种牛的引入,牛场和养殖户应该结合自身的实际情况,根据引种计划,确定所需品种和数量,有选择性的购进能提高本场牛群生产性能、满足自身要求,健康状况良好的优良个体。如果是加入核心群进行育种,应购买经过生产性能测定的种公牛或种母牛。新建牛场应从所建牛场的生产规模、产品市场和牛场未来发展的方向等方面进行综合考虑,确定所引种牛的数量、品种和等级,是活体引种、冻精(或胚胎)引种,还是细胞引种。

(一)引种准备

1. 制定引种计划

主要是确定引入的品种、数量、等级及引种人员、资金、时间、运牛车辆、圈舍消毒、饲料、疫苗和运输方式等,应根据牛场性质、规模或场内牛群血缘更新的需求来确定。引进新的品种要有明确的目的,是要引进乳用、肉用还是乳肉兼用牛,不可盲目从事。所要引进的牛有什么优缺点,能否适应引进地区的生态条件,饲养上有什么特殊要求;与本地牛品种比较,有什么特征可取,又有什么缺点需要提防等,都要仔细研究,心中有数。

2. 确定目标牛场

选择适度规模、信誉度高、并有当地畜牧主管部门颁发的种畜禽生产经营许可证、有足够的供种能力且技术服务水平较高的种牛厂;选择厂家时,应把牛的健康状况放在第一位,必要时在购种前进行采血化验,合格后再进行引种;种牛的谱系要清楚,并具有完整翔实的育种记录;选择售后服务好的厂家,尽量从同一牛场选购,多场采购会增加带病的风险;确定引种厂家,应在间接进行了解或咨询后,再到厂家与销售人员实地了解情况。

3. 种牛隔离饲养

种牛入场前应将隔离舍彻底冲洗、消毒,配备专门饲养管理人员,并且至少空舍 7 d 以上。种牛入场后至少隔离饲养一个月,切实做好饲料、环境、防疫等方面的安全过渡。

(二)引种技术要点

1. 品种的选择

对引入品种要掌握其外貌特征、饲养管理要点和抗病能力,符合品种标准质量要求。引进奶牛时既要考虑奶牛的体型外貌,又要考虑奶牛的产乳量、乳品质及适应性。引进肉牛时既要考虑肉牛的生长速度,缩短出栏时间和提高出栏体重,又要考虑育肥牛的肉质。肉牛引种时首先可从良种肉牛站购进西门塔尔、利木赞、夏洛来、海福特等国外牛与地方牛的杂交良种牛。其次可选择国内地方黄牛中体型大、肉用性能好的地方优良品种牛或培育品种牛,如陕西省渭南市临渭区的秦川牛、河南省南阳县的南阳牛等。

2. 体型外貌的选择

选择引进牛只时应由有经验的技术人员根据引进品种牛只的外貌鉴定特点,选择外貌优良,年轻健康的牛只。如引进荷斯坦奶牛时,其体型外貌应符合本品种特征,发育良好,毛色呈黑白斑块,界线分明。不含全黑、全白牛。母牛的生殖系统发育正常,没有赫尔尼亚等遗传缺陷。乳房、身躯及四肢等无缺陷。无角,无断尾,无体癣或体外寄生虫,乳房发育良好,没有多余乳头。

3. 资料记录翔实

引进的牛只应有详细的系谱资料及出生记录,作为以后生长预计及选种选配的基础资料。成年奶牛应有生产记录,越详细越好。妊娠母牛应有配种记录,计算预产期及产奶日期。如果对牛只妊娠情况有要求,还需要技术人员重新做妊娠检查,确定牛只是否带犊及胎儿大小。引进的牛只应有详细的预防接种记录,然后进行群体或个体检疫。

4. 严格执行动物检疫制度

牛场和养牛户选购牛只时,应选择非疫区的正规牛场引进牛只。选择好目标牛后应先隔离饲养,检查牛只健康记录和免疫接种记录及检疫记录,并经当地动物检疫部门检疫合格,取得检疫证明。

检疫可按照国家颁发的《家畜家禽防疫条例》中有关规定执行。必须对口蹄疫、结核病、布氏杆菌病、蓝眼病、红眼病、地方流行型牛白血病、副结核病、肉牛传染性胸膜肺炎、牛传染性鼻气管炎和黏膜病进行检疫。从国外引进牛只还应了解引进目的国和我国海关的相关检疫要求,符合我国《进出境动植物检疫法》,开具中华人民共和国入境货物检验检疫证明。

5. 适应当地的生产环境

牛场引种时要对引进的牛品种产地的饲养方式、气候和环境条件进行分析,并与引进地进行比较。综合考虑本场与供种场在地域大环境和牛场小环境上的差别,认真做好环境的适应性过渡,尽可能使本场的饲养管理环境和供种场相一致。

(三)引种运输

选好的种牛应及时运输,以便尽快发挥作用。运输工具和饲养用具必须在装载前清扫、刷洗和消毒。装运前对运输车辆的要求:①车辆有高护栏,整车栏板牢固;②两侧栏杆间隔不大于 10 cm;③车辆配备遮阳棚和防雨篷布;④车厢铁底板结实无漏洞,铺 10 cm 厚细沙或干草;⑤彻底消毒,经动物检疫部门检查合格,并取得检疫部门的动物运输工具消毒证明(如果是铁路运输,还应有铁路兽医检疫证明)。装运牛只时,必须经过当地动物防疫监督机构实施检疫,并取得合格的检疫证明,保证引进的牛只健康无疫,方可启运。运输线路应尽量避开疫区,运输途中若必须经过疫区应避免在疫区停留和装填草料、饮水及其他相关物资。驾驶员应认真、谨慎驾驶,不急刹车、急转弯、违章。押解员应经常观察牛的健康状况,发现异常及时与当地动物防疫监督机构联系,按有关规定处理。如果运输路途较远,运输牛只应先供应优质饲料和充足饮水。

(四)入场管理

(1)新引进的种牛到达目的地后,必须进行全身消毒和驱虫后,方可进入场内,但应先饲养在隔离舍进行 30～45 d 的观察饲养。隔离舍应与原有牛场保持 200～300 m 以上的距离,隔离舍饲养员不能与原牛场人员交叉活动。

(2)新引进的种牛要按年龄、性别分群饲养,对受伤、应激反应严重等情况的牛只,进行单栏饲养,及时治疗。

(3)入场后先给牛只提供优质干草和清洁的饮水,休息 6～12 h 后少量饲喂优质干草,第二天开始再逐渐增加饲草料喂量,5～7 d 后转入正常饲喂。为增强牛只抵抗力,缓解应激反应,可在饲料中加入抗生素和电解多维等。

(4)引进的种牛在隔离期间应严格进行群体、个体检疫。隔离饲养阶段结束前要根据实际情况对新引进的种牛进一步免疫接种和驱虫保健。

(5)为保证引进的种牛与原有牛群的饲养管理条件相适应,可以采取以下两种办法:一是利用引进牛场和原有牛场的饲料逐渐过渡,交叉饲喂;二是隔离舍的环境条件应尽可能保持与期初引种牛场的条件相似。

经过隔离观察饲养没有发现异常,隔离期结束后,进一步确认引进种牛体质健康、无传染病后,对该批种牛进行体表消毒,即可并入大群饲养。

 任务5 牛的选配方式及杂交

一、选配的意义和作用

有目的地将选出的优秀公母牛进行交配组合,以生产高质量后代的过程叫做选配。选配是在鉴定和选种的基础上进行的,选种的效果要通过选配来实现,所以选种选配是牛的育种工作不可分割的环节。根据鉴定结果,特别是后裔鉴定的结果来组织公母牛的交配组合,可使双亲优良的特性、特征和生产性能组合到后裔身上,可以巩固选种的结果。因此,选配是选种工作的继续。通过选配可以改变牛群体的遗传结构;稳定遗传性,使理想的性状固定下来;使变异加强,正确的选配对牛群及品种的改良具有重要的意义。

二、选配原则

在选配和制定计划时,应遵循以下基本原则:
(1)要根据育种目标综合考虑,加强优良特性,克服缺点。

（2）尽量选择亲和力好的公、母牛进行交配,应注意公牛以往的选配结果和母牛同胞及半同胞姊妹的选配效果。

（3）公牛的综合品质必须优于母牛;应充分发挥特、一级种公牛的作用,二、三级公牛一般不留作种用。

（4）有相同缺点或相反缺点的公、母牛不能选配。有某些缺点和不足的母牛,必须选择在这方面有突出优点的公牛配种。

（5）慎重采用近交,但也不绝对回避。采用亲缘选配时应避免盲目和过度。

（6）搞好品质选配,根据具体情况选用同质选配或异质选配。

三、选配方式

选配可分为品质选配和亲缘选配两种。

（一）品质选配

品质选配亦称表型选配。是以个体本身品质的表型作为选配依据。又可分为同质选配和异质选配。

1. 同质选配

同质选配是指选择性状特点相似、性能表现一致或育种值相近的优秀公、母牛交配,以期获得与亲代品质相似的优秀后代,如选用体型大的公牛与体型大的母牛配种,使后代得以继承体型大的特性。同质选配的作用主要是使亲本的优良性状稳定地遗传给后代,使优良性状得以保持与巩固,这也是"以优配优"的选配原则。同质选配也可使有害基因得到纯合,出现适应性差,生活力低的子代。因此要注意加强选择,淘汰体质衰弱或有遗传缺陷的个体。

2. 异质选配

异质选配是选择具有不同优异性状或同一性状但优劣程度不同的公、母牛进行交配。其包含两种情况:一种是选择具有不同优异性状的公、母牛交配,以期将两个优异性状结合在一起,获得兼有双亲不同优点的后代,创造一个新的类型。另一种是选择同一性状但优劣程度不同的公、母牛交配,以公牛的优点纠正或克服与配母牛的缺点或不足。用特、一级公牛配二级以下母牛即具有异质选配的性质。也就是"公优于母"的选配原则。如选择体型大、肉用体型结构好的公牛与体型偏小、肉用体型结构稍差的母牛交配,使其后代体格增大,同时体型结构有所改善。另外,我国利用黄牛和奶牛的杂交后代与荷斯坦牛进行选配,从而提高了产奶量,还改善了乳用牛体型和乳房结构。异质选配的作用主要是综合或集中亲本的优良性状,丰富后代的遗传基础,创造新的类型,提高后代的适应性和生活力。

同质选配和异质选配是相对的,二者在生产实践中是互为条件、相辅相成的。两者不能截然分开,只有将两者密切配合,交替使用,才能不断提高和巩固整个牛群的品质。

（二）亲缘选配

亲缘选配是指具有一定血缘关系的公、母牛之间的交配。按血缘关系的远近可分为近交和远交。

近交是指亲缘关系近的公、母牛间交配,交配双方到共同祖先的总代数在 6 代之内者。反之则为远交。近交可增加纯合基因和固定优良性状,而减少杂合基因,使亲代的优良性状在后代中得到迅速固定,同时可使隐性有害基因暴露出来而加以淘汰。所以近交的效应一方面使群体分化而选育出性状优良的纯系;另一方面也可导致缺陷或致死性状出现。盲目和过分的近亲繁殖会产生一系列不良后果,除生活力下降外,繁殖力、生长发育、生产性能都会降低,表现出近交衰退现象。

四、牛的选配计划

拟定选配计划以前,首先应审查公牛系谱、生产性能、外貌鉴定、后裔测定资料(包括各性状的育种值,体型线性柱形图及公牛女儿体型改良的效果)和优、缺点等。然后考虑本场牛群基本情况,绘制牛群血统系谱图,进行血缘关系分析。并对牛群生产水平与体型按公牛、胎次、年度等进行分析,并且以前(或上一个世代)比较,从而提出需要改进的具体要求和指标。同时,分析历年来牛群中优秀的公、母牛个体,选出亲和力最好的优秀公、母牛组合。如果过去的选配效果良好,即可采用重复选配;对已证明过去选配效果不理想的个体,要及时进行适当调整;对没有交配过的母牛,可参照同胞姊妹和半同胞姊妹的选配方案进行,也可作为初配母牛进行选配。然后拟定选配方案,做好奶牛的选配计划表(表 4-43),并严格实施。

表 4-43　奶牛的选配计划表

母牛				与配公牛				亲缘关系	选配目的	备注
牛号	品种	等级	特点	牛号	品种	等级	特点			

五、牛的杂交改良

我国黄牛和水牛虽然具有适应性强、耐粗饲等优点,但乳、肉性能都不高。牛的改良须采用本品种选育提高和杂交改良相结合的方法,并因牛因地制宜。

(一)黄牛的改良与新品种的形成

主要采用的杂交方法如下。

1. 引入杂交

当一个品种已具备多方面的优良性状,其性能已基本符合育种要求,只有在某一方面还存在个别缺点,并且用本品种选育的方法又不能使缺点得以纠正时,就可利用具有这些方面优点的另一品种公牛与之交配,以纠正其缺点,使品种特性更加完善,这种方法称作引入杂交。

引入杂交的模式是,用所选择的引入品种的公牛配原品种母牛,所产杂种一代母牛与原品种公牛交配,一代公牛中的优秀者也可配原品种母牛,所得含有 1/4 导入品种血统的第二代,就可进行横交固定;或者用第二代的公母牛与原品种继续交配,获得含导入品种血 1/8 的杂种个体,再进行横交固定。因此,引入杂交的结果在原品种中引入品种血含量一般为 1/4~1/8。

中国良种黄牛在传统上普遍存在尻部尖斜、股部肌肉欠充实、乳房发育较差等缺陷。为了迅速改进这些缺陷,进一步提高其产肉性能,各品种育种组织根据各自的具体情况和育种方向,引用适当的国外品种对本品种进行导入杂交,取得了较理想的效果。

2. 级进杂交

级进杂交是利用高产品种的公牛与低产品种的母牛一代一代地交配(杂种后代都与同一

品种的不同个体公牛交配)。这种方式杂交一代可得到最大的改良。随着级进代数的增加,杂种优势逐渐减弱并趋于回归。因此,级进杂交并非代数越高越好。实践证明,级进至3~4代较好。级进三代并加以固定可育成新品种。

3. 育成杂交

育成杂交是用2~3个以上的品种来培育新品种的一种方法。这种方法可使亲本的优良性状结合在后代身上,并产生原来品种所没有的优良品质。育成杂交可采取各种形式,在杂种后代符合育种要求时,就选择其中的优秀公母牛进行自群繁育,横交固定而育成新的品种。育成杂交在某种程度上有其灵活性,例如在后代杂种牛表现不理想时,就可根据它们的特征、特性与自然条件来决定下一步应采取何种育种方式。

(二)商品肉牛杂交生产

1. 经济杂交

经济杂交有两种:一是简单经济杂交,即两个品种之间的杂交,又称二元杂交,所产杂种一代,不论公母均不留作种用,全部作商品用。二是复杂经济杂交,即三个或三个以上品种之间杂交,杂交后代亦全部作商品用。如三品种牛作经济杂交时,甲品种与乙品种牛杂交后产生杂种一代,其母牛再与丙品种公牛杂交,所产生的杂种二代,不论公母,一律作商品牛用。对于杂种一代公牛也均作肉牛处理。其目的是为了利用杂交一代的杂种优势。如夏洛来牛、利木赞牛、西门塔尔牛等与本地牛杂交后代的肥育。

2. 轮回杂交

轮回杂交是用两个或两个以上品种的公母牛之间不断地轮流杂交,使逐代都能保持一定的杂种优势。杂种后代的公牛全部用于生产,母牛用另一品种的公牛杂交繁殖。据报道,两品种和三品种轮回杂交可分别使犊牛活重平均增加15%和19%。

3.“终端”公牛杂交

“终端”公牛杂交用于肉牛生产,涉及3个品种。即用B品种的公牛与A品种的母牛配种,所生杂一代母牛(BA)再用C品种公牛配种,所生杂二代(ABC)无论雌雄全部育肥出售。这种停止于第三个品种公牛的杂交就称为“终端”公牛杂交体系。这种杂交体系能使各品种的优点相互补充而获得较高的生产性能。

4. 轮回-“终端”公牛杂交

这种方式是轮回杂交和“终端”公牛杂交体系的结合,即在两品种或三品种轮回杂交的后代母牛中保留45%继续轮回杂交,以作为更新母牛之需;另55%的母牛用生长快、肉质优良品种的种公牛(“终端”公牛)配种,以期获得饲料利用率高、生产性能更好的后代。据报道,两品种和三品种轮回的“终端”公牛杂交体系可分别使犊牛平均体重增加21%和24%。

(三)奶牛的纯种繁育与杂交改良

在奶牛生产中,主要采用纯种繁育,也经常采用杂交改良方式,以提高奶牛质量。

1. 纯种繁育

纯种繁育简称“纯繁”,是指同品种内公、母牛的繁殖和选育,可以使品种的优良品质和特性在后代中更加巩固和提高。例如,各国荷斯坦牛由于采用了“纯繁”,不仅更适合各国的气候条件,而且产奶量也比20世纪30年代几乎提高1倍,乳脂率由3.2%提高到3.6%。

　　(1)近亲繁育:凡有亲缘关系的公、母牛进行交配,称近亲繁殖。近亲繁殖可增加基因纯合。亲缘系统越近的个体间交配,基因纯合的概率越大。通过近亲繁殖可使优良基因的纯合集中于某些个体,从而获得品质优异的理想型个体。反之,近亲繁殖也可以使一些有害隐性基因由于纯合而暴露出来,以致产生退化现象。所以,近亲繁殖可以创造和培育优良个体,同时也应淘汰不良个体,以便在改变牛群基因频率的基础上,逐步提高育种的水平。

　　(2)品系繁育:品系是指品种内具有相似特点,而又来源于同一优良种公牛的牛群。品系繁育比近亲繁殖应用较广,是比较保险的一种近亲繁育方法,但品系繁育需要的时间长。

　　2. 杂交改良

　　杂交改良的目的是利用杂交优势,提高奶牛生产性能。国内外资料表明,杂交改良是迅速提高低产品种奶牛生产性能的有效方法。在奶牛生产上应用较广的杂交改良方法如下。

　　(1)引入杂交:为了纠正某奶牛品种(或牛群)的个别缺点,引入另一奶牛品种进行杂交。近年来,我国曾多次从美国、加拿大引进荷斯坦牛种公牛与本国荷斯坦母牛进行交配。结果表明,后代产奶量、乳房形状、排乳速度和前乳房指数均有较大改进。目前在许多奶牛生产发达国家间,也定期的交换部分公牛精液。这种双向的导入杂交,其目的已不仅是纠正缺点,而是扩大群内的遗传变异幅度。

　　(2)级进杂交:用高产乳用品种种公牛与低产品种母牛逐代进行杂交,一直达到彻底改造低产品种为目的。各代杂种母牛,随着杂交代数的增加,含高产品种血液也逐代增加。一般级进到3～4代,其杂种通常称高代杂种。高代杂种与纯种几乎已无差异。有的国家对四代以上的杂种母牛,即按纯种对待。采用级进杂交,必须为杂种牛创造良好的饲养管理条件,以使其优良遗传性状获得充分发挥。对公牛的选择必须慎重,以保证杂交改良的成功。

任务6　牛的发情鉴定及适配

　　繁殖技术是养牛生产中的一个非常重要的环节,在奶牛生产中表现更为突出,良好的繁殖性能是实现母牛稳产高产的重要基础条件。

一、发情

　　不同品种的母牛发情周期有共性,亦有个性,因此必须了解其各自的特点,分别采取不同的管理措施,才能达到提高繁殖率的目的。不同品种母牛发情周期的有关参数见表4-44。

表4-44　不同品种母牛发情周期的有关参数

项目	黄牛	奶牛	水牛
初情期	6～8月龄	8～12月龄	12～15月龄
性成熟	12～14月龄	12～14月龄	15～20月龄
产后发情	产后30 d(10～110 d)	产后30 d(10～110 d)	产后75 d(35～180 d)
发情持续期	30 h(12～30 h)	18 h(12～30 h)	21 h(17～24 h)

续表4-44

项目	黄牛	奶牛	水牛
排卵时间	发情开始后28 h（26～32 h）	发情开始后28 h（26～32 h）	发情开始后32 h（18～45 h）
发情周期	21 d（18～24 d）	21 d（18～24 d）	21 d（18～24 d）
发情季节	常年	常年	常年

二、发情鉴定

在牛的繁殖过程中，发情鉴定是一个重要的技术环节。正确的发情鉴定可进行适时输精，判断母牛的发情阶段以及发情是否正常，发现疾病并及时治疗，从而达到提高母牛利用率的目的。

（一）外部观察法

1. 观察方法

主要根据母牛的外部表现和精神状态判断牛是否发情。外部观察主要从五个方面进行，即全身反应（如精神状态是否兴奋不安、食欲是否减退）、外生殖器官变化、分泌物状况、行为变化、生产力等进行综合分析和判定。检查者在早（4～6时）、中（10～12时）、晚（19～21时）分别观察牛只在舍内、运动场表现，并认真记录。

2. 主要征兆

母牛发情时，表现为精神兴奋不安、哞叫、食欲减退、爬跨或接受其他母牛的爬跨，泌乳量下降，并作弯腰弓背姿势，频频排尿，外阴充血肿胀。以上表现随发情进展，由弱到强。待发情近结束时，又逐渐减轻并恢复正常。发情初期从阴门流出的黏液量少而稀薄；盛期黏液量多而浓稠，流出体外呈纤缕状或玻璃棒状；发情后期黏液量减少，混浊而且浓稠，最后黏液变为乳白色，似浓炼乳状，常黏于阴唇、尾根和臀部并形成结痂。母牛发情时，最明显的特征是爬跨行为（图4-19），发情初期，发情母牛追逐或爬跨其他母牛，但发情母牛不愿接受其他母牛的爬跨；发情盛期时，发情母牛则接受其他母牛的爬跨，表现站立不动，举尾、后肢叉开，由于公牛或其他母牛多次爬跨，往往在发情母牛背腰和尾部留有泥垢，被毛蓬乱；在发情末期，虽有公牛

图 4-19 母牛发情时的爬跨行为
（耿明杰．2013．动物繁殖技术）

和母牛尾随，但发情母牛不再接受爬跨，并逐渐变得安静。通过外观初步确认发情者，再用其他方法做进一步检查，最终判定发情与否及发情阶段，确定最佳的输精时间。

(二)试情法

利用输精管结扎的公牛或阴茎改道或切除阴茎的公牛试情,可观察到公牛紧随发情母牛,效果较好。另一种做法是将一半圆形的不锈钢打印装置,固定在皮带上,然后像驾具一样,牢牢戴在公牛的下颚部,当公牛爬跨发情母牛时,即将稠的墨汁印在发情母牛身上。这种装置叫下颚球样打印装置。为了减少公牛结扎输精管的麻烦,可选择特别爱爬跨的母牛代替公牛,效果更好。因为结扎输精管的公牛仍能将阴茎插入母牛阴道,可能引起感染。

另外,还有将试情公牛胸前涂以颜色或安装带有颜料的标记装置,放在母牛群中凡经爬跨过的发情母牛,都可在尾部留下标记。

(三)阴道检查法

阴道检查法就是将开膣器插入母牛阴道,借助一定光源,观察阴道黏膜的色泽,充血程度,子宫颈松软状态、子宫颈外口的颜色、充血肿胀程度及分泌物的颜色、黏稠度及量的多少,来判断母牛发情程度的方法。此法常用于体格较大的母牛,但由于不能准确判断母牛的排卵时间,所以发情鉴定时很少应用,只作为一种辅助方法。

(四)直肠检查法

直肠检查法是术者将手伸进母牛的直肠内,隔着直肠壁触摸检查卵巢上卵泡发育的情况。是目前判断母牛发情比较准确而最常用的方法。

1. 检查前准备

(1)材料与用品:保定栏、保定绳、洗手盆、一次性直检手套、毛巾、肥皂、温水等。

(2)动物准备:待检发情母牛若干头。助手将待检母牛牵入保定栏内保定,将牛尾拉向一侧,使肛门充分外露。

(3)术者准备:术者将伸入直肠内的手(通常为左手)指甲剪短、磨光,将袖口高高挽起至腋下,用温水清洗手臂并涂抹肥皂润滑。

2. 操作方法

(1)排出宿粪:术者站在牛的正后方,将左手五指并拢呈锥状旋转伸入肛门,进入直肠。进入直肠后,用力将小臂向上翘起,使冷空气进入直肠,同时手臂在直肠内由里向外来回推动,当直肠受到一定刺激后,引起排便反射,此时牛的肠壁、膈肌、腹肌一起收缩(努责强烈),肠道内的粪便向后聚集并力图排出。术者尽力阻挡,当排便反射力量较强大,可使粪便一次排出。

(2)寻找并触摸卵巢:将手伸入骨盆腔中部后,将手掌展平,掌心向下,慢慢下压并左右抚摸,在骨盆底的正中感到前后长而稍扁的棒状物,即为子宫颈。试用拇指、中指及其他手指将其握在手里,感受其粗细、长短和软硬。将拇指、食指和中指稍分开,顺着子宫颈向前缓缓伸进,在子宫颈正前方由食指触到一条浅沟,此为子宫角间沟。沟的两旁各有一条向前弯曲的圆筒状物,粗细近似于食指,这就是左右两子宫角。摸到后手继续前后滑动,沿子宫角的大弯,向下向侧面探摸,可以感到有扁圆、柔软而有弹性的卵巢。摸完一侧卵巢后,再将手移至子宫分叉部的对侧,并以同样的方法触摸另侧卵巢。找到卵巢后,可用食指和中指固定卵巢,然后用拇指触摸卵巢,体会卵巢的大小、形状、质地和其表面卵泡的发育情况(图 4-20),按同样的方法可触摸另一侧卵巢。

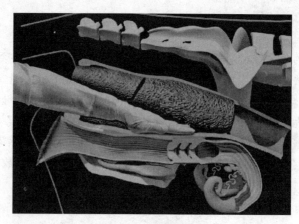

图 4-20　直肠检查

(耿明杰 . 2013. 动物繁殖技术)

在直肠检查过程中,检查人员应小心谨慎,避免粗暴。如遇到母牛强烈努责时,应暂时停止检查,等待直肠收缩缓解时再行操作。

3. 结果判定

牛的卵泡发育是一个连续不断的过程,为了便于区分,确定最佳的输精时间,通常将卵泡发育分为四个时期。第一期(卵泡出现期):卵巢体积比静止期稍增大,卵巢形态发生变化,呈"梨"形,卵泡多在游离缘,此端稍增大,触诊时感到硬而光滑,卵泡直径为 0.5～0.7 cm。此期母牛已有发情表现,约持续 6～10 h,一般母牛已开始出现发情症状,但此期不予配种。第二期(卵泡发育期):卵巢游离缘明显增大,约为附着缘的 2 倍,卵泡直径增大到 1～1.5 cm,并突出于卵巢表面,呈小球状,触摸时感觉卵泡光滑有弹性,略有波动。持续期 10～12 h。母牛的发情表现由显著到逐渐减弱,此期一般不配或酌配。第三期(卵泡成熟期):卵泡体积不再增大,但卵泡液增多,卵泡壁变薄,紧张性增强,用手指触压,弹性弱,波动强,有一触即破之感。此期母牛外部发情表现趋于结束,进入发情末期,持续 6～8 h,此期必须抓紧配种。第四期(排卵期):卵泡成熟破裂,卵泡液流出,卵子随之排出。卵泡壁变松软,形成凹陷,捏之有两层皮的感觉。排卵约在母牛发情结束后 10 h,排卵后 6～8 h 即形成黄体,并突出卵巢表面,卵巢恢复正常大小,触之有肉样感觉,从此再也摸不到排卵处的凹陷。排卵时间通常在性欲消失之后的 10～11 h,而夜间排卵者较白天排卵者多,右侧卵巢的排卵比左侧多,此期不宜再配。

此外,发情鉴定的方法还有生殖道黏液电阻测定法、血浆或奶中孕酮含量测定法、超声波检查法等,但应用均不及上述方法普遍。

三、异常发情

母牛发情受许多因素的影响,营养不良、饲养管理不善、激素分泌失调、疾病等原因均可能引起母牛的发情异常。常见的异常发情有隐性发情、假发情、持续发情、不发情等几种类型。

(一)隐性发情

隐性发情又称安静发情。这种发情表现性兴奋缺乏,性欲不明显,无发情征状,但卵巢上卵泡能发育成熟而排卵。隐性发情以初情期牛、产后母牛和年老体弱母牛为多见。一般认为,这是生殖激素分泌不足所致。对隐性发情但排卵的母牛,倘若输精适时,可得到正常受胎率。在生产中,需要特别注意结合牛的繁殖记录,加强对这些牛的发情观察,必要时进行直肠检查。

(二)假发情

假发情母牛只有外部发情表现,而卵巢上无卵泡发育;有时有卵泡发育,但不能发育成熟,也不排卵。假发情有两种:一种是母牛在怀孕以后出现爬跨他牛现象,而通过直肠检查或阴道检查,即可检出已孕母牛子宫颈外口紧闭,直肠检查可摸到胎儿。另一种是患有卵巢机能不全或有子宫内膜炎的母牛,也常出现假发情。其特点是卵巢上没有卵泡生长发育,即或有卵泡生长也不可能成熟排卵。因此,假发情不应进行配种,否则对妊娠母牛还会造成流产。

(三)持续发情

持续发情是指母牛发情持续时间长,有时连续几天发情不止。发生持续发情的原因主要有以下两种。

1. 卵泡囊肿

卵泡囊肿母牛虽有明显的发情表现,卵巢也有卵泡发育,但卵泡迟迟不成熟、不排卵,而且继续增生、肿大,甚至造成整个卵巢囊肿、充满卵泡液。由于卵泡上皮过量分泌雌激素,致使母牛持续发情。

2. 卵泡交替发育

卵泡交替发育即左右两个卵巢上交替出现卵泡发育,交替产生雌激素,而使母牛持续发情。

(四)不发情

不发情母牛既无发情表现,也不排卵。这种现象多发生在严寒的冬季或炎热的夏季或营养不良、患卵巢或子宫等疾病的母牛,较多的为持久黄体,或幼稚型卵巢,或有严重全身性疾病。对长期不发情母牛必须认真检查和全面分析,找出不发情的原因,采取行之有效的方法和措施,才能使不发情母牛正常发情配种受胎。

四、适宜配种时机

(一)母牛的初配适龄

母牛到达性成熟时,虽然已经具备了繁殖后代的能力,但由于其骨骼、肌肉和内脏各器官仍处在快速生长阶段,如果过早地交配,不仅会影响其本身的正常发育和生产性能,并且还会影响到幼犊的健康。因此,育成母牛不能过早配种。

决定母牛初配的年龄,主要根据牛的生长发育速度、饲养管理水平、气候和营养等因素综合考虑,但更重要的是根据牛的体重确定。一般情况下,育成母牛的体重达到成年母牛体重的70%左右(小型牛体重达 250～300 kg、中型牛 320～340 kg、大型牛 340～400 kg),才可进行第一次配种。达到这样体重的年龄,在饲养条件好的早熟品种约为 14～16 月龄;饲养差的晚熟品种约为 18～24 月龄。中国荷斯坦牛 14～16 月龄体重达到 350～400 kg 时即可配种。我国黄牛体重约为 150～250 kg 时即可配种。我国母水牛初配年龄，一般应控制在 3～4 岁，营养好、生长快的可提前到 2～2.5 岁。母牦牛多在性成熟期配种。

育成母牛也有提前交配产犊的趋势，一般多在 14～16 个月配种，23～25 个月产犊。这是加快遗传进展，节省劳力和降低成本，以充分发挥生产潜力的措施之一。但是，育成母牛能否提前配种，应根据生长发育和健康状况而定，只有发育良好的育成母牛，才可提前配种。

育成母牛配种时间也不宜过晚。配种时间过晚不仅提高了培育成本，而且会因母牛肥胖而不易受胎，同时还会造成母牛难产。育成母牛配种理想的体重和年龄见表 4-45。

表 4-45　育成母牛初次配种时的理想体重和年龄

（王根林．2006．养牛学）

品种	体重/kg	月龄
荷斯坦牛	340	15～16
瑞士褐牛	340	15～16
娟姗牛	225	13～14
更赛牛	250	13～14
爱尔夏牛	275	13～14
海福特牛	270	14～15
安格斯牛	250	13～14
夏洛来牛	330	14～15

（二）发情母牛的适宜配种时间

不同个体母牛的发情持续期不同。俗话说"老配早，少配晚，不老不少配中间"。

母牛排卵一般在发情结束后 10～12 h。卵子排出以后在输卵管内保持受精能力的时间为 8～12 h。所以，输精时间安排在排卵前 6～8 h，受胎率最高。输精过早，受胎率往往不高，特别在使用冷冻精液时，更应掌握好输精的时机。但排卵时间不易准确掌握，而根据发情时间来掌握输精时间比较容易，以发情后期输精较好。在生产实践中，都是早晨发情（接受爬跨）傍晚输精；下午发情第二天上午输精。在一个发情期内输精两次，受胎率有所提高，但是为了节省精液和时间，以一次输精为宜。进行两次输精时，可在发现发情时输精一次，间隔 10～12 h 再输精一次。如果直肠检查技术熟练，最好通过直肠检查，根据卵泡发育情况确定适宜的输精时机。卵泡体积增大，波动比较明显，也就是当卵泡达到成熟接近排卵时，输精最为适宜。

为了做到适时配种，应仔细观察牛群，及时检出发情牛，掌握每头母牛的发情规律，使输精时机更合适，受胎率更高。

（三）母牛产后的适配时机

母牛产后配种应按照以下原则进行：①有利于提高牛的经济利用性（产奶量和产犊数）；②不影响母牛的健康；③能使母牛持久而正常地生产。母牛产后一般在 30～72 d 发情。产后第一次发情的时间受个体子宫复原、品种、产犊前后饲养水平等因素的影响，母牛产后第一次配种时间过早或过晚均不适宜。因此,母牛产后应有 40～60 d 的休情期,并在此后 1～3 个情期内配种,一般在产后 70～90 d 内配种受孕。这样就可以达到或接近一年一胎,既能保证牛生理恢复的需要,提高牛终生生产性能,又可提高牛的配种受胎率。实践证明,肉牛产后 60～90 d 配种,情期受胎率最高。如果发现母牛产后超过 60 d 仍不发情,应及时进行检查,以便提早治疗。

(四)公牛适宜配种年龄

不同种或品种的公牛,性成熟的年龄有一定差别。公牛的生殖机能的发育与母牛有类似处,在 6～8 月龄前,主要表现为身体骨骼和体格的生长。但此后,公牛的生殖器官和生殖功能迅速发育,睾丸开始产生精子,具备了繁殖后代的能力。但为了能充分利用公牛的种用性能,保证精液的品质,提高其利用年限,公牛在此阶段仍不能用于正常的配种或采精。

一般认为公牛 9～10 月龄是初情期的到来。此后,公牛的生殖机能逐步完善,精液品质逐渐提高。故公牛应在 18 月龄左右才能轻度利用,而 14～16 月龄就应开始调教和检查精液的品质。一般在 2～3 岁才完全成熟。

 ## 任务 7　牛的人工授精技术

牛配种方法有自然交配和人工授精两种。

一、自然交配

这是任公牛与母牛直接交配的方法。常用的自然交配有本交和人工辅助交配。

(一)本交

在 20～40 头母牛群中放入一头种公牛,任其自然交配。这种方式常用于粗放管理的草原或山区,是最省人力的一种方式。但公、母牛在组群前必须保证是没有患生殖道疾病的个体。配种季节结束后,将公牛隔离,单独喂养。一般母牛的配种使用年限为 9～11 胎,公牛为 5～6 年。

(二)人工辅助交配

在没有人工授精的条件下,配种站配备一定数量的公牛,为来站的母牛配种。在人工辅助交配的情况下,应做好母牛的外阴部清洗和消毒,也要做好公牛阴茎和包皮的洗涤工作。

二、人工授精

这是由人工方法采取公牛精液,稀释后按一定剂量给母牛授精的方法。这种方法大大地提高了种公牛的利用率和母牛受胎率。

(一)人工授精准备工作

1. 母牛的准备

将准备输精的母牛牵入输精架内保定,并把尾巴拉向一侧,将外阴部充分展露。用温清水洗净母牛外阴部,再用1%新洁尔灭或0.1%高锰酸钾溶液进行消毒,然后用消毒毛巾(或纱布)由里向外擦干。

2. 输精器械的准备

输精所用器械,必须严格消毒。玻璃或金属输精器可用蒸汽、75%酒精或放入高温干燥箱内消毒。开膣器以及其他金属用具洗净后浸泡在消毒液中,或者在使用前用酒精、火焰消毒。细管冻精所用的凯式输精枪,通常在输精时套上塑料外套,再用酒精棉擦拭外壁消毒。一支输精器一次只能为一头母牛输精。

3. 输精人员的准备

输精人员应穿好工作服,并将指甲剪短磨光,手臂清洗后用75%酒精或2%来苏儿消毒,戴上长臂乳胶手套,涂上润滑剂。

4. 精液的准备

输精前要准备好精液,镜检观察精子活力。新鲜精液活力不低于0.7;低温保存的精液,必须首先升温至35℃左右,镜检活力不低于0.5;冷冻精液解冻后活力不低于0.3,确认合格后,方可用于输精。解冻后的精液应在15 min内输精,以防精子的第二次冷应激。塑料细管精液解冻后装入金属输精器。金属输精器使用方法是将输精器推杆向后退10 cm左右,装入塑料细管,有棉塞的一端插入输精器推杆上,深约0.5 cm,将另一端聚乙烯醇封口剪去。套上钢管套外层的塑料套管,其中固定细管用的游子应随同细管轻轻推至塑料套管的顶端,试推推杆由细管内渗出精液即可。

5. 精液品质检查

每次购回的冻精均应抽样检查其活力、密度、顶体完整率、畸形率及微生物指标是否符合国家标准GB 4143—2008。国标要求解冻后的精液:精子活力≥0.35,每一剂量呈直线前进运动的精子数≥8×10^6个,顶体完整率≥40%,精子畸形率≤18%,非病原细菌数≤800个/剂量。

(二)输精方法

母牛的输精方法有阴道开张器输精法和直肠把握输精法,阴道开张器输精法操作简单、容易掌握,但输精部位浅,容易使精液倒流,影响受胎率。因此,目前采用最多的是直肠把握输精法。

1. 阴道开张器输精法

将经发情鉴定确认可以输精的母牛,牵入输精架内进行保定,将尾巴拉向一侧,用温水清洗外阴后,再用75%的酒精棉球擦拭消毒。将合格的精液吸入经消毒的输精枪或输精管中备用。一只手持消毒过的阴道开张器,涂抹少量液体石蜡,打开母牛阴道,借助光源找到子宫颈口。另一只手将吸有精液的输精枪或输精管伸入子宫颈口内2~3 cm,慢慢注入精液,如图4-21所示。然后,慢慢取出输精枪或输精管。将开张器闭合并轻轻旋转一周,确认没有夹住阴道黏膜后,慢慢拉出。

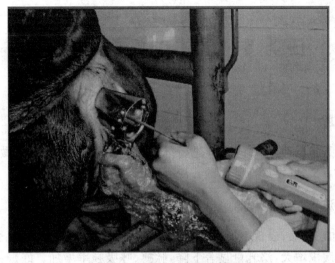

图 4-21　阴道开张器输精法
（耿明杰.2013.动物繁殖技术）

2.直肠把握输精法

先将母牛的外阴部用高锰酸钾溶液消毒清洗、擦干。在手臂上擦一些肥皂,然后手握成楔形,插入肛门,将直肠内的粪便掏尽。排粪后再将外阴部擦净,右手将阴门撑开,左手将吸有精液的输精器,从阴门先倾斜向上插入阴道5～10 cm,再向前水平插入抵子宫颈外口,右手从肛门插入直肠,隔着直肠壁寻找子宫颈,将子宫颈半握在手中并注意握住子宫颈后端,不要把握过前,以免造成子宫颈口角度下垂,导致输精器不易插入。正确操作时,两手协同配合,就能顺利地将输精器插入子宫颈内 5～8 cm,随即注入精液,如图 4-22 所示。如果在注精液时感到有阻力,可将输精器稍退后,即可输出,然后退出输精器。输精完毕,稍按压母牛腰部,防止精液倒流。

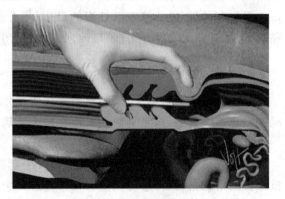

图 4-22　牛直肠把握输精法
（耿明杰.2013.动物繁殖技术）

当遇有母牛努责时,一是助手用手掐母牛腰部,二是输精员可握着子宫颈向前推,以使阴道肌肉松弛,利于输精器插入。青年母牛子宫颈细小,离阴门较近,老龄母牛子宫颈粗大,子宫往往沉入腹腔,输精应手握子宫颈口处,以配合输精器插入。输精完毕,将所用器械清洗消毒备用。

在使用直肠把握输精法时必须要掌握的技术要领:"适深、慢插、轻注、缓出,防止精液倒流。"

任务8　母牛的妊娠及接产

一、妊娠诊断

早期妊娠诊断是指配种后20～30 d进行妊娠检查。它对减少空怀、做好保胎、提高繁殖率具有十分重要的意义,妊娠诊断常用的方法有以下几种。

(一)外部观察法

母牛配种后,如已妊娠,表现不再发情,行动谨慎,食欲增加,被毛光亮,膘情逐渐转好。经产牛妊娠5个月后腹围增大,泌乳量显著下降,脉搏、呼吸频率增加。妊娠6～7个月时,用听诊器可听到胎儿的心跳,一般母牛的心跳为75～85次,而胎儿的心跳为112～150次。初产母牛到妊娠4～5个月后,乳房、乳头逐渐增大,7～8个月后膨大更加明显。

(二)阴道检查法

母牛配种后30 d检查已妊娠的母牛,用开膛器插入阴道时阻力明显;打开阴道可见阴道黏膜干燥、苍白无光泽,子宫颈口偏向一侧,呈闭锁状态,有子宫颈塞。

(三)直肠检查法

是隔着直肠壁触诊子宫、卵巢及其黄体变化,以及有无胚泡(妊娠早期)或胎儿的存在等情况来判定是否妊娠,这是早期妊娠检查最为准确可靠的方法,被广泛用于生产实践中。

1. 检查方法

检查人员将指甲剪短、磨光,戴上长臂手套,伸入直肠(初学者不戴手套感觉更为清晰),先排除直肠中的宿粪,再进行检查。在检查过程中牛的直肠常发生收缩、努责,操作人员要耐心,待直肠松弛后继续检查。当手进入直肠后,先摸到子宫颈,再将中指向前滑动,寻找子宫角间沟,然后手指向前、向下寻找,把两侧子宫角掌握在手掌中,分别触摸子宫角的形状、大小、左右对称情况及有无胎儿存在等。再进一步触摸卵巢,仔细体会有无黄体或卵泡的存在,最后综合确定是否妊娠。

2. 结果判定

(1)未孕特征:未孕牛子宫颈、子宫体、子宫角及卵巢均位于骨盆腔内,经产多次的牛,子宫角可垂入骨盆入口前缘的腹腔内。两角大小相等,形状亦相似,弯曲如绵羊角状,经产牛有时右角略大于左角,弛缓、肥厚。能够清楚地摸到子宫角间沟,经过触摸子宫角即收缩,变得有弹性,几乎没有硬的感觉,能将子宫握在手中,子宫收缩像一球形,前部并有角间沟将其分两半,卵巢大小及形状视有无黄体或较大的卵泡而定。

(2)妊娠特征:妊娠18～25 d:子宫角变化不明显,一侧卵巢上有黄体存在,则疑似妊娠。妊娠30 d:两侧子宫角不对称,孕角比空角略粗大、松软,有波动感,收缩反应不敏感,空角弹性较强。妊娠45～60 d:子宫角和卵巢垂入腹腔,孕角比空角约大2倍,孕角有波动感。用指肚从角尖向角基滑动中,可感到有胎囊由指间掠过,胎儿如鸭蛋或鹅蛋大小,角间沟稍变平坦。妊娠 90 d:孕角大如婴儿头,波动明显,空角比平时增大 1 倍,子叶如蚕豆大小。孕角侧子宫动脉增粗,根部出现妊娠脉搏,角间沟消失。妊娠 120 d:子宫沉入腹底,只能触摸到子宫后部及子宫壁上的子叶,子叶直径 2～5 cm。子宫颈沉移耻骨前缘下方,不易摸到胎儿。子宫中动脉逐渐变粗如手指,并出现明显的妊娠脉搏。

(3)直肠检查妊娠注意事项:做早期怀孕检查时,要抓住典型征状。不仅检查子宫角的形状、大小、质地的变化,也要结合卵巢的变化,做出综合的判断。母牛配种后 20 d 且已怀孕,偶尔也有假发情的个体,直肠检查怀孕征状不明显,无卵泡发育,外阴部虽有肿胀表现,但无黏液排出,对这种牛也应慎重对待,无成熟卵泡者不应配种;怀双胎母牛的子宫角,在 2 个月时,两角是对称的,不能依其对称而判为未孕。正确区分怀孕子宫和子宫疾病,怀孕 90～120 d 的子宫容易与子宫积液、积脓等相混淆。积液或积脓使一侧子宫角及子宫体膨大,重量增加,使子宫有不同程度的下沉,卵巢位置也随之下降,但子宫并无怀孕征状,牛无子叶出现。积液可由一角流至另一角。积脓的水分被子宫壁吸收一部分,会使脓汁变稠,在直肠内触之有面团状感。

(四)激素诊断法

母牛配种 20 d,用己烯雌酚 10 mg,一次肌肉注射。已妊娠的母牛,无发情表现;未妊娠的母牛,第二天表现明显的发情。用此法进行早期妊娠检查的准确性达 90% 以上。

(五)孕酮水平测定法

母牛配种妊娠后,血液或乳中孕酮含量较未孕牛显著增加。用放射免疫法测定血浆或乳中的孕酮含量,以判定母牛是否妊娠。

(六)巩膜血管诊断法

母牛配种后 20 d,在眼球瞳孔正上方巩膜表面,有明显纵向血管 1～2 条,细而清晰,呈直线状态,少数中有分支或弯曲,颜色鲜红,则可判断为妊娠,其准确率在 90% 以上。

(七)超声波诊断法

1. **检查方法**

将 B 超调至使用状态。将牛站立保定,检查之前应排除受检牛直肠内的积粪,必要时可用温生理盐水灌肠,清除直肠内积粪,以保证检查区域环境清洁。将腔内探头慢慢置于受检牛直肠内,隔着直肠壁紧贴子宫角缓慢移动并不断调整探查角度,观察 B 超实时图像,直至出现满意图像为止(图 4-23)。

2. **判定标准**

在子宫内检测到胚囊、胚斑和胎心搏动即判为阳性;声像图显示一个或多个圆形液性暗区,判为可疑,择机再检;暗区散在低强度等回声光点(光斑)为子宫积液;暗区呈中或高回声液体声像图为子宫积脓;声像图显示子宫壁无明显增厚变化、无回声暗区,判为阴性。阳性准确率以产犊数(含流产)为准。

(1)空怀母牛的子宫声像图:声像图显示子宫体呈实质均质结构,轮廓清晰,内部呈均匀的

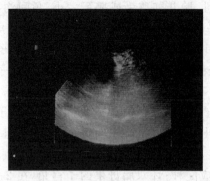
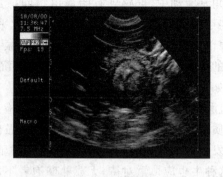

未孕母牛子宫角　　　　　　　　妊娠30 d 母牛子宫角

图 4-23　母牛超声波妊娠诊断图像

等强度回声,子宫壁很薄。而妊娠奶牛的子宫壁增厚。

(2)怀孕母牛子宫声像图:牛配种后 33 d 和 36 d 的声像图,清晰地显示出胚囊和胚斑图像。33 d 时胚囊实物如一指大小,胚斑实物 1/3 指大小。声像图中子宫壁结构完整,边界清晰,胚囊液性暗区大而明显,液性暗区内不同的部位多见胚斑,胚斑为中低灰度回声,边界清晰。妊娠 30~40 d 时,B 超诊断的主要依据是声像图中见到胚囊或同时见到胚囊和胚斑。妊娠 40 d 以上时,声像图表现更明显,胚囊和胚斑均明显可见,有时还可见胎心搏动。

二、妊娠期与预产期推算

从母牛配种受胎至胎儿产出的这段时间称为妊娠期。妊娠期的长短受品种、年龄、季节、饲养管理和胎儿性别等因素的影响。早熟品种比晚熟品种的妊娠期短;乳牛比肉牛、役牛短;青年母牛比成年母牛约短 1 d;冬春分娩的母牛比夏秋季分娩长 2~3 d;饲养管理条件差的母牛比饲养管理条件优越的母牛妊娠期长,怀母犊比怀公犊的妊娠期短 1 d;怀双胎比怀单胎短 3~6 d。黄牛、奶牛的平均妊娠期为 280 d(276~290 d),水牛为 300 d(295~315 d),牦牛为 255 d(226~289 d)。

为了做好分娩前的准备工作,必须较准确地计算出母牛的预产期。最简单的方法是:黄牛将配种月减 3,配种日加 6。水牛采用配种月减 1,配种日加 2;牦牛采用配种月减 4,配种日加 10。在利用公式推算时,若配种月份在 1、2、3 三个月,需借一年(加 12 个月)再减。若配种日期加 6 的天数超过 1 个月,则减去本月天数,余数移到下月计算。

三、分娩征兆

随着胎儿的逐步发育成熟,母牛在临产前发生了一系列的变化,根据这些变化,可以估计分娩时间,以便做好接产工作。

1. 乳房膨大

产前半个月左右,乳房开始膨大,到产前 2~3 d,乳房明显膨大,可从前两个乳头挤出淡黄色黏稠的液体,当能挤出乳白色的初乳时,分娩可在 1~2 d 内发生。

2. 外阴部肿胀

约在分娩前一周开始,阴唇逐渐肿胀、柔软、皱褶展平。由于封闭子宫颈口的黏液溶化,在分娩前 1~2 d 呈透明的索状物从阴道流出,垂于阴门外。

3. 骨盆韧带松弛

临产前几天，由于骨盆腔内血管的血流量增多，毛细血管壁扩张，部分血浆渗出血管壁，浸润周围组织，因此骨盆部韧带软化，臀部有塌陷现象。在分娩前 1～2 d，骨盆韧带已完全软化，尾根两侧肌肉明显塌陷，使骨盆腔在分娩时增大。

4. 体温变化

母牛产前 1 周比正常体温高 0.5～1℃，但到分娩前 12 h 左右，体温又下降 0.4～1.2℃。

5. 行为变化

临产前子宫颈开始扩张，腹部发生阵痛，引起母牛行为发生改变。当母牛表现不安，时起时卧，频频排尿，头向腹部回顾，表明母牛即将分娩。

四、分娩过程

母牛的分娩过程可分为以下三个时期。

1. 开口期

从子宫开始阵缩到子宫颈完全扩张与阴道之间的界限消失为止称开口期。开口期内的母牛表现轻微不安，食欲减退或废绝，尾根抬起，常作排尿状，检查脉搏每分钟达 80～90 次。母牛开口期平均为 6 h（1～12 h），经产母牛较快，初产母牛较慢。

2. 胎儿产出期

从子宫颈完全开张到胎儿排出母体外为止称为胎儿产出期。胎儿的前置部分进入产道后，阵缩和努责同时进行，但努责是胎儿产出的主要动力。母牛烦躁不安，呼吸加快加剧，侧卧，四肢伸直，努责十分强烈。产出期一般为 1～4 h，初产母牛较经产母牛慢，产双胎时，两胎相隔 1～2 h。

3. 胎衣排出期

胎儿产出到胎衣排出称胎衣排出期。当胎儿排出后，母牛即安静下来，经过几小时，子宫主动收缩，有时还配合轻度努责而使胎衣排出。牛的胎衣正常排出期为 4～6 h，最多不超过 12 h。超过这一时间的，可视为胎衣不下。

五、接产与助产

(一)接产准备

助产工作是牛繁殖中的一项重要工作，直接关系到母仔生命的安危及产后疾病的预防，助产不当或没有及时助产，会给生产和经济上带来损失。因此，在分娩前应作好助产的准备工作。

1. 产房准备

产房应宽敞、光照充足，通风良好；产房地面铺上清洁、干燥的垫草，并保持安静的环境。使用前应进行全面的消毒，将墙壁和地面、运动场、饲草架、饲槽、分娩栏等打扫干净，并用 3％～5％的氢氧化钠溶液或 10％～20％的石灰乳水溶液或者商品消毒液（如百毒杀等）进行彻底的消毒。

2. 接产人员准备

一些规模化的牛场要有专人值班接产，并应具备接产的基本知识和兽医知识，以便发现问题及时处理。接产前,接产人员的指甲应剪短磨光,手臂应洗净消毒。

3. 药品及器械准备

产房内必须准备好接产用具和药品。如清洁的水盆、桶之类用具及肥皂、毛巾、刷子、绷带、消毒用药(如0.1%新洁尔灭、70%酒精、碘酒等)、产科绳、剪刀等,还应有体温计、听诊器、注射器和强心剂、催产药等。有条件的最好准备一套产科器械。

4. 母牛准备

临产母牛首先应在预产期前1~2周送入产房,以便使其熟悉产房环境,并能随时注意观察分娩预兆。接产人员对分娩母牛后躯用消毒剂清洗消毒,并争取母牛左侧躺卧在产房适当位置,以避免胎儿受到瘤胃的压迫。

(二)接产与助产

1. 接产

母牛分娩前要派专人值班,在正常分娩时,不要过早去帮助,因为助产不当,反而使分娩发生困难或引起产道的损伤或感染。此时,助产人员的主要任务是监视分娩状况,并护理好新生犊牛。只有在必要时才加以帮助,发现难产及时处理。

在胎儿进入产出期时,应及时确定胎向、胎位、胎势是否正常。检查时,可将手臂伸入产道内,要隔着胎膜触诊,避免胎水流失过早。如胎向胎势正常,不必急于将胎儿拉出,待其自然娩出。如胎势异常,可将胎儿推回子宫进行整复矫正。母牛正产时,胎儿两前肢夹着头先出。当胎儿头部已露出阴门外,胎膜尚未破裂时,应及时撕破,使胎儿鼻端露出,以防胎儿窒息,用桶将羊水接住,产后喂给母牛3~4次,可预防胎衣不下。胎儿头部未露出阴门外,不要过早扯破胎膜,以防胎水流失,使产道干涩。倒生时,两后肢先出,这时应及早拉出胎儿,防止胎儿腹部进入产道后,脐带可能被压在骨盆底下,造成胎儿窒息死亡。当母牛站立分娩时,应双手接住胎儿,以免摔伤胎儿。

2. 助产

若母牛阵缩、努责微弱,应进行助产,用消毒过的助产绳缚住胎儿两腿系部,并用手指擒住胎儿下颌,随着母牛阵缩和努责时一起用力拉,当胎儿头部经过阴门时,一人用双手捂住阴唇及会阴部,避免撑破。胎儿头部拉出后,再拉的动作要缓慢,以免发生子宫翻转脱出。当胎儿腹部通过阴门时,将手伸到胎儿腹下,握住脐带根部和胎儿一起向外拉,可防止脐血管断在脐孔内。当胎儿臀部通过阴门时,切忌快拉,以免发生子宫脱。如破水过早,产道干滞,可注入液体石蜡进行润滑。

总之,在助产过程中,切不可用力过猛,强拉胎儿,以防止子宫翻转脱出,并注意避免脐带断在脐孔内。

六、母牛产后护理

母牛产后十分疲劳,身体虚弱,异常口渴,除让其很好休息外,可喂给温热麸皮盐水汤(麸皮1.5~2 kg,盐100~150 g,用温热水调成),可补充母牛分娩时体内水分的损耗,帮助维持体内酸碱平衡,增加腹压和帮助恢复体力,冬天还可暖腹、充饥。注意选择易于消化又富于营养的草料饲喂产后母牛,每次喂量不宜太多,以免引起消化障碍,经5~6 d可恢复到正常饲养水平。

牛的胎衣排出后,及时检查是否完整,如不完整,说明母体子宫有残留胎衣,要及时处理。胎衣排出后,应立即取走,以免母牛吞食后引起消化扰乱。产后数小时,要观察母牛有无强烈努责。强烈努责可引起子宫脱出,要注意防治。同时将污草清除,换上干净垫草,让母牛休息。

产后母牛还要排出恶露,这是正常的生理现象,从观察恶露排出的情况可帮助了解子宫恢复的程度,产后第一天排出的恶露呈血样,以后逐渐变成淡黄色,最后变成无色透明黏液,直至停止排出。母牛恶露一般在产后15～17 d排完。如果产后10 d内未见恶露流出或发生乳房炎,表明恶露滞留子宫,并可能发生子宫内膜炎。恶露呈灰褐色,气味恶臭,排出的天数拖延至21 d以上时,就应进行直肠检查或阴道检查,便于尽早治疗。

犊牛出生后应及时做好护理工作,对假死犊牛及早进行急救,详见项目五任务2中"新生犊牛的护理"部分。

【案例分析】

某规模化奶牛场繁殖力现状分析

一、案例简介

上海市郊区某规模化奶牛场2013年繁殖力现状如表4-46所示,请对该奶牛场的繁殖成绩进行分析。

表4-46　某规模化奶牛场繁殖力现状

繁殖力指标	实际水平	理想状态
初情期(月)	12	12
配种适龄(月)	17～16	14～16
总受胎率(%)	86～88	90～95
情期受胎率(%)	53	>55
年繁殖率(%)	93～94	≥92
产犊间隔(d)	350～370	365
流产率(%)	6～7	<5
犊牛的成活率(%)	97	>95

二、案例分析

(一)奶牛繁殖力现状分析

由表1可知,该牛场的初情期、年繁殖率、产犊间隔及犊牛成活率等繁殖力指标处于理想状态,而配种适龄、总受胎率、情期受胎率、流产率等繁殖力指标处于异常水平,导致该奶牛场繁殖水平偏低,直接影响了该牛场的经济效益。

(二)奶牛繁殖力异常水平的原因分析及解决措施

1. 初配时间推迟的原因及解决措施

(1)原因分析:经调查分析,该牛场在生产上不重视育成牛,只饲喂粗料,很少补充精料,造成育成期的奶牛饲养标准偏低,摄入营养不全面,生长速度缓慢,无法在14～16月龄达到配种体重。

（2）解决措施：在育成阶段，除了饲喂优质青粗饲料以外，还必须适当补充一些精料，而且注意精料中有足够的蛋白，如果喂给的粗饲料中有50％以上的豆科干草，混合精料中含粗蛋白12％～14％就能满足育成牛的需要。倘若以玉米青贮及禾本科牧草为主，混合精料中粗蛋白的含量不应低于18％。在加强育成牛营养的同时还应加强运动，增强育成牛体质，保证正常的发情与排卵。

2. 奶牛受胎率低的原因及解决措施

（1）原因分析：经调查分析，该奶牛场受胎率低的主要原因有：饲养管理不当、输精时间把握不好、人工授精技术不规范等。

（2）解决措施：要提高该奶牛场的受胎率，应重点做好以下几个方面工作。

①搞好奶牛的饲养管理。营养缺乏或过剩是导致母牛发情不规律、受胎率低的重要原因，配种前保持母牛中上等的营养膘情是最理想的，中等膘情母牛发情症状明显，排卵率高，受胎率高。因此，合理搭配日粮，供给奶牛平衡营养是非常重要的。同时，在管理方面，要加强舍饲奶牛的运动，经常刷拭牛体，保持牛舍良好的环境，如适宜的温度、湿度及卫生，这样既有利于保证牛的健康，也有利于母牛的正常发情排卵。对于产后母牛，要加强护理，尽快消除乳房水肿。合理饲喂，调整好消化机能。认真观察母牛胎衣与恶露的排出情况，发现问题及时妥善处理，防止子宫炎症发生。使子宫尽快恢复，有利于母牛产后尽早正常发情。

②准确的发情鉴定。选择母牛适宜的输精时间是提高受胎率的关键。在实际生产中，技术人员、饲养员要互相配合，注意观察，及时发现发情母牛。由于母牛发情持续期短，所以要注意对即将发情牛及刚结束发情牛的观察，防止漏情、漏配，做好输精准备或及时补配。除了采用传统的鉴定发情的方法外，还应该使用一些现代化的技术手段，例如，计步器法、激素测定法，以提高发情鉴定的准确率。

③掌握授精技术，做到准确授精。直肠把握输精法受胎率高，但要求输精人员必须细心、认真。严防损伤母牛生殖道。输入的精液必须准确到达所要求的部位，防止精液外流。同时保证精液品质优良，掌握授精标准。精液冷冻、解冻前后要检查活力，只有符合标准方可用于输精。

④及时诊治生殖系统疾病。生殖系统疾病是引起母牛情期受胎率降低的主要原因之一。造成生殖系统疾病的因素很多，其中最主要的是子宫内膜炎和异常排卵。而胎衣不下是引起子宫内膜炎的主要原因。因此，从母牛分娩时起，就应十分重视产科疾病和生殖道疾病的预防，同时要加强产后护理，这对于提高受胎率具有重要意义。

除以上方法外，还可以在母牛发情或配种期间，注射GnRH类似物、HCG、OXT、孕酮等激素，促进排卵、帮助精子和卵子的运行、创造良好的子宫附植环境，从而提高奶牛的受胎率。

3. 流产率过高的原因及解决措施

（1）原因分析：经调查分析，该奶牛场流产率高的原因主要是由饲养管理不当、防疫不严格引起的。

①饲养管理不当。包括母牛长期营养不良而过度瘦弱，饲料单纯而缺乏某些维生素和无机盐，饲料腐败或霉败；大量饮用冷水或带有冰碴的水，吞食过量的雪，饲喂不定时，使牛采食过多；剧烈的跳跃、跌倒、抵撞、惊吓、鞭打和挤压以及粗暴的直肠或阴道检查；使用大量的泻剂、利尿剂、麻醉剂和其他可引起子宫收缩的药品；严重的肝、肾、心、肺、胃肠和神经系统疾病，

大量失血或贫血,生殖器官疾病或异常等。

②防疫不严格。由于牛场没有严格的防疫制度,造成大量的传染病或寄生虫病在牛场中流行,例如,沙门氏菌病、支原体病、衣原体病、胎体弧菌病、结核病、钩端螺旋体病、李氏杆菌病、传染性鼻气管炎、毛滴虫病、牛梨形虫病等。

(2)措施:大多数流产是无法阻止的,尤其在大规模饲养的情况下,流产往往是成批的,损失严重。因此,预防流产的发生就尤为重要了。

①满足妊娠母牛的营养需要。主要是蛋白质、矿物质和维生素。特别在冬季枯草期尤其要注意。蛋白质不足时,母牛掉膘。尽管胎儿有优先获得营养的能力,但日久即中断妊娠。维生素缺乏时,子宫黏膜和绒毛膜上的上皮细胞发生老化,妨碍营养物质的交流,母子也容易分离。维生素E不足,常使胎儿死亡。冬季缺乏青绿饲料时,应补喂青菜或青贮料。饲料中钙磷不足时,母牛往往动用骨骼中的钙,以供胎儿生长需要,这样易造成母牛产前和产后的瘫痪。此外要防止喂发霉变质、酸度过大、冰冻和有毒的饲料。

②加强管理。孕牛运动要适当,严防惊吓、滑跌、挤撞、鞭打、顶架等。对于有些患习惯性流产的牛,应摸清其流产规律,在流产前采取保胎措施,服用安胎中药或注射"黄体酮"等药物。对于有胃肠病的孕牛,不宜多喂多汁饲料和豆科青饲料,以防孕牛瘤胃胀气影响胎儿。同时也要做好防疫工作,以防止传染病引起的流产发生。严防有毒物质对饮水和饲料的污染。对于已受损伤或有病的孕牛应查明原因,单独饲养,对症治疗。总之要避免一切产生应激而影响妊娠的因素。

【阅读材料】

现代繁殖技术

一、同期发情

同期发情又称同步发情,即通过利用某些外源激素处理,人为地控制并调整一群母牛在预定的一定时间内集中发情,以便有计划地合理组织配种。同期发情的实质是诱导一群母牛在同一时期发情排卵的方法。正常情况下,母牛群中的牛只发情是分散而不整齐的。现行的同期发情技术,主要是用激素处理牛只,使母牛群的发情变分散为集中。

(一)生理机制

在母牛发情周期中,按卵巢的形态和机能可分为卵泡期和黄体期。在卵泡期,卵泡在垂体促性腺激素的作用下可以得到迅速发育、成熟和排卵,母牛有发情表现。排卵后,在卵巢的排卵部位形成黄体,便进入黄体期。在黄体形成和发育阶段,黄体能分泌孕酮,并在血液中维持一定水平,从而对垂体促性腺激素的分泌有抑制作用,使母牛处于生理上的相对静止期,这时牛没有发情表现。如果母牛未妊娠,由子宫分泌的前列腺素有溶解黄体作用。经十余天后黄体退化,孕酮在血液中含量下降,对垂体促性腺激素分泌的抑制作用解除。垂体开始分泌促性腺激素,从而导致卵泡期的开始,母牛又重新出现发情。

现行的同期发情技术,以脑垂体和卵巢所分泌的激素在母畜发情周期中所起的作用为理论依据。主要有两种途径,都是通过控制黄体,降低孕酮水平,从而导致卵泡同时发育,达到同期发情的目的。可给一群母牛施用某种激素,抑制其卵泡的生长发育,使其处于人为黄体期,经过一定时期停止用药,使卵巢机能恢复正常,引起同一群母牛同时发情。相

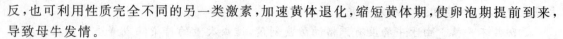

反,也可利用性质完全不同的另一类激素,加速黄体退化,缩短黄体期,使卵泡期提前到来,导致母牛发情。

(二)常用的激素和方法

1. 抑制卵泡生长发育的激素

这类激素有天然激素孕酮和其他孕激素类化合物。常用的有孕酮、甲地孕酮、氯地孕酮、氟孕酮、十八甲基炔诺酮等。这些激素的使用方法有下述 3 种。

(1)口服法:将适于口服的药物均匀地拌在饲料中,连续饲喂一定时期后,所有牛只同时停药。为了使药量准确,最好是单槽饲喂。口服法由于需要连续饲喂一个时期,比较费事,且大群推广时不易做到单独饲喂。

(2)阴道栓塞法:将含有一定量药物的海绵塞于阴道深处或子宫颈口附近,药物被缓慢吸收起作用,放置 18 d 后取出。

(3)埋植法:将含有一定量药物的硅胶埋植于牛的耳皮下,使药物慢慢吸收,经 18 d 后切口取出。

2. 加速黄体退化的激素

当前使用的是前列腺素 F2α 及其类似物。由于前列腺素仅仅对卵巢上有功能性黄体的母牛起作用,而对群体母牛来说,一次 PF2α 处理约 65% 的母牛出现发情,其他母牛 PF2α 处理时处于性周期 1～4 d 和 17～21 d,此时黄体组织对 PF2α 不敏感。鉴于此,必须隔 11 d 后再施用一次 PF2α,方可使群体达到同期化。前列腺素的投药方式为皮下注射、肌肉注射;也可注入宫体或宫颈,此时量可减少;还有阴唇内侧黏膜下注射,效果同宫注。

(三)牛的同步排卵的处理方法

牛在一个发情周期中有 2～3 个卵泡波(怀孕期、休情期和性成熟前也有卵泡波)。在发情周期中的任何一天(假设为 0 天),注射 GnRH 100 μg,卵巢上的优势卵泡会排卵;7 天后肌肉注射氯前列烯醇 0.6 mg,能溶解卵巢上的黄体;第 9 天后再次注射 GnRH 100 μg,第 10 天后不论发情是否均进行配种。

二、胚胎移植

胚胎移植又称受精卵移植,也称为"借腹怀胎"或"人工授胎",其含义为将一头良种母牛的早期胚胎用冲洗子宫的方法取出,或是经体外受精获得的胚胎,移植到另一头生理状态相同的母牛体内,使之继续发育成为新个体的技术。提供胚胎的个体称为"供体",接受胚胎的个体称为"受体",通常仅将优良的母牛作为"供体"。

胚胎移植的基本过程包括:供体和受体的选择、供体和受体的发情同期化、供体母牛的超数排卵和受精以及胚胎的采集、检出、鉴定、保存和移植等。

三、胚胎分割

家畜胚胎分割是 20 世纪 80 年代发展起来的一项生物工程技术。应用这项技术可以人为地将一枚胚胎通过显微手术分割成 2 个,甚至分割成 4 个或 8 个,经体外培养和移植后,以获取同卵双生或多生后代的方法。这是胚胎移植中扩大胚胎来源的一个重要途径。

四、胚胎嵌合

胚胎嵌合是将不同种源的胚胎或卵裂球整合成一个完整胚胎的生物技术。合成的新胚胎称作嵌合体。1971 年 Mintz 通过聚合无透明带的胚胎产生了小鼠的嵌合后代,1984 年 Brem 等将分割胚胎在透明带内聚合,1990 年 Picard 等将内细胞团注入囊胚产生了牛的嵌合体,

1998 年铃木达行等成功地用四品种嵌合公牛(父本为日本黑牛和利木赞牛,母本是荷斯坦牛和日本红牛)的精子生产体外受精胚胎。目前,胚胎嵌合技术还处于试验研究阶段,所用的嵌合方法主要有早期胚胎卵裂球嵌合法、卵裂球聚合法两种。

五、体外受精

体外受精就是使精子和卵子在母体外实现受精而结合成为有生命合子的一种技术。1982 年在美国成功产下世界上第一头体外受精犊牛。目前,该项技术已在多种家畜和人类中获得成功。体外受精技术的主要操作程序包括精子的采集、精子的获能、卵子的采集和卵子的成熟、受精、受精卵培养和移植等。受精的成功与否,主要在于精子的获能和卵子的成熟这两个环节。

六、克隆技术

克隆(clone)又称无性繁殖,是一个生物体或细胞通过无性繁殖而产生的一个群体,组成这种群体的每一个个体在基因型上应该都是相同的。动物克隆包括孤雌激活生殖、同卵双生、胚胎分割以及核移植等。通常所指的克隆大多为核克隆,它是通过显微操作、电融合等一系列特殊的人工手段,将供体核(胚胎分裂球或体细胞)植入成熟去核的卵母细胞(受体细胞)中,构成一个重组胚胎的过程。

七、性别控制

家畜胚胎的性别鉴定和后代性别比例的控制,是现代畜牧科学研究和生产的重大课题之一。它对提高畜牧生产的经济效益有着十分重要的意义。

(一)胚胎的性别鉴别

目前,胚胎性别的鉴定主要是通过细胞学方法和免疫学方法两条途径。

1. 细胞学方法

用显微外科手术将胚胎内的细胞取出一些,在体外培养来观察 X、Y 染色体。10～12 d 的牛胚胎性别鉴定可靠性可达 70% 左右。多态性(简称 RSP),利用性染色体 DNA 酶谱进行性别的鉴定。RSP 对遗传育种水平的提高、缩短后裔测定的时间,具有重要意义。

2. 免疫学方法

用特异抗体来测定雄性胚胎细胞表面上的 H—Y 抗原(一种组织相容性抗原)。它是只有雄性细胞才能产生的特异蛋白抗原,这种特异蛋白是由 DNA 翻译在 Y 染色体上,而且是每个雄性细胞膜上有成千上万个这种翻译过来的复本。所以,测定这种蛋白比观察性染色体(DNA)更为灵敏,因为 DNA 只有一个复本。

(二)后代性别比例的控制

近年来人们在控制后代性别比例方面,进行了一系列研究。大致可分为:处理精液(分离 X 精子、Y 精子)和控制环境因素使其有利于所需要的精子受精。分述如下:

1. 处理精液(分离 X 精子、Y 精子)

近代研究证明,X 精子与 Y 精子在许多方面存在着一定差异。如 X 精子比 Y 精子头部大而圆,体及核也较大,Y 精子头部小而尖;X 精子与 Y 精子的 DNA 有含量差异,在牛方面差异为 3%～9%;精子膜的分布也有差异,Y 精子尾部膜电荷量较高,X 精子头部膜电荷量较高;Y 精子带有 H-Y 抗原,X 精子则无;Y 精子对 H-Y 抗原的抗体有反应,X 精子则无。利用 Q-M 法,发现染色体长臂末端的强荧光点,这些亮点称为荧光小体。用这种方法可以分离精子,也可用以鉴定其他方法分离的精子。但经过 Q-M 法处理的精子已被破坏而无受精能力。X 精子与 Y 精子的运动能力也不相同,Y 精子运动能力较强,在含血清蛋白的稀释液中呈直线前进运动。Y 精子较耐弱碱而不耐酸性,X 精子则较耐弱酸性而不耐碱性等。

其主要方法有:离心法、沉降法、过滤法、荧光色素标记法、电泳法、免疫法、流式细胞光度法等。但总结以上精子的各种分离方法,均尚未达到实用阶段。在有些方法及理论上也有争议。目前,国内外的研究正在继续开展,期待有较大突破。

2. 利用配种受精环境条件控制后代性别比例

(1)精氨酸法:日本黑木常春 1978 年以生理盐水稀释精氨酸分为高、中、低浓度,输精前 20～30 min 向阴道输入某一浓度溶液 1～2 mL,结果高、低浓度产雄性多,中等浓度的产雌性多。该方法具有取材容易、方法简单、操作方便、成本低廉、效果稳定等优点,便于在基层大面积推广。

(2)pH 与性别比例的关系。由于决定雄性的基因位于 Y 染色体上,含有 Y 染色体的精子耐酸性差,在微酸环境中精子活率很快下降;含有 X 染色体的精子,其耐酸能力相对较强。当解冻液的 pH 低于 6.8 时,含有 Y 染色体的精子活力减弱,运动缓慢,在它还未到达受精部位、并经获能后具有受精能力时,卵子可能已与含有 X 染色体的精子结合,故母牛妊娠后就多产母犊。如果解冻液 pH 高于 7 时,则含有 Y 染色体的精子活力增强,运动迅速,能较快地到达受精部位,与卵子结合的机会增多。所以,母牛妊娠后多产公犊。

【考核评价】

肉牛的经济杂交方案设计

一、考核题目

现有夏洛来牛(冻精)、西门塔尔牛(冻精)和秦川牛,设计了肉牛的三元经济杂交模式,目前在肉牛生产中得到广泛的利用。请指出图 4-24 所示中的 A 品种、B 品种和 C 品种,并谈谈不同品种牛用作父本和母本的理由。

二、评价标准

(一)指出图示中 A 品种、B 品种和 C 品种

1. A 品种

秦川牛。

2. B 品种

西门塔尔牛。

3. C 品种

夏洛来牛。

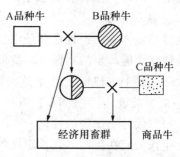

图 4-24 肉牛三元经济杂交示意图

(二)不同品种牛用作父本和母本的理由

1. 秦川牛

秦川牛是我国五大良种黄牛之一,体型相对肉牛较小,但适应性强,作为母本数量多,与兼用型牛或肉牛杂交能繁殖出数量较多的后代进行肥育或培育二元杂种母本。

2. 西门塔尔牛

西门塔尔牛是世界最著名的兼用型牛品种,在我国已大量引入,具有良好的生长育肥性能、较高的瘦肉率和肉质品质,生产中常用作第一杂交父本,以改良黄牛的体型,产生的二元杂

种母牛,可用作母本与终端父本杂交,生产三元杂交商品牛,用以育肥。

3. 夏洛来牛

夏洛来牛是世界著名大型、瘦肉型肉牛品种,在肉牛杂交中常用作终端父本,杂交后代全部用以肥育。

【信息链接】

1. GB/T 19166—2003 中国西门塔尔牛。

2. DB 63/T 455.5—2004 肉牛杂交组合试验技术规程。

3. NY/T 1234—2006 牛冷冻精液生产技术规程。

4. GB 4143—2008 牛冷冻精液。

5. GB/T 3157—2008 中国荷斯坦牛。

项目五

牛的饲养管理和兽医保健

🍁 学习目标

了解各类牛的生理特点和生产特点,知道牛的兽医卫生保健措施;掌握各类牛的饲养管理、挤奶及肉牛育肥技术;熟悉牛的常见疾病防治技术。

🍁 学习任务

保证牛的健康是使养牛生产顺利进行和提高生产效益的一项重要措施。因此,必须搞好保健工作和加强日常的饲养管理。牛场保健工作的原则是防重于治;治疗相对于个体来讲是必要的,但就群体而言,预防则是控制疾病的最好方法;治疗病牛应看作只是在一定程度上相对减少损失的工作。同时,加强饲养管理新技术的学习与推广,从而为加快我国畜牧业产业结构调整做出更大的贡献。

◆◆◆ 任务1 牛的兽医卫生保健 ◆◆◆

一、牛场的卫生要求

牛场的环境卫生状况及病原体的污染程度与牛群健康有直接关系。因此,牛场一定要经常清除场内杂草、污水、粪便及垃圾等,并根据需要进行定期消毒,使牛场保持良好的卫生环境。同时,也要加强牛体的刷拭,注意保持牛体卫生。此外,牛场工作人员要注意个人卫生,上下班一定要更换工作服和鞋。牛场内的土质和水源一定要符合卫生标准。

二、牛的防疫

(一)严格执行卫生防疫制度

牛场应贯彻"预防为主,防重于治"的卫生防疫方针,它对保障牛只健康生长发育及高产具有重要意义。尤其对于规模化养牛场更是如此,一旦疫病流行,将会造成巨大的经济损失。因此,一定要加强对牛传染病的认识,掌握传染病的流行规律,增强控制预防的主动性。具体方法如下:

(1)严格执行国家和地方政府制定的有关畜禽防疫卫生条例。

(2)奶牛场门口或生产区出入口,应设有消毒池,池内保持有效消毒液,保证出入人员及车辆做好消毒工作。

(3)外来人员不得随意进入生产区;疫病流行期间,非生产人员不得进入生产区。

(4)奶牛场新员工必须经健康检查,证实无结核病及其他传染性疾病。老员工每年必须进行一次健康检查,如患传染性疾病时,应及时在场外治疗。结核病恢复期仍需服药者,不得进入生产区。

(5)奶牛舍和运动场每个季度要大扫除、大消毒一次。如牛舍,运动场和通道等可用0.5%的过氧乙酸、2%～3%的火碱消毒;空气用福尔马林熏蒸或用过氧乙酸消毒;工具、衣物等用0.1%的新洁尔灭或10%的漂白粉消毒。每年春、夏、秋季要进行大范围灭蚊蝇及吸血昆虫活动。病牛舍、产房及隔离牛舍每天要进行清扫和消毒。

(6)根据免疫程序按时预防接种疫苗。疫苗种类、接种时间、剂量应按免疫程序进行操作。

(7)奶牛场要配合检疫部门做好每年两次全群牛的结核病检疫、一次布氏杆菌病检疫和上级兽医防疫卫生部门认为必需的检疫。

(8)外购的牛只应持有畜牧检疫部门的健康检疫证明,并经隔离观察和检疫,确认无传染病时,方可并群饲养。同时,患传染病的牛严禁调出或出售。

(9)奶牛场内不得屠宰牛只,死亡牛只应交由专人剖检,并作无害化处理。尸体接触之处和运送尸体后的车辆要做好清洁及消毒工作。

(10)奶牛场内禁止饲养其他畜禽,禁止将市购活畜禽及其产品带入场区。

(二)牛场一般防疫消毒设施

消毒的目的在于消灭牛体表面、设备器具及场内的病原微生物,切断传播途径,防止疾病的发生或蔓延,保证奶牛健康和正常的生产。牛场一般防疫消毒设施内容详见项目二任务1《牛的生产设施设备配置》部分。

(三)免疫接种

有计划地给健康牛群进行免疫接种,可以有效地抵抗相应传染病的侵害。为使免疫接种达到预期的效果,必须掌握本地区传染病的种类及其发生季节、流行规律,了解牛群的生产、饲养、管理和流动等情况,以便根据需要制订相应的防疫计划,适时地进行免疫接种。此外,在引入或输出牛群、施行外科手术之前,或在发生复杂创伤之后,应进行临时性免疫注射。对疫区内尚未发病的动物,必要时可做紧急免疫接种,但要注意观察,及时发现被激化的病牛。牛常用疫苗及免疫程序见表5-1。

表 5-1　牛部分传染病的免疫程序

（宋连喜.2007.牛生产）

疫病种类	疫苗名称	用法与用量	免疫期	注意事项
口蹄疫	口蹄疫弱毒疫苗	每年春、秋两季各用与流行毒株相同血清型的口蹄疫弱毒疫苗接种一次，肌肉或皮下注射，1～2岁牛1 mL，2岁以上牛2 mL。本疫苗残余毒力较强，能引起一些幼牛发病。因此，1岁以下的小牛不要接种。对猪也有致病力，故不得使用本苗给猪免疫	注射后14 d产生免疫力，免疫期4～6个月	接种本苗的牛、羊和骆驼不得与猪接触
狂犬病	狂犬病灭活疫苗	对被疯狗咬伤的牛，应立即接种狂犬病灭活疫苗，颈部皮下注射两次，每次25～50 mL，间隔3～5 d。在狂犬病多发地区，也可用来进行定期预防接种	免疫期6个月	
伪狂犬病	伪狂犬病氢氧化铝甲醛疫苗	疫区内的牛，每年秋季接种牛、羊伪狂犬病氢氧化铝甲醛疫苗1次，颈部皮下注射，成年牛10 mL，犊牛8 mL。必要时6～7 d后加强注射1次	免疫期1年	
牛瘟	牛瘟兔化弱毒疫苗	牛瘟免疫适用于受牛瘟威胁地区的牛。牛瘟疫苗有多种，我国普遍使用的是牛瘟兔化弱毒疫苗，适用于除朝鲜牛和牦牛以外的所有品种牛。无论大小牛一律肌肉注射2 mL，冻干苗按瓶签规定的方法使用。对牛瘟比较敏感的朝鲜牛和牦牛等牛种，可用牛瘟绵羊化兔化弱毒疫苗，每1～2年免疫一次	接种后14 d产生免疫力。免疫期1年以上	本苗按制造和检验规程应就地制造使用。以制苗兔血液或淋巴、脾脏组织制备的湿苗（1∶100）
炭疽	无毒炭疽芽孢苗	1岁以上的牛皮下注射1 mL，1岁以下的牛皮下注射0.5 mL	以上各苗均在接种后14 d产生免疫力。免疫期1年	
	第二号炭疽芽孢苗	大小牛一律皮下注射1 mL		
	炭疽芽孢氢氧化铝佐剂苗	为上述两种芽孢苗的10倍浓缩制品，用时以一份浓缩苗加9份20%氢氧化铝胶生理盐水稀释后，按无毒炭疽芽孢苗或第二号炭疽芽孢苗的用法、用量使用		
气肿疽	气肿疽明矾沉淀菌苗	近3年内曾发生过气肿疽的地区，每年春季接种气肿疽明矾沉淀菌苗1次，大小牛一律皮下接种5 mL，小牛长到6个月时，加强免疫1次	接种后14 d产生免疫力。免疫期约6个月	
肉毒梭菌中毒症	肉毒梭菌明矾菌苗	常发生肉毒梭菌中毒症地区的牛，应每年在发病季节前，使用同型毒素的肉毒梭菌明矾菌苗预防接种1次。如C型菌苗，每头牛皮下注射10 mL	免疫期可达1年	

续表5-1

疫病种类	疫苗名称	用法与用量	免疫期	注意事项
破伤风	破伤风类毒素	多发生破伤风的地区,应每年定期接种精制破伤风类毒素1次,大牛1 mL,小牛0.5 mL,皮下注射。当发生创伤或手术(特别是阉割术)有感染危险时,可临时再接种1次	接种后1个月产生免疫力。免疫期1年	
牛巴氏杆菌病	牛出血性败血症氢氧化铝菌苗	历年发生牛巴氏杆菌病的地区,在春季或秋季定期预防接种1次;在长途运输前随时加强免疫1次,体重在100 kg以下的牛4 mL,100 kg以上的牛6 mL,皮下或肌内注射	注射后21 d产生免疫力。免疫期9个月	怀孕后期的牛不宜使用
布氏杆菌病	流产布氏菌19号毒菌苗	每年定期检疫为阴性的地方可接种。只用于处女犊母奶牛(即6~8月龄),公牛、成年母牛及怀孕牛均不宜使用	免疫期可达7年	注意:用菌苗前后7 d内不得使用抗生素和含有抗生素的饲料。羊型5号毒菌苗对人有感染力,使用时要加强个人防护
	布氏杆菌羊型5号冻干毒菌苗	用于3~8月龄母犊牛,皮下注射,每头用菌数500亿。公牛、成年母牛及怀孕牛均不宜使用	免疫期1年	
	布氏杆菌猪型2号冻干毒菌苗	公母牛均可使用,孕牛不宜使用,本品可供皮下注射、气雾吸入和口服接种,为确保防疫效果,做皮下注射较好,注射菌数为500亿/头	免疫期2年以上	
牛传染性胸膜肺炎	牛肺疫兔化弱毒菌苗	接种时,按瓶说明使用,用20%氢氧化铝胶生理盐水稀释50倍。臀部肌内注射,牧区成年牛2 mL,6~12月龄小牛1 mL,农区黄牛尾端皮下注射用量减半。或以生理盐水稀释,于距尾尖2~3 cm处皮下注射,大牛1 mL,6~12月龄牛0.5 mL	接种后21~28 d产生免疫力,免疫期1年	注射后出现反应者可用"914"(新胂凡纳明)治疗
快死症	牛型魏巴二联菌	无论大小牛各肌肉注射5 mL。由魏氏梭菌和巴氏杆菌混合感染,引起最急性败血死亡。保护率85%	7 d产生免疫力,免疫期6个月	

三、卫生保健

(一)乳房卫生保健

奶牛乳房的健康,直接决定了牛奶中体细胞的数量。同时,还对牛奶中细菌数量产生一定的影响,从而与牛奶品质有着密切的关系,为此应做好以下几个方面的保健工作:

(1)挤奶员必须保持个人卫生:指甲勤修,工作服勤洗,每挤完1头牛应洗手臂,洗手水可用0.1%漂白粉或0.1%新洁尔灭溶液。

(2)保持清洁的挤奶环境:用45~50℃的温水按顺序洗净乳房、乳头,并将其由上而下擦干。夏季(7～9月份)可在水中加入 3%～4% 的次氯酸钠。

(3)乳房洗净后应进行按摩,使其膨胀后再挤奶,采用正确挤奶方法和操作规程。

(4)要干奶的牛,应在干奶前 10 d 进行隐性乳房炎监测,阳性牛进行治疗。干奶时,每个乳区注射一次抗生素药物。预产前一周,开始药浴乳头,每天 2 次。

(5)在乳房炎流行季节(7～9月份),每月对泌乳牛进行 1 次隐性乳房炎的监测。

(二)蹄部卫生保健

蹄部疾病是影响养牛业的重要疾病之一。牛患蹄部疾病会影响牛的正常行走、生产性能和利用年限。据报道,我国奶牛蹄病的发病率为 30% 以上,其中以南方潮湿和炎热地区尤为严重。因此,在生产中一定要做好蹄部保健工作。

1. 牛舍和运动场的环境与卫生

牛舍和运动场的地面应保持平整,及时清除粪便和砖头瓦块、铁器、石子等坚硬物体,夏季不积水,冬季不结冰,保持干燥。严禁使用炉灰渣垫运动场和通道。

2. 营养平衡

母牛蹄叶炎与消化道、子宫和泌乳系统的一些机能障碍有关。这些机能障碍在很大程度上受营养因素的影响。因此,日粮营养成分的平衡与否和日粮结构的变化对牛蹄的健康有很大影响,有时甚至造成牛群中大面积发病。

3. 修蹄

要经常保持蹄部卫生,牛在出产房前要预防性修蹄 1 次,另外每年春秋两季应全群普查牛蹄底部,对增生的角质要修平,过长或变形的蹄应及时修剪,对于腐烂坏死的组织要削除并清理干净。修蹄工具主要包括:修蹄刀、蹄切刀、弯曲手锉各 1 把及磨石 1 块。

4. 蹄浴

蹄浴是预防腐蹄病的有效方法。其药物一般用 3% 甲醛溶液或 10% 硫酸铜溶液,可达到消毒作用,并使牛蹄角质和皮肤坚硬,达到防止趾间皮炎及变形蹄的目的。蹄浴方法:拴系饲养牛注意清除趾间污物,将药液直接喷雾到趾间隙和蹄壁。散养乳牛在挤乳厅出口处(不是在入口处)修建药浴池,该池大小为长×宽×深:(3～5) m×0.75 m×0.15 m,药浴池地板要注意防滑,药液一般用(3～5 L 福尔马林＋100 L 水)或 10% 硫酸铜溶液,一池药液用 2～5 d,每月药浴 1 周。采用此法,乳牛走过遗留的粪土等极易沾污药液,故应及时更换新液。

5. 育种措施

蹄病的遗传已越来越被人们所重视,育种方案的实施对奶牛后代的肢蹄性状有很大的影响。有目的地选择育种性状,将肢蹄结构纳入育种选择指标,可有效提高后代蹄的质量。在生产中要使用已知可以提高肢蹄质量的验证过的公牛精液。

(三)营养代谢病监控

营养代谢病系奶牛特别是高产奶牛长期摄入某种营养物质不足或过量,导致机体代谢失调和紊乱。因此,对代谢病的防治要早期监测,及早预防。在奶牛生产中应采取以下措施:

1. 定期进行血样抽查

定期监测血液中的某些成分,可预报一个牛群的代谢性疾病的发生。通过血检发现某一成分下降至"正常"水平以下时,则可认为应该增加某一物质的摄入量,以代偿过量输出所造成的负平衡;而当发现某一成分过高"超常"时,则与某一物质摄入量过多有关。所以,每年应定期对干奶牛、低产牛、高产牛进行 2~4 次血检,及时了解血液中各种成分的含量和变化。所要检查的项目为:血糖、血钙、磷、钾、钠、碱贮、血酮体、谷草转氨酶、血脂等。根据所测结果,与正常值比较,找出差异,为早期预防提供依据。这样,使疾病由被动的治疗转为主动的防治。

2. 建立产前和产后酮体检测制度

产前和产后奶牛的健康,是影响奶牛产奶量的一个重要因素,故应对其加强检查。在产前 1 周和产后 1 个月内,隔日测尿 pH(可用试纸法,正常尿液 pH 为 7.0,当变黄时,即为酸性)、酮体或乳酮体 1 次,凡测定尿液呈酸性,尿(乳)酮体阳性者,可静脉注射葡萄糖液和碳酸氢钠溶液。另外,产前产后奶牛食欲不佳,体弱者,可静脉注射 10% 葡萄糖酸钙,以增强体质。在产奶高峰,精料喂量多时,应适当补充瘤胃缓冲剂,如碳酸氢钠和氧化镁、醋酸钠等,防止酸中毒。

(四)繁殖障碍预防

随着奶牛产奶水平的不断提高,不孕症的发病率也呈上升趋势。据报道,高产牛群(年产量超过 8 000 kg)母牛子宫和卵巢疾病发病率较一般牛群高 5%~15%。据 1993 年北京、上海、南京等 41 个奶牛场 9 754 头适繁母牛调查,不孕症发病率为 25.3%。为此,必须采取以下综合措施加以防范。

1. 保持良好体况

牛在泌乳初期和泌乳高峰期,由于受营养不足和体重的下降,受孕率明显下降,因此一定要注意日粮的适口性和营养平衡。定期对饲料营养成分进行化验监测,并保证优质干草和青贮饲料的充足供应是克服繁殖障碍行之有效的措施。

2. 干乳期和围产期饲养管理

干乳期合理投料,适当运动,控制母牛膘情(7~8 成膘),防止过肥或过瘦。过肥产后易出现繁殖障碍,如胎衣不下、子宫炎、子宫复原慢、平状卵泡等,使产后配种期延迟。

围产期要注意维生素 A、维生素 D、维生素 E 和微量元素硒的补充,同时还要注意矿物质、Ca、P 比例,以减少胎衣滞留和子宫复原延迟。

3. 产房管理

产房管理是奶牛健康管理的重点。产房人员必须接受培训,合格后才能上岗。大型奶牛场的产房要 24 h 有人看守。产房要保持清洁干燥,每周进行一次大扫除和大消毒,并保持室内通风干燥,以防产后感染。接产遵守自然分娩原则,注意防止造成产道创伤和感染。当出现临产征兆时,应尽快移至分娩牛床位。胎儿出生后要做好新生犊牛的护理工作。

4. 实施母牛产后监控

产后 24 h 以内要观察胎儿产出情况和产道有无创伤、失血等,还应注意观察胎衣排出时间和是否完整,以及母牛努责情况,要预防子宫外翻和产后瘫痪等;产后 1~7 d 为恶露大量排出期,要注意颜色、气味、内含物等变化。并应于早晚各测体温 1 次;产后 7~14 d,重点监控子宫恶露变化(数量、颜色、异味、炎性分泌物等),必要时还应做子宫分泌物的微生物培养鉴定。根据药敏试验结果进行对症治疗;产后 15~30 d,主要监控母牛子宫复原进程、卵巢形态,并描述卵巢形状、体积、卵泡或黄体的位置和大小,必要时可检测乳汁进行孕酮分析。此间还可以称量体重,如失重过大,应设法在 3 个月内恢复,如超过 4 个月将对繁殖造成不良影响;产后

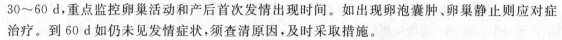
30~60 d,重点监控卵巢活动和产后首次发情出现时间。如出现卵泡囊肿、卵巢静止则应对症治疗。到 60 d 如仍未见发情症状,须查清原因,及时采取措施。

5. 建立繁殖记录体系

为了不断改进管理措施,奶牛开始繁殖以后就要建立终生繁殖卡片和产后监控卡片等。

◆◆◆ 任务 2 犊牛的饲养管理 ◆◆◆

犊牛一般是指从初生到 6 月龄的牛。

初生时犊牛自身的免疫机制发育还不够完善,对疾病的抵抗能力较差,主要依靠母牛初乳中的免疫球蛋白来抵御疾病的侵袭。另外,瘤胃和网胃发育差,结构还不完善,微生物区系还未建立,消化主要靠皱胃和小肠。所以,对饲养管理的要求较高。

一、哺乳期犊牛的饲养

(一)犊牛的消化特点与瘤胃发育

哺乳期犊牛瘤胃发育尚未健全,容积很小,一般初生 3 周后才出现反刍。所以,初生犊牛整个胃的功能与单胃动物的基本一样,前 3 个胃的消化功能还没有建立,主要靠真胃进行消化。随着犊牛年龄的增大和采食植物性饲料的增加,胃的发育便逐渐趋于健全,消化能力也随之提高。对犊牛除饲喂全乳外,补饲适量精料和干草可促使瘤胃迅速发育。补饲精料,有助于瘤胃乳头的生长;补饲干草则有助于提高瘤胃容积和组织的发育。

(二)确定哺乳形式和哺乳器皿

1. 哺乳形式的确定

根据生产性能的不同,犊牛的哺乳分为随母牛自然哺乳和人工哺乳两种形式。

肉用犊牛通常采用随母牛自然哺乳,6 月龄断乳。自然哺乳的前半期(90 日龄前),犊牛的日增重与母乳的量和质密切相关,母牛泌乳性能较好,犊牛可达到 0.5 kg 以上的平均日增重。后半期,犊牛通过自觅草料,用以代替母乳,逐渐减少对母乳的依赖性,平均日增重可达 0.7~1 kg。

乳用犊牛采用人工哺乳的形式,即犊牛生后与母牛隔离,由人工辅助喂乳。

2. 哺乳器皿的选择

常用的哺乳器皿有哺乳壶和哺乳桶(盆)。使用哺乳壶饲喂犊牛,可使犊牛食管沟反射完全,闭合成管状,乳汁全部流入皱胃,同时也比较卫生,如图 5-1 所示。用哺乳壶饲喂时,要求奶嘴质量要好,固定结实,防止犊牛撕破或扯下,可在乳嘴的顶部剪一个"十"字形口,以利犊牛吸吮,避免强灌。采用奶桶哺乳时,奶桶应固定结实。第一次饲喂时,通常一手持桶,用另一手食指和中指蘸乳放入犊牛口中使其吮吸,然后慢慢抬高桶,使犊牛嘴紧贴牛乳液面。习惯后,将手指从犊牛口中拔出,犊牛即会自行吮吸。如果不行可重复数次,直至犊牛可自行吮吸为止。哺乳桶(盆)饲喂(图 5-2),没有了吸吮的刺激,食管沟反射不完全,乳汁易溢入前胃,引起异常发酵,发生腹泻。

图 5-1　犊牛使用哺乳壶哺乳

图 5-2　犊牛使用哺乳盆哺乳

(三)训练犊牛哺乳、饮水与采食

1. 训练哺乳

(1)饲喂初乳:

①初乳与被动免疫。初乳是指奶牛产后 5～7 d 内所分泌的乳。初乳色黄浓稠,并有特殊的气味。初乳中含有丰富且易消化的养分,是犊牛生后的唯一食物来源。母牛产后第 1 天分泌的初乳中干物质比常乳多 1 倍,其中蛋白质含量多 4～5 倍,脂肪含量多 1 倍左右,维生素 A 多 10 倍左右,各种矿物质也明显高于常乳。随着分娩后时间的推移,初乳的成分逐渐向常乳过渡。

初乳中含有大量的免疫球蛋白,犊牛摄入初乳后,可获得被动免疫。母牛抗体不能通过牛的胎盘,因此,出生后通过小肠吸收初乳的免疫物质是新生犊牛获得被动免疫的唯一来源。初乳中主要免疫球蛋白有 IgG、IgA 和 IgM。IgG 是主要的循环抗体,在初乳中含量最高。初乳中的免疫球蛋白必须以完整的蛋白质形式吸收才有价值。犊牛对抗体完整吸收能力在出生后的几个小时内迅速下降,若犊牛在生后的 12 h 后才饲喂初乳,就很难从中获得大量抗体及其所提供的免疫力;若出生 24 h 后才饲喂初乳,对初乳中免疫球蛋白的吸收能力几乎为零,犊牛会因未能及时获得大量抗体而发病率升高。

此外,初乳酸度较高(45～50°T),使胃液变为酸性,可有效抑制有害菌繁殖;初乳富含溶菌酶,具有杀菌作用;初乳浓度高,流动性差,可代替黏液覆盖在胃肠壁上,阻止细菌直接与胃肠壁接触而侵入血液,起到良好的保护作用;初乳中含有镁和钙的中性盐,具有轻泻作用,特别是镁盐,可促进胎粪排出,防止消化不良和便秘。

②及时哺喂初乳。犊牛生后要尽早地吃到初乳,第一次初乳应在犊牛出生后约 30 min 内喂给,最迟不宜超过 1 h。根据初生犊牛的体重大小及健康状况,确定初乳的喂量。第一次初乳喂量一般为 1.5～2 kg,约占体重的 5%,不能太多,否则会引起犊牛消化紊乱。第二次饲喂初乳的时间一般在出生后 6～9 h。初乳日喂 3～4 次,每天喂量一般不超过体重的 8%～10%,饲喂 4～5 d;然后,逐步改为饲喂常乳,日喂 3 次。初乳最好即挤即喂,以保持乳温。适宜的初乳温度为 38℃ 左右。如果饲喂冷冻保存的初乳或已经降温的初乳,应加热到 38℃ 左右再饲喂。初乳的温度过低会引起犊牛胃肠消化机能紊乱,导致腹泻。初乳加热最好采用水浴加热,加热温度不能过高。过高的初乳温度除会使初乳中的免疫球蛋白变性

失去作用外,还容易使犊牛患口腔炎、胃肠炎。犊牛每次哺乳 1～2 h 后,应给予 35～38℃ 的温开水 1 次。

(2)饲喂常乳:犊牛哺乳期的长短和哺乳量因培育方向及饲养条件不同而不同。传统的哺喂方案是采用高奶量,哺喂期为 5～6 月龄,哺乳量达到 600～800 kg。实践证明,过多的哺乳量和过长的哺喂期,虽然犊牛增重较快,但对犊牛的消化器官发育不利,而且加大了犊牛培育成本。所以,目前许多奶牛场已在逐渐减少哺乳量,缩短哺乳期。一般全期哺乳量 300 kg 左右,哺乳期 2 个月左右。

常乳喂量 1～4 周龄为体重的 10%,5～6 周龄为体重的 10%～12%,7～8 周龄为体重的 8%～10%,8 周龄后逐步减少喂量,直至断奶。对采用 4～6 周龄早期断奶的母犊,断奶前喂量为体重的 10%。

(3)代乳品的应用:常乳期内犊牛可以一直饲喂常乳,但由于饲喂常乳成本高,投入大,现代化的牛场多采用代乳品代替部分或全部常乳。特别是对用于育肥的奶公犊,普遍采用代乳品代替常乳饲喂。饲喂天然初乳或人工初乳的犊牛在出生后 5～7 d 即可开始用代乳品逐步替代初乳。

代乳品是以乳业副产品(如脱脂乳、乳清蛋白浓缩物、干乳清等)为主的一种粉末状商品饲料。使用代乳品时,由于对质量要求高,加上代乳品配制技术和工艺比较复杂,一般不提倡养牛户自己配制,而应购买质量可靠厂家生产的代乳品。对于体质较弱的犊牛,应饲喂一段时间的常乳后再饲喂代乳品。

饲喂牛乳和代乳品时,必须做到定质、定时、定温、定人。定质是要求必须保证常乳和代乳品的质量,变质的乳品会导致犊牛腹泻或中毒。定时是要使喂乳时间相对固定,同时 2 次饲喂应保持一个合适的时间间隔。哺乳期一般日喂 2 次,间隔 8 h。代乳品的使用时期可以与全乳一样,在犊牛喂完初乳即可使用,每日等量喂给 2 次。定温是要保证饲喂的乳品的温度,牛乳的饲喂温度以及加温方法应和初乳饲喂时一样。定人是为了减少应激和意外发生。

也可以将初乳发酵,获得发酵初乳来饲喂犊牛,用以节约商品乳,降低饲养成本。饲喂发酵初乳时,在初乳中加入少量小苏打(碳酸氢钠),可提高犊牛对初乳中抗体的吸收率。

目前有很多大规模奶牛场,为降低犊牛哺育成本,用患有乳房炎的牛乳来哺喂犊牛,实践证明是可行的(但必须要进行巴氏消毒后方可使用)。

2. 训练饮水

犊牛出生 24 h 后,即应获得充分饮水,不可以用乳来替代水。最初 2 d 水温要求和乳温相同,控制在 37～38℃,尤其在冬季最好饮用温水,避免犊牛腹泻。

3. 训练采食

犊牛从生后第 4 天开始,补饲开食料。犊牛开食料是指适口性好,高蛋白(20%以上的粗蛋白质)、高能量(7.5%～12.5%的粗脂肪)、低纤维(不高于 6%～7%)精料,将少量犊牛开食料(颗粒料)放在乳桶底部或涂抹于犊牛的鼻镜、嘴唇上诱食,训练其自由采食,根据食欲及生长发育速度逐渐增加喂量,当开食料采食量达到 1～1.5 kg 时即可断乳。犊牛开食料推荐配方参考表 5-2。

表 5-2　犊牛精饲料的参考配方　　　　　　　　　　　　　　%

成分	含量	成分	含量
玉米	50～55	食盐	1
豆饼	25～30	矿物质元素	1
麸皮	10～15	磷酸氢钙	1～2
糖蜜	3～5	维生素 A/(μg/kg)	1 320
酵母粉	2～3	维生素 D/(μg/kg)	174

注:适当添加 B 族维生素、抗生素(如新霉素、金霉素、土霉素)、驱虫药。

二、断奶期犊牛的饲养

(一)适时断奶

传统的犊牛哺乳时间一般为 6 个月,喂奶量 800 kg 以上。随着科学研究的进步,人们发现缩短哺乳期不仅不会对母犊产生不利影响,反而可以节约乳品,降低犊牛培育成本,增加犊牛的后期增重,促进后备牛的提早发情,改善健康状况和母牛繁殖率。早期断奶的时间不宜采用一刀切的办法,需要根据饲养者的技术水准、犊牛的体况和补饲饲料的品质确定。在我国当前的饲养水平下,采用总喂乳量 250～300 kg,60 d 断奶比较合适。对少数饲养水平高、饲料条件好的奶牛场,可采用 30～45 d 断奶,喂乳量在 100 kg 以内。目前国外犊牛早期断奶的哺乳期大多控制在 3～6 周,以 4 周居多,也有喂完 7 d 初乳就进行断奶的报道。英国、美国一般主张哺乳期为 4 周(日本多为 5～6 周),哺乳量控制在 100 kg 以内。

(二)犊牛断奶方案的拟订

根据犊牛的营养需要,制定合理的断奶方案。荷斯坦犊牛断奶方案参照表 5-3。

表 5-3　早期断奶犊牛饲养方案

(闫明伟.2011.牛生产)　　　　　　　　　　　　　　kg/(头·d)

日龄	喂乳量	开食料
1～10	6	4 日龄开食
11～20	5	0.2
21～30	5	0.5
31～40	4	0.8
41～50	3	1.2
51～60	2	1.5

(三)断奶期犊牛的饲养

犊牛断奶后,因饲料结构发生了改变,会出现较大的应激反应,常会表现出日增重较低,毛色缺乏光泽、消瘦,此时应继续饲喂犊牛开食料一周左右,若转换牛舍为小群饲养,转换后还应继续一周左右的犊牛开食料然后再过渡到犊牛料,此时不可饲喂干草或其他饲料,待犊牛适应后(4月龄后)有条件可限制性饲喂0.5～1 kg优质苜蓿草。此时的犊牛由初乳所吸收的免疫球蛋白消耗殆尽,而自身的免疫系统尚未完全发育成熟,是犊牛饲养的第二个危险期,应高度重视。3～6月龄饲养方案参考表5-4。犊牛料配方参考表5-5。犊牛饲养程序参考表5-6。

表5-4 3～6月龄犊牛饲养方案

(闫明伟.2011.牛生产)   kg/(头·d)

月龄	犊牛料	限饲优质苜蓿草
3～4	2～2.5	0.5～1.5
4～5	2.5～3.5	0.5～1.5
5～6	3.5～4.5	0.5～1.5

表5-5 3～6月龄犊牛料配方

(闫明伟.2011.牛生产)   %

成分	含量	成分	含量
玉米	50	饲用酵母粉	3
麸皮	15	磷酸氢钙	1
豆饼	15	碳酸钙	1
花生饼	5	食盐	1
棉仁饼	5	预混料	1
菜籽饼	3		

表5-6 犊牛饲养程序

(闫明伟.2011.牛生产)

生长阶段	饲料	饲喂方法	目标	管理事项
初生至3日龄	初乳	每天用壶喂,生后第一次喂4 kg左右,每天饲喂3～4次,日喂量约6 kg	尽早吃上初乳,提高免疫力	出生后清除口鼻腔黏液,断脐带,称重,带耳标
4日龄至1月龄	从以常乳、发酵初乳或少量代乳品为主,逐渐向开食料过渡	从10日龄开始可使用哺乳桶(盆)饲喂,每天饲喂两次,日喂量占体重的10%左右。定时、定量、定温、定质。4日龄后自由采食开食料,并逐渐加量,适当饮水	日增重不低于0.44 kg	单栏、露天饲养,舍内厚垫草、干燥、卫生、防贼风、及时去角。预防腹泻、肺炎及其脑炎等病,提高成活率
1～2月龄	以开食料为主	当采食量增加到1 kg以上时就可断乳,时间6～8周	促进瘤胃发育,2月龄体重约80 kg	
3～6月龄	以犊牛料为主	日采食精料4.0 kg左右,分3次喂给	6月龄体重可达170 kg以上	4～6头小群饲养,圈内清洁,观察采食,定期称重。注射相关疫苗

三、管理犊牛

(一)新生犊牛的护理

1. 确保犊牛呼吸顺畅

新生犊牛应立即清除其口腔和鼻孔内的黏液,以免妨碍犊牛的正常呼吸和将黏液吸入气管及肺内。如果发现犊牛生后呼吸困难,可将犊牛的后肢提起,或倒提犊牛用以排出口腔和鼻孔内黏液,但时间不宜过长,以免因内脏压迫膈肌,反而造成呼吸困难。对呼吸困难的犊牛也可采用短小饲草刺激鼻孔和用冷水喷淋头部的方法来刺激犊牛呼吸。

2. 断脐

犊牛的脐带多可自然扯断,当清除犊牛口腔和鼻孔内的黏液后,脐带尚未自然扯断的,应进行人工断脐。在距离犊牛腹部8~10 cm处,用已消毒的剪刀将脐带剪断,挤出脐带中黏液,并用7%(不得低于7%,避免引发犊牛支原体病)的碘酊对脐带及其周围进行消毒,30 min后,可再次消毒,避免犊牛发生脐带炎。正常情况下,经过15 d左右的时间,残留的脐带干缩脱落。

3. 擦干被毛及剥离软蹄

在断脐后,应尽快擦干犊牛身上的被毛,立即转入温室(最低温度在10℃以上),避免犊牛感冒。最好不要让分娩母牛舔舐犊牛,以免建立亲情关系,影响挤乳或胎衣排出。然后,剥离犊牛的软蹄,利于犊牛站立。

4. 隔离

犊牛出生后,应尽快将犊牛与母牛隔离,将新生犊牛放养在干燥、避风的单独犊牛笼内饲养,使其不再与母牛同圈,以免母牛认犊之后不利于挤奶。

5. 饲喂初乳

初乳对新生犊牛具有特殊意义,犊牛在生后及时吃到初乳,获得被动免疫,减少患病的概率。

6. 特殊情况的处理

犊牛出生后如其母亲死亡或母牛患乳房炎,使犊牛无法吃到其母亲的初乳,可用其他产犊时间基本相同健康母牛的初乳。如果没有产犊时间基本相同的母牛,也可用人工初乳代替,人工初乳推荐配方见表5-7。对于人工初乳,饲喂前应充分搅拌,加热至38℃饲喂,最初1~2 d犊牛每天第一次喂奶后灌服液体石蜡或蓖麻油30~50 mL,以促其排净胎粪,胎粪排净后停喂;5~7 d后停喂维生素A,从第5天起抗生素添加量减半,到15~20 d时停用。

表5-7 人工初乳推荐配方

成分	单位	数量
鲜牛奶	kg	1
鱼肝油	mL	3~5
新鲜鸡蛋	个	2~3
土霉素或金霉素	mg	40~45

(二)犊牛管理

1. 对犊牛称重、编号、标记、建立档案

对犊牛称重是犊牛的一项常规管理,刚出生时要测初生重,以后每隔一个月测量一次犊牛重。初生重和月龄体重可反映出胚胎期和生后期犊牛的生长发育情况,进而推断饲养管理的好坏,以及成年后的体格大小等。荷斯坦牛生长发育相应体尺参考表5-8。

表5-8　牛生长发育体尺
(闫明伟.2011.牛生产)

月龄	体重/kg	胸围/cm	体高/cm
初生	41.8	76.2	74.9
1	46.4	81.3	76.2
3	84.6	96.5	86.4
6	167.7	124.5	102.9
9	251.4	144.8	113.1
12	318.6	157.5	119.4
15	376.3	167.6	124.5
18	440.4	177.8	129.5
21	474.6	182.4	132.1
24	527	—	137.0

犊牛编号的方法很多,有的小型牛场直接按自己场的牛出生顺序排序,采用2位或3位制,如001,002,再出生的就是003了;有的牛场在此基础上加上了出生年份,如2010年出生的犊牛,是2010年出生的第65个,那么编号为2010065。有的编号要把省份和场别加进去,即第1位用汉语拼音表示省,如黑龙江省用"H";第2位表示场号,如完达山牛场用"W";第三部分表示年份,如2010年用"10";第四部分为牛场出生的顺序号,如"89"号。全部排列即为HW1089。

中国荷斯坦母牛国家编号规则由12个字符组成,分为4个部分,即2位省(区市)代码+4位牛场号+2位出生年度号+4位牛只号。省(区市)代码是统一按照国家行政区划编码确定,由2位数组成,第一位是国家行政区划号,第二位是区划内编号。例如,北京市属"华北",编码是"1",北京市是"1",因此,北京编号为"11"。牛场编号的第一位用英文字母代表并顺序编写如A,B,C…Z,后3位代表牛场顺序号,用阿拉伯数字表示,即1,2,3…例如,A001…A999后,应编写B001…B999,依此类推。本编号由各省(区、市)畜牧行政主管部门统一编制,编号报送农业部备案,并抄送中国奶业协会数据中心。牛只出生年度编号统一采用年度的后2位数,例如,2009年出生即为"09"。牛只的出生顺序号用阿拉伯数字表示,不足4位数的用0补齐,顺序号由牛场(小区或专业户)自行编制。举例,北京市西郊一队奶牛场,一头荷斯坦母牛出生于2010年,出生顺序为第35个,其编号如下:北京市编号为11,该牛场在北京的编号为A001,牛只出生年度编号为10,出生顺序号为0035。因此,该母牛国家统一编号为11A001100035,牛场内部管理号为100035。全国省(区市)编码见表5-9。

表 5-9　全国省(区、市)编码

省(区、市)	代码	省(区、市)	代码	省(区、市)	代码
北京	11	安徽	34	贵州	52
天津	12	福建	35	云南	53
河北	13	江西	36	西藏	54
山西	14	山东	37	重庆	55
内蒙古	15	河南	41	陕西	61
辽宁	21	湖北	42	甘肃	62
吉林	22	湖南	43	青海	63
黑龙江	23	广东	44	宁夏	64
上海	31	广西	45	新疆	65
江苏	32	海南	46	台湾	71
浙江	33	四川	51		

对牛标记的方法有画花片、剪耳号、打耳标、烙号、剪毛及书写等数种,其中,塑料耳标法是目前国内使用最广的一种方法。耳标法是将牛的编号写或喷在塑料耳标上,然后用专用的耳标钳将其固定在牛耳上,标记清晰,方法简捷,可操作性强。

犊牛在出生后应根据毛色花片、外貌特征、出生日期、父母情况等信息建立档案,并详细记录这些信息。登记后要求永久保存,便于生产管理和育种工作之需。对犊牛的外貌特征记录可采用拍照的方式,三个角度即头部、左侧面、右侧面拍照,牛的花片特征终身不变。

2. 选择犊牛的饲养方式

犊牛的饲养分单栏和 5～10 头的小群通栏饲养。单栏饲养,可避免犊牛之间的接触,减少了疾病的传播;小规模的通栏饲养,能有效地利用空间,节约建设成本。牛场可根据自身的特点,选择犊牛的饲养方式。

3. 预防疾病

犊牛是牛发病率较高的时期,尤其是在生后的最初几周。主要原因是犊牛抗病力较差,此期的主要疾病是犊牛肺炎和下痢。

4. 剪除副乳头

乳房有副乳头时不利于乳房清洗,容易发生乳房炎。因此,在犊牛阶段应剪除副乳头。剪除副乳头的最佳时间是 2～6 周龄,尽量避开夏季。剪除方法是:先清洗、消毒乳房周围部位,然后,轻轻下拉副乳头,用锐利的剪刀(最好用弯剪)沿着基部剪掉副乳头,伤口用 2% 碘酒消毒或涂抹少许消炎药,有蚊蝇的季节可涂抹少许驱蝇剂。如果乳头过小,不能区分副乳头和正常乳头,可推迟直至能够区分时再进行。

5. 适时去角

为了便于成年后的管理,减少牛体之间相互受到伤害,犊牛应在早期去角。去角在犊牛的 2 月龄前进行,这一时期犊牛的角根芽在头骨顶部皮肤层,处于游离状态,2 月龄后,牛角根芽开始附着在头骨上,小牛角开始生长。去角常用的方法有加热法和药物法。

(1)加热法　利用高温破坏角的生长点细胞,达到不再长角的目的。此法应在犊牛 3～5 周龄进行。先将电动去角器通电升温至 480～540℃,然后用加热的去角器处理角基,每个角基根部处理 5～10 s 即可。

(2)药物法　是采用药物处理角基的方法,常用药物为棒状苛性钠(氢氧化钠)或苛性钾(氢氧化钾),通过灼烧、腐蚀,破坏角的生长点,达到抑制角生长的目的。此法应在犊牛 7～12 日龄进行。具体做法是:先剪去角基部的毛,在角根周围涂上凡士林,然后用苛性钠(或苛性钾)在剪毛处涂抹,直至有微量血丝渗出。注意保护好操作员的手和犊牛的其他部位皮肤、眼睛,避免碱的灼伤。

6. 日常管理

培育犊牛是一项责任心很强的工作。日常管理中,首先要对犊牛自身及其周围环境的卫生状况,严格把关;其次要做好犊牛的健康观察工作和保证犊牛每日合理的运动。

(1)卫生管理:哺乳用具(哺乳壶或乳桶)在每次用后都要严格进行清洗和消毒,程序为冷水冲洗—温热的碱性洗涤水冲洗—温水漂洗干净—倒置晾干,使用前用 85℃以上热水或蒸汽消毒。

犊牛栏应保持干燥,并铺以干燥清洁的垫草,垫草应勤打扫、更换。犊牛栏要定期地消毒,在犊牛转出后,应留有 2～3 周的空栏消毒时间。

犊牛舍要保证阳光充足、通风良好、冬暖夏凉。切忌不要把犊牛放置在阴冷、潮湿的环境中。

(2)刷拭:刷拭犊牛可有效地保持牛体清洁,促进牛体血液循环,增进人牛之间亲和力。每天给犊牛刷拭 1～2 次。刷拭最好用软毛刷,手法要轻,使牛有舒适感。有条件的牛场可为犊牛提供电动皮毛梳理器,满足刷拭的需要。

(3)运动:在夏季和天暖季节,犊牛在生后的 2～3 d 即可到舍外进行较短时间的运动,最初每天不超过 1 h。冬季除大风大雪天气外,出生 10 d 的犊牛可在向阳侧进行较短的舍外运动。犊牛随着日龄增加逐步延长舍外运动时间,由最初的 1 h 到 1 月龄后,每日运动在 4 h 以上或任其自由活动。

(4)健康观察:对犊牛进行日常观察,及早发现异常犊牛,及时妥当地处理,进而有效提高犊牛育成率。日常观察的内容包括:犊牛的被毛和眼神;犊牛的食欲和粪便情况;检查体内外有无寄生虫;有无咳嗽或气喘;犊牛体温情况;饲料是否清洁卫生;粗饲料、水、盐以及添加剂的供应情况;通过体重测定和体尺测量检查犊牛的生长发育情况。

四、犊牛舍饲养管理技术操作规程

1. 工作目标

(1)犊牛成活率≥95%。

(2)荷斯坦母犊 4 月龄体重≥110 kg,6 月龄体重≥170 kg。

2. 工作日程

7:00～8:00　犊牛拴系、喂乳、喂草料

8:00～9:00　核对牛号、观察牛只采食、精神、腹围、粪便、治疗

9:00～10:00　牛体卫生,牛舍饲料道、过道的清理等

14:30～15:30　犊牛拴系、喂乳、喂草料

15:30～16:30　核对牛号、观察牛只采食、精神、腹围、粪便、治疗

16:30～17:30　清理卫生、其他工作

21:00～22:00　犊牛拴系、喂乳、喂草料

22:00～23:00　配合畜牧技术员、饲料加工运输、兽医做好牛只疾病观察和信息传递

3. 技术规范

(1)犊牛出生后用毛巾清除口、鼻、身上的黏液,断脐,注射疫苗。出生1周内犊牛注意保温,保持犊牛栏清洁干燥。

(2)犊牛出生后1 h内哺喂初乳,第一次1.5～2.0 kg,然后按体重8%～12%供给初乳,保证初乳温度35～38℃。

(3)按犊牛体重的6%～10%供给常乳,对早期断奶犊牛按犊牛培育方案操作。

(4)出生2周后补喂精料20～50 g/d,补喂7～10 d后逐渐增加,以不下痢为原则:1月龄0.25 kg;2月龄0.5 kg;3月龄0.75 kg。7 d后补给优质幼嫩青干草,让其自由采食。

(5)哺乳期45～60 d,全程喂奶量在250～300 kg。

(6)断奶后逐渐增加开食料0.75～2.3 kg,以不下痢为原则:第六个月逐渐减少开食料,改为混合饲料。

(7)每天刷拭2次,保持体躯清洁,每月称重1次。1个月后放入运动场,让其自由活动,防止阳光暴晒。

(8)保持牛体、圈舍、哺乳用具清洁卫生,饲喂后用干净毛巾擦净牛嘴,防止舔癖。

　任务3　育成牛的饲养管理　

育成牛一般是指7月龄至第一次产犊阶段的母牛。相对于犊牛而言,育成母牛对环境的适应能力已大大提高,亦无妊娠、产乳负担,疾病较少,饲养管理相对比较容易。

一、育成母牛的饲养

育成母牛的性器官和第二性征发育很快,至12月龄已经达到性成熟。同时,消化系统特别是瘤网胃的体积迅速增大,到配种前瘤网胃容积比6月龄增大1倍多,瘤网胃占总胃容积的比例接近成年。因此,既要保证饲料有足够的营养物质,以获得较高的日增重;又要具有一定的容积,以促进瘤网胃的发育。

(一)7～12月龄育成牛的饲养

日粮以优质粗饲料为主,适当补充精料,平均日增重应达到0.7～0.8 kg。注意粗饲料质量,营养价值低的秸秆不应超过粗饲料总量的30%。一般精料喂量每天2.5 kg左右,从6月龄开始训练采食青贮饲料。正常饲养情况下,中国荷斯坦牛12月龄体重接近300 kg,体高115～120 cm。7～12月龄育成牛的饲养方案参考表5-10,精料配方组成参考表5-11。

表 5-10　7～12 月龄育成牛饲养方案

(闫明伟.2011.牛生产)　　　　　　　　　kg/(头·d)

月龄	精料	玉米青贮	羊草
7～8	2.5	3	2
9～10	2.5	5	2.5
11～12	2.5～3.0	10	2.5～3

表 5-11　7～12 月龄育成牛精饲料参考配方

(闫明伟.2011.牛生产)　　　　　　　　　　%

成分	1	2	3
玉米	50	50	48
麸皮	15	17	10
豆饼	15	10	25
葵子饼	—	8	—
棉仁饼	6	7	10
玉米胚芽饼	8	—	—
饲用酵母粉	2	4	2
碳酸钙	1	—	—
石粉	—	1	1
磷酸氢钙	1	1	1
食盐	1	1	1
预混料	1	1	1

(二)13 月龄至初次配种期间的饲养

此阶段育成母牛没有妊娠和产奶负担,而利用粗饲料的能力大大提高。因此,只提供优质青、粗饲料基本能满足其营养需要,可少量补饲精饲料。此期饲养的要点是保证适度的营养供给。营养过高会导致母牛配种时体况过肥,易造成不孕或以后的难产;营养过差会使母牛生长发育抑制,发情延迟,15～16 月龄无法达到配种体重,从而影响配种时间。配种前,中国荷斯坦牛的理想体重为 350～400 kg(成年体重的 70%左右),体高 122～126 cm。此期育成牛饲养方案参考表 5-12,日粮组成参考表 5-13,精饲料配方参考表 5-14。

表 5-12　13～18 月龄育成牛饲养方案

(闫明伟.2011.牛生产)　　　　　　　　　kg/(头·d)

月龄	精料	玉米青贮	羊草	糟渣类
13～14	2.5	13	2.5	2.5
15～16	2.5	13.2	3	3.3
17～18	2.5	13.5	3.5	4

表5-13 13～18月龄育成牛日粮组成(以干物质计)

(梁学武.现代奶牛生产.2002)

成分	1	2	3	4
苜蓿干草/kg	5.1	10.1	—	—
苜蓿青草/kg	—	—	5.4	—
玉米秸秆/kg	—	—	—	6.5
玉米青贮/kg	4.0	—	3.6	—
玉米/kg	—	—	—	1.5
44%粗蛋白质浓缩料/kg	—	—	0.27	1.3
磷酸氢钙/g	36	23	18	41
碳酸钙/g	—	—	—	23
微量元素添加剂/g	23	23	23	23
总喂量/(kg/d)	9.1	10.1	9.2	9.3

表5-14 13～18月龄育成牛精饲料配方

(闫明伟.2011.牛生产)   %

成分	1	2	3	4	5	6
玉米	47	45	48	47	40	33.7
麸皮	21	17.5	22	22	28	26
豆饼	13	—	15	13	26	—
葵子饼	8	17	—	8	—	25.3
棉仁饼	7	8	5	7	—	—
玉米胚芽饼	—	7.5	—	—	—	—
碳酸钙	1	1	—	1	—	3
磷酸氢钙	1	1	—	1	—	2.5
食盐	1	2	1	1	1	2
预混料	1	1	2	—	3	—
石粉	—	—	1	—	—	—
饲用酵母	—	—	5	—	—	—
尿素	—	—	—	—	2	—
高粱	—	—	—	—	—	7.5

(三)初孕牛的饲养

初孕牛指初配受胎至产犊前的母牛。一般情况下,发育正常的牛在15～16月龄已经配种怀孕,此阶段,除母牛自身的生长外,胎儿和乳腺的发育是其突出的特点。

初孕母牛不得过肥，要保持适当膘情，以刚能看清最后两根肋骨为较理想上限。

在妊娠初期胎儿增长较慢，此时的饲养与配种前基本相同，以粗饲料为主，根据具体膘情补充一定数量的精料，保证优质干草的供应。初孕母牛要注意蛋白质、能量的供给，防止营养不足，舍饲育成母牛精料和青贮饲料每天饲喂 3 次，精饲料日喂量 3 kg 左右，每次饲喂后饮水，可在运动场内自由采食干草。

妊娠后期（产前 3 个月），胎儿生长速度加快，同时乳腺也快速发育，为泌乳做准备，所需营养增多，需要提高饲养水平，可将精料提高至 3.5～4.5 kg。食盐和矿物质的喂量应该控制，以防加重乳房水肿；同时应注意维生素 A 和钙、磷的补充；玉米青贮和苜蓿要限量饲喂。如果这一阶段营养不足，将影响育成牛的体格以及胚胎的发育。初孕母牛饲养方案及精料配方参考表 5-15 和表 5-16。

表 5-15　初孕母牛饲养方案

（李建国.2007.现代奶牛生产）　　　　　　　　　　　　　　　kg/（头·d）

月龄	精料量	干草	玉米青贮
19	2.5	3	14
20	2.5	3	16
21	3.5	3.5	12
22～24	4.5	4.5～5.5	8～5

表 5-16　初孕母牛精料配方

（闫明伟.2011.牛生产）　　　　　　　　　　　　　　　　　　%

成分	比例	成分	比例
玉米	50	DDGS（玉米生产乙醇糟）	20
豆饼	25	育成牛复合预混料	5

二、育成牛的管理

1. 分群饲养

育成牛应根据年龄和体重情况进行分群，月龄最好相差不超过 3 个月，活重相差不超过 30 kg，每组的头数不超过 50 头。

2. 定期称重和测定体尺

育成母牛应每月称重，并测量 12 月龄、16 月龄的体尺，详细记入档案，作为评判育成母牛生长发育状况的依据。一旦发现异常，应及时查明原因，并采取相应措施进行调整。Hoffman（1997）认为荷斯坦后备母牛产前最佳体高是 138～141 cm。此外，生产实践中还常用体况评分来评价后备母牛的饲养管理效果，详见表 5-17。

3. 适时配种

育成母牛的适宜配种年龄应依据发育情况而定。此期要注意观察育成牛发情表现，一旦发现发情牛及时配种。对于隐性发情的育成牛，可以采用直肠检查法判断配种时间，以免漏配。一般情况下，荷斯坦牛 14～16 月龄体重达到 350～400 kg，娟姗牛体重达 260～270 kg 时，即可进行配种。

表 5-17 后备母牛各阶段理想的体高和体况

(梁学武.2002.现代奶牛生产)

月龄	3	6	9	12	15	18	21	24
体高/cm	92	104~105	112~113	118~120	124~126	129~132	134~137	138~141
体况评分	2.2	2.3	2.4	2.8	2.9	3.2	3.4	3.5

4. 加强运动

育成牛每天至少有 2 h 以上的驱赶运动。在放牧条件下运动时间充足,可达到运动要求。初孕母牛也应加大运动量,以防止难产的发生。

5. 刷拭和调教

育成母牛生长发育快,每天应刷拭 1~2 次,每次 5~10 min,及时去除皮垢,以保持牛体清洁,同时促进皮肤代谢并养成温顺的性格,易于饲养管理。传统拴系饲养要固定床位拴系。

6. 乳房按摩

育成母牛在 12 月龄以后即可进行乳房按摩。按摩时避免用力过猛,用热毛巾轻轻揉擦,每天 1~2 次,每次 3~5 min,至分娩半月前停止按摩。严禁试挤奶。

7. 检蹄、修蹄

育成母牛生长速度快,蹄质较软,易磨损。因此,从 10 月龄开始,每年春、秋季节应各进行一次检蹄、修蹄,以保证牛蹄的健康。初孕母牛如需修蹄,应在妊娠 5~6 月前进行。

8. 加强护理,防流保胎

对于初孕牛要加强护理,其中一个重要任务是防流保胎。母牛配种妊娠后,管理必须耐心、细心,经常通过刷拭牛体、按摩乳房等与之接触,使之养成温顺性格。注意清除造成流产的隐患。如冬季勿饮冰碴水,牛舍防止地面结冰,上下槽不急赶,不喂发霉冰冻变质饲料等。

9. 饮水

此期育成牛采食大量粗饲料,必须供应充足清洁的饮水。要在运动场设置充足饮水槽,供牛自由饮用。

10. 产前 2~3 周转入产房饲养

分娩前 2 个月,应转入成年牛舍与干乳牛一样进行饲养。临产前 2~3 周,应转入产房饲养,预产期前 2~3 d 再次对产房进行清理消毒。初产母牛难产率较高,要提前准备齐全助产器械,做好助产和接产准备。

三、育成牛舍饲养管理技术操作规程

1. 工作目标

(1)按时达到理想体型、体重标准。

(2)保证适时发情、及时配种受胎。

(3)乳腺充分发育。

(4)顺利产犊。

2. 工作日程

7:00~8:00 拴系牛只、喂草料、核对牛号、观察牛只采食、精神、腹围、粪便等。

8:00～9:00　　发情鉴定、配种、填写报表。

9:00～10:00　　刷拭牛体、牛舍饲料道、过道的清扫、清洁卫生。

14:30～15:30　　拴系牛只、喂草料、核对牛号、观察牛只采食、精神、腹围、粪便等。

15:30～16:30　　刷拭牛体、对产前2个月的牛只进行乳房按摩。

16:30～17:30　　清理卫生、配种及其他工作。

21:00～22:00　　配合畜牧、饲料加工运输、兽医做好牛只疾病观察和信息传递。

3. 技术规范

(1)每天刷拭2次,保持体躯清洁,每月称重1次。

(2)保持牛体、圈舍、饲喂用具清洁卫生。

(3)12月龄前和12月龄后的牛分群饲养。

(4)饲喂制度实行3次上槽或2次上槽,并在运动场设饲槽,自由采食干草。人工饲喂标准是先粗后精,先干后湿,少喂勤添,先喂后饮,及时清理(不空槽、不堆槽)。

(5)一般在12月龄开始按摩乳房,妊娠后每天2次用温水按摩,不得进行试挤奶。

(6)15～16月龄体重达到350～400 kg进行配种。

(7)日粮以干草、青贮料为主。根据粗饲料质量饲喂精料,一般每天2～3 kg,注意补充蛋白质饲料。

(8)妊娠3个月后,应加强管理,观察食欲,注意生理变化,体质不宜过肥。

(9)临产前2周,应转入产房饲养,预产期前2～3 d再次对产房进行清理消毒,做好助产和接产准备。

 任务4　成年奶牛的饲养管理

成年奶牛的饲养管理是影响奶牛产乳量和乳成分的最大因素。根据中华人民共和国专业标准《高产奶牛饲养管理规范》(简称规范)规定,成年奶牛划分为以下5个阶段:即围产期、泌乳盛期、泌乳中期、泌乳后期和干乳期。

一、成年奶牛一般饲养管理技术

正确的饲养管理是维护奶牛健康,发挥泌乳潜力,保持正常繁殖机能的最基本工作。虽然在不同阶段有不同的饲养管理重点,但有许多基本的饲养管理技术在整个饲养期都应该遵守执行。

1. 合理确定日粮

(1)保持合理的精粗比例:根据瘤胃的生理特点,以干物质计算精粗饲料的比例保持50：50(范围40：60～60：40)比较理想。切忌大量使用精饲料催奶。青绿、多汁饲料由于体积较大,其喂量应有一定的限度。保证日粮中各种养分的比例均衡,能满足奶牛的维持和泌乳需要。

(2)选择合适的饲料原料:奶牛喜食青绿、多汁饲料和精饲料,其次为青干草和低水分青贮饲料,对低质秸秆等饲料的采食性差。在以秸秆为主要粗饲料的日粮中,应将秸秆用揉搓机揉成丝状,然后,与精饲料或切碎的青绿、多汁饲料混合饲喂。

（3）保持饲料的新鲜和洁净:奶牛喜欢新鲜饲料,对受到唾液污染的饲料经常拒绝采食。所以,饲喂日粮时,应尽量采用少喂勤添的饲喂方法或定时将饲槽的草料向前推送,以使奶牛保持良好的采食量,同时,可有效减少饲料浪费。在饲料原料的收割、加工过程中,避免将铁丝、玻璃、石块、塑料等异物混入。

2. 定时、定量饲喂

定时饲喂会使奶牛消化腺体的分泌形成固定规律,有利于提高饲料的利用率。饲喂次数增加有利于提高生产力,但饲喂次数增加会加大劳动强度和工作量。国内养殖场普遍采用日喂 3 次,部分养殖场采用日喂 2 次。对高产奶牛最好采用日喂 3 次,产奶量低于 4 000 kg 的奶牛可采用日喂 2 次。生产中应尽量使两次饲喂的时间间隔相近。比较理想的方法是精饲料定时饲喂,粗饲料自由采食;或采用 TMR 定时饲喂。

3. 合理的饲喂顺序

对于没有采用全混合日粮饲喂的奶牛场,应确定合理的精粗饲料饲喂次序。从营养生理的角度考虑,较理想的饲喂次序是:粗饲料→精饲料→块根类多汁饲料→粗饲料,采用这种饲喂次序有助于促进唾液分泌,使精粗饲料充分混匀,增大饲料与瘤胃微生物的接触面,保持瘤胃内环境稳定,增加粗饲料的采食量,提高饲料利用率。现代化的奶牛场多采用挤奶时饲喂精饲料,挤完奶后饲喂粗饲料的方法。奶牛的饲喂次序一旦确定后要尽量保持不变,否则会打乱奶牛采食饲料的正常生理反应。

4. 充足、清洁、优质的饮水

牛舍、运动场必须安装自动饮水装置供牛自由饮用。没有自动饮水设备的牛场,每天饲喂后必须及时供应饮水,冬天 3 次,夏天 4～5 次。冬季饮水温度不应低于 8～12℃,高产牛 14～16℃;夏天应供凉水。

5. 加强运动

对于拴系饲养的奶牛,每天至少要进行 2～3 h 的户外运动。对于散养的奶牛,每天在运动场自由活动的时间不应少于 8 h。但应避免剧烈运动,特别是对于妊娠后期的牛。

6. 肢蹄护理

四肢应经常护理,以防肢蹄疾病的发生。护蹄方法为:牛床、运动场以及其他活动场所应保持干燥、清洁,尤其奶牛的通道及运动场上不能有尖锐铁器和碎石等异物,以免伤蹄。并定期用 5%～10% 的硫酸铜或 3% 福尔马林溶液洗蹄;正常情况每年修蹄 2 次;夏季用凉水冲洗肢蹄时,要避免用凉水直接冲洗关节部,以防引起关节炎,造成关节肢蹄变形。肢蹄尽可能干刷,以保持清洁干燥,减少蹄病的发生。

7. 乳房护理

首先要保持乳房的清洁,这样可以有效减少乳房炎的发生;其次,要经常按摩乳房,以促进乳腺细胞的发育。在特殊情况下,可以使用乳罩保护乳房。要充分利用干乳期预防和治疗乳房炎,并定期进行隐性乳房炎检测。

8. 刷拭牛体

奶牛每天应刷拭 2～3 次。梳刷时精神要集中,随时注意奶牛的动态,以防被牛踢伤,踩伤。正确的刷拭方法为:饲养员左手持铁刷,右手持硬毛刷。刷拭顺序为从颈部开始,由前到后,自上而下,先逆毛刷,后顺毛刷,刷完一侧再刷另一侧,要刷遍全身,不可疏漏。刷拭时,要用毛刷,铁刷主要用于除去毛刷上的毛和碰到的坚硬结块。对于难以刷掉的坚硬结块,应先用水软化,然后用铁刷轻轻刮掉,再用毛刷清理干净。对于乳房,应用温水清洗干净,再用毛刷刷。刷下的污物和毛发要及时清理干净,防止牛舔食在胃内形成毛团,影响消化。刷下的灰尘要避免污染饲料。对有皮肤病和寄生虫病的牛要采用单独的刷子,每次刷完后对刷子进行消毒。刷拭应在挤奶前 0.5～1 h 完成。

9. 做好观察和记录

饲养员每天要认真观察每头牛的精神、采食、粪便和发情状况,以便及时发现异常情况。对于出现的情况,要做好详细记录。对可能患病的牛,要及时请兽医诊治。对于发情的牛,要及时请配种人员适时输精。对体弱、妊娠的牛,要给予特殊照顾,注意观察可能出现流产、早产等征兆,以便及时采取保胎等措施。同时,要做好每天的采食和泌乳记录。发现采食或泌乳异常,要及时找出原因,并采取相关措施纠正。

二、泌乳牛的饲养管理技术

对泌乳牛饲养管理的要求是,泌乳曲线在高峰期比较平稳,下降较慢,保证母牛具有良好的体况及正常繁殖机能。根据母牛不同阶段的生理状态,营养物质代谢的规律,体重和产奶量的变化,泌乳期可分为围产后期、泌乳盛期、泌乳中期及泌乳后期四个阶段。

(一)泌乳牛各阶段的饲养

1. 围产后期(母牛分娩至第 21 天)

(1)生理特点:此期母牛刚刚分娩,机体衰弱,牛体抵抗能力降低,消化机能减弱,食欲较差,产道尚未恢复,乳腺和循环系统机能不正常,产乳量逐渐上升。为此,该阶段饲养重点主要作好母牛体质恢复工作,减少体内消耗,为泌乳盛期打下基础。为防止发生代谢紊乱,导致患酮血病或其他代谢疾病,应严禁过早催乳。

(2)营养需要:见表 5-18。

表 5-18　泌乳牛各阶段日粮营养需要

阶段划分	产奶天数或日产奶量	干物质占体重/%	奶能单位(NND)/个	干物质(DM)/kg	粗纤维(CF)/%	粗蛋白(CP)/%	钙(Ca)/%	磷(P)/%
围产后期	0～6	2.0～2.5	20～25	12～15	12～15	12～14	0.6～0.8	0.4～0.5
	7～15	2.5～3.0	25～30	13～16	13～16	13～17	0.6～0.8	0.5～0.6
泌乳盛期	20 kg	2.5～3.0	40～41	16.5～20	18～20	12～14	0.7～0.75	0.46～0.5
	30 kg	3.5 以上	43～44	19～21	18～20	14～16	0.8～0.9	0.54～0.6
	40 kg	3.5 以上	48～52	21～23	16～20	16～20	0.9～1.0	0.6～0.7
泌乳中期	15 kg	2.5～3.0	30	16～20	17～20	10～12	0.7	0.55
	20 kg	2.5～3.0	34	16～22	17～20	12～14	0.8	0.60
	30 kg	3.0～3.5	43	20～22	17～20	12～15	0.8	0.60
泌乳后期		2.5～3.5	30～35	17～20	18～20	13～14	0.7～0.9	0.5～0.6

(3)日粮要求:

分娩后喂给 30～40℃ 麸皮盐水汤(麸皮约 1 kg、盐 100 g,水约 10 kg),有条件可加适量益母草及红糖。

产后 2～3 d,喂给易于消化的饲料,适当补给麸皮、玉米,青贮料 10～15 kg,优质干草 2～3 kg,控制催乳料。

分娩后 4～5 d,根据牛的食欲情况,逐步增加精料、多汁饲料、青贮和干草的给量,精料每日增加 0.5～1 kg,直至产后第 7 d 达到泌乳牛日粮给料标准。在增加精料过程中,如见母牛消化不良,粪便有恶臭,乳房未消肿有硬结现象时,则应当适当减少精料和多汁饲料的喂量直至水肿消失、乳腺及循环系统已经恢复正常后,才可将饲料喂到定量标准。

母牛产后 1 周内应充分供给温水(36～38℃),不宜喂冷水,以免引起肠炎等疾病。

挤奶量控制:传统的做法是产后母牛 5 d 内,不可将乳房内的乳全部挤干净,乳房内留部分乳汁,以增高乳房内压,减少乳的形成,避免血钙进一步降低,防止血乳和母牛产后瘫痪的发生。一般产后 0.5 h 就可以挤乳,第一天每次挤乳量大约 2 kg,以够犊牛吃即可,第二天挤出全乳量的 1/3,第三天挤出 1/2,第四天挤出 3/4,第五天全部挤净。也有研究表明,产后正常挤尽奶,平衡营养,强化饲养,有利于奶牛采食量的恢复。

为尽快消除乳房水肿,每次挤奶时要用 50～60℃温水擦洗乳房和按摩乳房。

2. 泌乳盛期(母牛产后 21～100 d)

(1)生理特点:此期奶牛乳房水肿消失,乳腺和循环系统机能正常,子宫恶露基本排除、体质恢复,代谢强度增强,机体甲状腺、生乳素、催乳素分泌均衡,乳腺活动机能旺盛,产奶量不断上升,一些对产奶有不良影响的外界因素起不到干扰作用。这一段进行科学饲养管理能使母牛产乳高峰更高,持续时间更长。

泌乳高蜂一般多发生在产后 4～6 周,高产牛多在产后 8 周左右,最高采食量多出现在产后 12～16 周,易出现能量和氮的代谢负平衡,靠体内贮积的营养来源满足泌乳需要。由于大量泌乳,体重下降,高产奶牛体重可下降 35～45 kg。泌乳盛期过后往往出现产奶量突然下降,不仅影响产奶,还拖延配种时间,易出现屡配不孕及酮血病。

(2)营养需要:按体重 550～650 kg、乳脂率 3.5% 的奶牛日耗营养需要计算(表 5～18)。

(3)日粮要求:

精料给料标准:日产奶 20 kg 给 7.0～8.5 kg;日产奶 30 kg 给 8.5～10.0 kg;日产奶 40 kg 给 10.0～12.0 kg。

粗饲料饲喂标准:青饲料、青贮料头日给量 20 kg;干草 4.0 kg;糟渣类头日给量 10 kg 以下;多汁饲料头日给量 3～5 kg,日产奶 40 kg 以上,应注意补给维生素及其他微量元素。

精粗饲料比 65:35～70:30 的持续时间不得超过 30 d。

(4)为确保牛体健康,提高产乳量,确保繁殖能力,生产实践中为多诱导母牛摄取营养,以满足母牛产奶需要,常用的饲养方法有以下几种。

①引导饲养法。这种方法是在一定时期内采用高能量高蛋白质日粮喂牛,以促进大量产乳,"引导"泌乳牛早期达到高产。具体方法是,从母牛干乳期最后 2 周开始,每头牛喂给 1.8 kg 的精料,以后每天增喂 0.45 kg,直到 100 kg 体重吃到 1.0～1.5 kg 的精料为止,再不增加喂料量(如 500 kg 体重的牛,每天精料最多吃到 5.5～8.0 kg,在 14 d 内共喂料 60～70 kg)。母牛产犊后 5 d 开始,继续按每天 0.45 kg 增加料,直至泌乳高峰达到自由采食,泌乳高峰后再按产奶量、含脂率、体重等调整精料喂给量。引导饲养法可使多数母牛出现新的产乳高峰,增产趋势可持续整个泌乳期(图 5-3),主要用于高产奶牛。

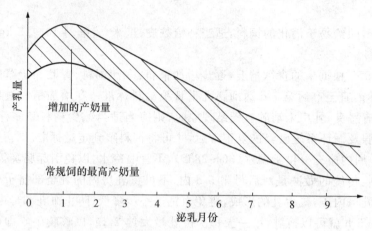

纵轴：产乳量　横轴：泌乳月份

增加的产奶量

常规饲的最高产奶量

图 5-3　"引导"饲养与常规饲养泌乳曲线比较

（昝林森.1999.牛生产学）

②短期优饲法。短期优饲法又叫预付饲养法，是在泌乳盛期增加营养供给量，以促进母牛泌乳能力的提高，具体方法是：在母牛产后 15～20 d 开始，根据产乳量除按饲养标准满足维持需要和泌乳实际需要外，再多给 1～1.5 kg 混合料，作为提高产乳量的"预付"饲料，加料后母牛产乳量继续提高，食欲、消化良好；隔一周再调整一次。此法适于一般产乳量的奶牛。

③更替饲养法。这种方法的具体做法是定期改变日粮中各类饲料的比例，增加干草和多汁料喂量、交错增减精料喂量，以刺激母牛食欲，增加采食量，从而达到提高饲料转化率和提高产乳量的目的。通常的做法是，每隔 7～10 d 改变 1 次日粮组成，主要是调节精料与饲草的比例，日粮总的营养浓度不变。

3. 泌乳中期（母牛产后 101～210 d）

(1)生理特点：此期母牛处于妊娠期，催乳素作用和乳腺细胞代谢机能减弱，产乳量随之下降，按月递减率为 5%～7%。

(2)营养需要：按体重 600～700 kg，乳脂率 3.5% 的奶牛日粮营养需要计算（表 5-18），在此期间母牛应恢复到正常况。每头日应有 0.25～0.5 kg 的增重。

(3)日粮要求：

精料给料标准：日产奶 15 kg 给 6.0～7.0 kg；日产奶 20 kg 给 6.5～7.5 kg；日产奶 30 kg 给 7.0～8.0 kg 以下。

粗料给料标准：青饲、青贮每头日给量 15～20 kg；干草 4 kg 以上；糟渣类 10～12 kg；块根多汁类 5 kg。

由于泌乳中期产奶量下降，饲养任务是减缓泌乳量下降速度、保持稳产，所以生产中可采取措施减慢下降速度，如饲料多样化，营养保证全价，且适口性好，适当增加运动，加强按摩乳房，保证充分饮水等。

4. 泌乳后期（母牛产后 211 d 至干乳）

(1)生理特点：母牛处于妊娠后期，胎儿生长发育快，胎盘激素、黄体激素作用强，抑制脑垂体分泌催乳素，产奶量急剧下降。

(2)营养需要：参见表 5-18。

（3）日粮要求：

精料给料标准：6～7 kg。

其他粗料给料标准：青饲、青贮，头日给量不低于 20 kg；干草 4～5 kg；糟渣和多汁饲料不超过 12 kg。

饲养标准按体重、产奶量、乳脂率每 1～2 周调整 1 次，膘情差的牛可在饲养标准基础上再提高 15％～20％。

（二）泌乳母牛的管理

（1）上槽前 10 min 引导牛排粪，入舍定位后，刷拭牛体、饲喂、准备挤奶。

（2）挤奶前先用 50℃左右温水擦洗乳房，挤出每个乳头的第一把奶，观察乳质、乳头情况，然后开始挤奶。

（3）手工挤奶用拳握法，先挤后乳房再挤前乳房，一次挤净，挤后药浴乳头。

（4）固定挤乳顺序，高产牛早班先挤乳，夜班后挤乳。

（5）挤奶机使用前后都要清洗干净，按操作规程要求放置。

（6）每头牛的产奶量要准确检斤记录。挤奶机设有计量显示器，每 10 d 测一次奶量。

（7）乳牛产犊后 40～50 d，出现产后第一次发情，此时要做好配种工作。产后 60 d 尚未发情的乳牛，应及时诊治。

（8）停奶采用快速停奶法，先由日产奶 3 次改为 1 次，然后隔日或隔两日一次，在 7 日内将奶停住。最后用药物封闭乳头，停奶后最初几天注意检查，发现异常及时报告兽医。

（9）干乳牛要和泌乳牛分开饲养，控制膘情防止过肥。

三、干乳牛的饲养管理

泌乳牛在下一次产犊前有一段停止泌乳的时间，称干乳期。干乳期是母牛饲养管理过程中的一个重要环节。干奶方法、干乳期长短、干乳期饲养管理好坏，对胎儿的正常生长发育、母牛的健康以及下一个泌乳期的产奶性能均有重要的影响。

（一）干乳时间

干乳期的长短，依每头母牛的具体情况而定。一般为 45～75 d，平均 60 d。若干奶过早，会减少母牛的产奶量，对生产不利；干奶过晚，则使胎儿发育受到影响，乳腺组织没有足够的时间进行再生和更新。初配或早配母牛、体弱及老年牛、高产牛以及牧场饲料条件差、营养不良的母牛需要较长的干乳期，一般为 60～75 d。对体质强壮、产奶量低、营养状况较好的母牛，其干乳期可缩短到 45～60 d。

（二）干乳方法

干奶的方法，一般可分为逐渐干奶法、快速干奶法、骤然干奶法（一次性快速干奶）。

1. 逐渐干乳法

逐渐干乳法是用 1～2 周的时间将泌乳活动停止。开始进行停奶的时间视奶牛当时的泌乳量多少和过去停奶的难易而定。泌乳量大的、难停奶的则早一些开始，反之则可迟些开始。

具体方法:在预定停奶前1~2周开始停止乳房按摩,改变挤奶次数和挤奶时间,由每天3次挤奶改为2次,而后一天1次或隔日1次;改变日粮结构,停喂糟粕料、多汁饲料及块根饲料,减少精料,增加干草喂量,控制饮水量(夏季除外)。当奶量降至4~5 kg时,一次挤尽即可。这种干乳法适合于患隐性乳腺炎或过去难以停奶的高产奶牛。因其停奶操作时间较长,控制营养,不利牛体健康,在生产中较少采用。

2. 快速干乳法

从干乳之日起,在5~7 d内将乳干完。开始干奶前一天,将日粮中全部多汁饲料和精料减去,只喂干草,控制饮水,每天饮2~3次,挤奶次数由3次改为2次,再次日又改为1次,最后改为隔日挤1次,当日产奶量降到8~10 kg以下时,即可停止。在挤奶操作上最关键的是要做到每次"挤净"。特别是在最后一次挤奶时,更要注意加强热敷按摩,认真挤净最后一把奶。当奶挤完后,最好用抗生素软膏注入每个乳头管内,常用的有金霉素眼膏,或干乳抗生素软膏。每个乳头管注入1支即可。然后用3%次氯酸钠或碘酒浸一浸乳头,再用火棉胶将乳头封闭,可以大大减少乳房炎的发生。经4~7 d就可完成干奶,此法一般适用于低产或中产乳牛。

3. 一次快速干奶

在干奶当天的最后1次挤奶时,加强乳房按摩,彻底榨干乳汁,然后每个乳头用5%碘酊浸泡一次,进行彻底消毒,并分别用乳导管向每个乳头管内注入抗生素油10 mL。抗生素油的配方是:青霉素400 000 IU,链霉素1 000 000 IU,磺胺粉2 g混入40 mL灭菌过的植物油(花生油、豆油)中,充分混匀后即可使用。

无论采取何种干奶方法,在停奶后的3~4 d内,母牛的乳房都会因积贮乳汁较多而膨胀。所以,乳头经封口后即不再触动乳房。要注意观察乳房的变化情况(是否有红肿、热、痛)和母牛的表现。正常情况下,停奶过3~5 d后,乳房内的积奶即开始逐渐被吸收,高产牛约10 d乳房收缩松软。若停奶后乳房出现过分充胀、红肿、发硬或滴奶等现象,应重新挤净处理后再行干奶。一般在干奶前10~15 d,均应进行隐性乳房炎检查,因为此期是治疗隐性乳房炎的最佳时期。

(三)干乳期母牛的饲养

母牛干乳期的饲养可分为干乳前期和干乳后期两个阶段进行。此期饲养任务是:保证胎儿正常发育,给母牛积蓄必要营养物质,在干乳期间,使体重增加50~80 kg,为下一个泌乳期产更多的奶创造条件。在此期间应保持中等营养状况,被毛光泽、体态丰满、不过肥或过瘦。

1. 营养需要

见表5-19。

表5-19　干乳期营养需要

阶段划分	干物质占体重/%	奶能单位(NND)/个	干物质(DM)/kg	粗纤维(CF)/%	粗蛋白(CP)/%	钙(Ca)/%	磷(P)/%
干乳前期	2.0~2.5	19~24	14~16	16~19	8~10	0.6	0.6
干乳后期(围产前期)	2.0~2.5	21~26	14~16	15~18	9~11	0.3	0.3

2. 日粮要求

精料给量标准:每头日 3～4 kg。其他粗料给量标准:青饲、青贮头日量 10～15 kg 左右;优质干草 3～5 kg;糟渣类、多汁类头日量不超过 5 kg。

3. 干乳期母牛的饲养

(1)干乳前期(干乳期的前 45 d):此期饲养原则是在满足母牛营养需要的前提下尽快干乳,乳房恢复松软正常。保持中等营养状况,被毛光亮,不肥不瘦。

干乳后 5～7 d,乳房还没变软,每日给予的饲料,可仍和干乳过程的饲料一样。干乳一周以后,乳房内乳汁被吸收,乳房变软,且已干瘪时,就要逐渐增喂精料和多汁饲料。再经 5～7 d 要达到干乳母牛的饲养标准,既要照顾到营养价值的全面性,又不能把牛喂的过肥,达到中上等体况。

(2)干乳后期(预产期前 15 d)。干乳后期也称围产前期,此期饲养目标是让母牛提前适应产后瘤胃的高精料饲喂模式。同时,要求母牛特别是膘情差的母牛有适当的增重,至临产前体况丰满度在中上等水平,健壮而不肥。据报道:干乳期间母牛每增重 1 kg,泌乳期内可增加 25 kg 牛奶。干乳后要逐渐加料,每天增加 0.45 kg 精料,直至奶牛每 100 kg 体重采食精料 1～1.5 kg 时止。

产前 4～7 d,如乳房过度肿大,要减少或停止精料和多汁饲料。如果乳房正常,则可正常饲喂多汁饲料。产前 2～3 d,日粮应加入小麦麸等轻泻饲料,防止便秘。一般可按下列比例配合精料:麸皮 70%、玉米 20%、大麦 10%、骨粉 2.0%、食盐 1.5%。对有"乳热症"病史的母牛,在其干乳期间必须避免钙摄取过量,一般将钙降到日粮干物质的 0.2% 或用阴离子盐产品＋高钙(150 g/d)。同时还应适当减少食盐的喂量。产犊后应迅速提高钙量,以满足产奶时的需要。

(四)干乳期母牛的管理

(1)做好保胎工作,防止流产、难产及胎衣滞留　保持饲料新鲜和质量,不喂冰冻的块根饲料、腐败霉烂饲料和有毒及霉变饲料,冬季不可饮冷水,水温不得低于 10℃。

(2)坚持适当运动,但必须与其他牛群分开,以免互相顶撞造成流产;冬季在运动场驱逐运动 2～3 h,产前停止活动。

(3)加强皮肤刷拭,保持皮肤清洁。

(4)按摩乳房,促进乳腺发育　一般干乳 10 d 后开始按摩,每天 1 次,但产前出现乳房水肿的牛就要停止按摩。

(5)围产前期产房管理　产房要昼夜设专人值班,根据预产期,做好产房、产间清洗消毒及产前准备工作。分娩牛提前 15 d 进入产房,临产前 1～6 h 进入产间。

四、奶牛全混合日粮饲喂技术

TMR 技术是国外 20 世纪 60 年代研制成功的一种饲料配合技术。所谓全混合日粮(total mixed ration,简称 TMR)是指根据奶牛的营养配方,将切短的粗饲料与精饲料以及矿物质、维生素等各种添加剂在饲料搅拌喂料车内充分混合成的一种营养平衡的日粮,也称为全价日粮(CR)。

(一)全混合日粮的利弊

1. 全混合日粮的优点

TMR与传统饲喂方法相比,具有以下优点:一是可以大幅度提高劳动效率;二是可以增加奶牛对饲料干物质的采食量,缓解奶牛在泌乳初期高产奶量的能量需要与进食之间的营养负平衡问题;三是精粗饲料混合均匀,改善饲料适口性,避免奶牛挑食和营养失衡现象的发生;四是增强瘤胃机能,维持瘤胃pH的稳定,降低奶牛发病率;五是因牛而异,饲养管理工作更具针对性,便于控制日粮营养水平;六是采用全混合日粮可更高效使用尿素、氨等非蛋白质含氮物。

2. 全混合日粮的缺点

采用全混合日粮,首先,奶牛必须进行分群饲喂,由于频繁分群增加了奶牛流动,给有关记录和测定带来不便,同时,在转群的过程中会对奶牛造成一定程度的应激。其次,必须具备能够进行彻底混合饲料的搅拌设备和用于称量及分发日粮的专业设备。第三,需要经常检测日粮营养成分,计算日粮配方。第四,长干草需进行切短混合。第五,应用TMR具有投资大、设备维护成本高、对道路和牛舍要求高、对配制技术要求高等缺点。因此,全混合日粮对于成母牛在100～150头以下的小型奶牛场不实用。

(二)全混合日粮饲养技术要点

1. 合理分群

全混合日粮饲养方式的奶牛场,要定期对个体牛的产奶量、乳成分、体况以及牛奶质量进行检测,并将营养需要相似的奶牛分为一群。对于大多数奶牛场可将成母牛分为三群,即高产牛群、中低产牛群和干奶牛群。

2. 经常检测日粮及其原料的营养含量

测定原料的营养成分是科学配制全混合日粮的基础。即使同一原料因产地、收割期及调制方法不同,其干物质含量和营养成分也有较大差异,所以应根据实测结果配制相应的全混合日粮。还必须经常检测全混合日粮的水分含量和奶牛实际的干物质采食量,以保证奶牛能食入足量的营养物质。一般全混合日粮水分含量以45%±5%为宜。

3. 科学配制日粮

在配合日粮时,除考虑奶牛产奶量和体况需要外,还应保证绝大多数牛在泌乳中期和后期摄取额外的营养物质,以补偿泌乳早期体重的损失,使初产牛或二胎牛在泌乳期有所增重。

4. 日粮的营养要平衡和均匀

配制全混合日粮是以营养浓度为基础,这就要求各原料组分必须计量准确、充分混合。使用全混合日粮,需要配备性能先进的饲料搅拌喂料车,它集饲料的混合和分发为一体,全混合日粮的饲喂过程由电脑进行控制。同时,为了保证日粮混合质量,还应制定科学的投料顺序和混合时间,投料顺序一般为:干草→精料(包括添加剂)→青贮料。混合时间:转轴式全混合日粮混合机通常在投料完毕后再搅拌5～6 min,如果日粮中没有15 cm以上的粗料则搅拌2～3 min即可。

5. 控制分料速度

采用混合喂料车投料,要控制车速(20 km/h)和放料速度,以保证全混合日粮投料均匀。

同时,每天投料 2 次以上,每次投料时饲槽要有 3%～5% 的剩料,以防牛只采食不足,影响产奶量。

6.检查饲养效果

注意观察奶牛的采食量、产奶量、体况和繁殖状况,根据出现的问题及时调整日粮配方和饲喂工艺,并淘汰难孕牛和低产牛,以提高饲养效果。

(三)使用全混合日粮的注意事项

(1)TMR 的质量直接取决于所使用的各饲料组分的质量。对于泌乳量超过 10 000 kg 的高产牛群,应使用单独的全混合日粮系统。这样可以简化喂料操作,节省劳力,增加奶牛的泌乳潜力。

(2)奶牛对 TMR 的干物质采食量:刚开始投喂 TMR 时,不要过高估计奶牛的干物质采食量。过高估计采食量,会使设计的日粮中营养物质浓度低于需要值。可以通过在计算时将采食量比估计值降低 5%,并保持剩料量在 5% 左右来平衡 TMR。

(3)为了防止消化不适,TMR 的营养物质含量变化不应超过 15%。与泌乳中后期奶牛相比,泌乳早期奶牛使用 TMR 更容易恢复食欲,泌乳量恢复也更快。

(4)分群合理。一个 TMR 组内的奶牛泌乳量差异不应超过 9～11 kg(4% 乳脂)。产奶潜力高的奶牛应保留在高营养的 TMR 组,而潜力低的奶牛应转移至较低营养的 TMR 组。如果根据 TMR 的变动进行重新分群,应一次移走尽可能多的奶牛。白天移群时,应适当增加当天的饲料喂量;夜间转群,应在奶牛活动最低时进行,以减轻刺激。

(5)饲喂 TMR 应考虑奶牛的体况情况、年龄及饲养状态。当 TMR 组超过一组时,不能只根据产奶量来分群,还应考虑奶牛的体况情况、年龄及饲养状态。高产奶牛及初产奶牛应延长使用高营养 TMR 的时间,以利于初产牛身体发育和高产牛对身体储备损耗的补充。

(6)TMR 每天饲喂 3～4 次,有利于增加奶牛干物质采食量。TMR 的适宜供给量应略大于奶牛最大采食量。一般应将剩料量控制在 5%～10%,过多过少都不好。没有剩料可能意味着有些牛采食不足,过多则会造成饲料浪费。当剩料过多时,应检查饲料配合是否合理,以及奶牛采食是否正常。

五、成年奶牛舍饲养管理技术操作规程

1.工作目标

(1)按计划完成全年产奶,奶牛存栏,成母牛年单产等任务指标。

(2)保证奶牛隐性乳房炎检出率≤18%。

(3)保证母牛情期受胎率≥55%,总受胎率≥92%,月空怀率<25%。

(4)保证母牛胎间距≤400 天,流产率<5%,繁殖障碍淘汰率<10%。

2.工作日程

7:00～8:00　拴系牛只、喂草料、核对牛号

8:00～9:00　观察牛群、发情鉴定、配种、填写报表

9:00～10:00　刷拭牛体、牛舍饲料道、过道的清扫、清洁卫生

14:30～15:30　拴系牛只、喂草料、核对牛号

15:30～16:30　刷拭牛体、观察牛群、治疗

16:30～17:30　清理卫生、配种及其他工作

21:00～22:00　拴系牛只、喂草料

22:00～23:00　配合畜牧、饲料加工运输、兽医做好牛只疾病观察和信息传递

3. 技术规范

(1)根据饲养标准供给营养；首先用粗饲料满足其需要，不足部分由精料供给。青贮饲料和干草是日粮的基础。一般每天 100 kg 体重给予 3～4 kg 青贮料，不低于 0.5 kg 的干草；精料按 100 kg 体重，控制在 1 kg 左右，最大量为 1.5 kg。

(2)实行 3 次上槽、3 次挤奶，工作日程和挤奶次数不得随意更改。

(3)饲喂次序按粗—精—粗顺序进行；运动场设粗饲料和矿物质补饲槽，自由采食。

(4)手工挤奶采用拳握式，要求坐姿自然，两腿夹桶，尾梢固定。挤奶速度按慢—快—慢程序进行，先挤后乳头，再挤前乳头，挤奶时中间不得中断，注意力要集中。

(5)机械挤奶前，先检查挤奶机和乳房情况，挤奶时注意挤奶频率，每分钟 70～80 次，第一二把奶挤到固定的容器里。

(6)注意牛乳品质，异常牛乳、乳房炎乳、初乳和清洗设备的奶水，不得混入挤奶桶。挤奶时不得沾奶、涂油，挤奶前要洗手，注意修剪指甲。

(7)挤奶前要擦洗牛只乳房，水温 45～50℃，每洗 1～2 头牛更换一次温水。挤奶的全过程需按摩乳房 2～3 次。

(8)每班挤奶，应按固定顺序进行，换人挤奶时，在挤奶前要介绍个体情况，做好每天各班产奶量记录。

(9)保持正常蹄肢，每年春、秋做好修蹄护蹄工作，个别异常蹄肢应及时处理。

(10)保持牛体、后躯、尾、乳房清洁。冬季干刷，夏季可湿刷，不得用水管直冲。

(11)干乳期 60 d，个别高产牛可延至 70～75 d。干乳方法，采取快速停奶法，1 周内把奶停住。中低产牛到干乳时，采用快速干乳法。

(12)停奶应根据配种受孕日期，按时停奶。干乳期饲养以优质粗饲料为主，防止饥饿停奶办法，停奶后立即恢复正常饲养定额。

(13)产前 10～15 d 经全身刷洗、消毒，送产房饲养管理。

(14)在产房期间采取丰富饲养管理，产前维持干乳期饲养水平，产后根据个体食欲、体质、产奶增加饲料，提高饲料营养。

(15)母牛分娩应在产床或固定的产栏内进行，有分娩征候，做好产床消毒，备好消毒药和常用器械。尽量采取自然分娩，不宜过早地用人工破水，发现异常及时请兽医诊治。分娩环境保持肃静，非工作人员禁止围观。

(16)母牛产前、产后的牛体、后躯、外阴部、尾部，用干刷和消毒水洗刷干净(1%来苏儿或0.1%高锰酸钾)。

(17)母牛分娩后，产床要铺垫褥草使产牛安静休息。犊牛擦干全身，除掉口、鼻腔黏液，去掉软蹄，对脐带做好消毒，不要结扎，称好犊牛初生重后，放置固定牛栏或运动圈内。

(18)母牛分娩后，应立即饮用温麸皮盐水 1～2 桶，夏季饮 1～2 d,冬季连续饮 3～4 d,同时要注意母牛的食欲。

(19)产后第一次挤的奶要立即喂给犊牛，并认真检查乳房情况，发现异常立即请兽医诊治。

任务5　挤奶技术

挤奶技术是发挥奶牛产奶性能的关键之一,同时,挤奶技术还与牛奶卫生以及乳腺炎的发病率直接相关。正确而熟练的挤奶技术可显著提高泌乳量,并大幅度减少乳腺炎的发生。挤奶方式主要分为手工挤奶和机械挤奶。

一、手工挤奶

手工挤奶是目前在我国小奶牛场和广大牧区广泛采用的一种挤奶方式。手工挤奶虽然比较原始,但是对患乳房炎牛及处于初乳期的牛则必须用手工挤奶。所以挤奶员除掌握机器挤奶技术外,还必须熟练掌握手工挤奶技术。

手工挤奶操作程序:准备工作→乳房的清洗与按摩→乳房健康检查→挤前三把奶→乳头药浴→擦拭乳房→套奶杯→挤奶→卸奶杯→乳头药浴→清洗器具。

(一)准备工作

挤奶前,要将所有的用具和设备洗净、消毒,并集中在一起备用。挤奶员要剪短并磨圆指甲,穿戴好工作服用肥皂洗净双手。

(二)乳房的清洗与按摩

先用温水将后躯、腹部清洗干净,再用50℃的温水洗乳房。擦洗时,先用湿毛巾依次擦洗乳头孔、乳头和乳房,再用干毛巾自下而上擦净乳房的每一个部位。每头牛所用的毛巾和水桶都要做到专用,以防止交叉感染。立即进行乳房按摩,方法是用双手抱住左侧乳房,双手拇指放在乳房外侧,其余手指放在乳房中沟,自下而上和自上而下按摩2~3次,同样的方法按摩对侧乳房。然后,立即开始挤奶。

(三)乳房健康检查

先将每个乳区的头两把奶挤入带面网的专用滤奶杯中,观察是否有凝块等异常现象。同时,触摸乳房是否有红肿、疼痛等异常现象,以确定是否患有乳房炎。检查时,严禁将头两把奶挤到牛床或挤奶员手上,以防止交叉感染。

(四)挤奶

对于检查确定正常的奶牛,挤奶员坐在牛一侧后1/3~2/3处,两腿夹住奶桶,精力集中,开始挤奶。挤奶时,最常用的方法为拳握法,但对于乳头较小的牛,可采用滑挤法。拳握法的要点是用全部指头握住乳头,首先用拇指和食指握紧乳头基部,防止乳汁倒流;然后,用中指、无名指、小指自上而下挤压乳头,使牛乳自乳头中挤出。拳握法挤奶见图5-4。挤乳频率以80~120次/min为宜,挤出奶量1.0~1.5 kg/min,每次挤奶需要5~8 min。当挤出奶量急剧减少时停止挤奶,换另一对乳区继续进行,直至所有的乳区挤完。滑挤法是用拇指和食指握住乳头基部自上而下滑动。此法容易拉长乳头,造成乳头损伤。

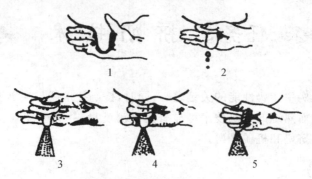

图 5-4　拳握法挤奶示意图

（昝林森.1999.牛生产学）

(五)乳头药浴

挤完奶后立即用浴液浸泡乳头,以降低乳房炎的发病率。因为挤完奶后,乳头需要 15～20 min 才能完全闭合,此时环境病原微生物极易侵入,导致奶牛感染。常用浴液有碘甘油(3％甘油加入 0.3％～0.5％碘)、2％～3％的次氯酸钠或 0.3％新洁尔灭。

(六)清洗用具

挤完奶后,应及时将所有用具洗净、消毒,置于干燥清洁处保存,以备下次使用。

二、机械挤奶

目前,大型现代化奶牛场均已采用机械挤奶。机械挤奶是利用挤奶机械进行挤奶。挤奶机械是利用真空原理将乳从牛的乳房中吸出,一般由真空泵、真空罐、真空管道、真空调节器、挤奶器(包括乳杯、集乳器、脉动器、橡胶软管、计量器等)、储存罐等组成。

机械挤奶操作程序:准备工作→挤奶前检查→乳房擦洗和按摩→乳头药浴→套奶杯→挤奶→卸奶杯→乳头药浴→清洗器具。

(一)准备工作

做好挤奶前的卫生准备工作,包括牛只、牛床及挤奶员的卫生,其准备工作与手工挤奶相似。

(二)挤奶前检查

调整挤奶设备及检查奶牛乳房健康。高位管道式挤奶器的真空读数调整为 48～50 kPa,低位管道的管道式挤奶器的真空读数调整为 42 kPa,将脉动器频率调到 40～69 次/min。检查奶牛乳房外表是否有红、肿、热、痛症状或创伤,将奶牛每个乳区前 3 把奶挤出并弃掉,如发现奶中有凝乳块,可以挤至 7 把奶,如果仍旧有凝乳块可以确诊为乳房炎,如果没有,则为正常。如果有乳房炎或创伤应进行手工挤奶,并做好记录(经鉴定确认为乳房炎的牛只,用黄色圆点在牛后肢下部做标记,跗关节上部为前乳区,跗关节下部为后乳区,左右后肢代表左右乳区），患乳房炎的牛奶另作处理。发现异常牛只或异常乳区时，做好相关记录及标记，并告知套杯人员，（如：乳房炎、水乳、血乳、乳区坏死、乳头外伤、乳头冻伤、乳头孔细等）。

（三）擦洗和按摩乳房

挤奶前，用消毒过的毛巾（最好专用）擦洗和按摩乳房，并用一次性干净纸巾擦干。淋洗面积不可太大，以免脏物随水流下增加乳头污染机会。这一过程要快，最好在 15～25 s 内完成。挤奶时手臂会不断地碰触乳房，为避免交叉感染，需要每挤 20 头牛，手臂进行一次消毒挤奶。

（四）对各乳头进行药浴

检验头两把奶无异常时，应立即药浴（图 5-5）。常用药液有碘甘油（3％甘油加 0.3％～0.5％碘）、0.3％新洁尔灭或 2％～3％次氯酸钠。消毒时需要消毒枪柄垂直向上均匀喷洒，保证每一个乳区，乳头四周的底部能全部覆盖。等待 30 s 后用纸巾擦干。

（五）套奶杯

套奶杯时开动气阀，接通真空，一手握住集乳器上的 4 根管和输奶管，另一只手用拇指和中指拿着乳杯，用食指接触乳头，依次把乳杯迅速套入 4 乳头上（图 5-6），并注意不要有漏气现象，防止空气中灰尘、病原菌等吸入奶源中。这一过程应在 45 s 内完成。

图 5-5　药浴乳头

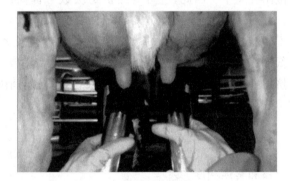

图 5-6　上杯

（六）挤奶

充分利用奶牛排乳的生理特性进行挤奶，大多数奶牛在 5～7 min 内完成排乳。挤奶器应保持适当位置，避免过度挤奶造成乳房疲劳，影响以后的排乳速度。通过挤奶器上的玻璃管观察乳流的情况，如无乳汁通过应立即关闭真空导管上的开关，挤奶完毕。

转盘巡杯人员需要佩戴药浴杯，发现正常脱杯的牛只及时进行后消毒。注意观察后肢上的识别带是否上错杯，巡视是否发生过度挤奶现象，并立即纠正。有的牛只会出现踢杯的情况导致漏气的出现。巡杯人员要注意洗手消毒，避免乳房炎交叉污染。

（七）卸杯

关闭真空导管上的开关 2～3 s 后，让空气进入乳头和挤奶杯内套之间，再卸下奶杯。避免在真空状态下卸奶杯，否则易使乳头损伤，并导致乳房炎。

(八)乳头药浴

挤奶结束后必须马上用药液浸乳头,阻止细菌的侵入。因为在挤奶后15~20 min乳头括约肌才能完全闭合。用药液浸乳头是降低乳腺炎的关键步骤之一。乳头浸液,现配现用,后药浴浓度不得低于10 000 mg/L,护肤剂成分不得低于2%。用药液浸乳头30 s后,再用一次性干净纸巾或消毒过的毛巾擦净。每天对药液杯进行一次清洗消毒。

(九)清洗器具

每次挤完奶后清洗厅内卫生,做到挤奶台上、台下清洁干净;管道、机具立即用温水漂洗,然后用热水和去污剂清洗,再进行消毒,最后凉水漂洗。至少每周清洗脉动器一次,挤奶器、输乳管道冬季每周拆洗一次,其他季节每周拆洗两次。凡接触牛乳的器具和部件先用温水预洗,然后浸泡在0.5%纯碱水中进行刷洗。乳杯、集乳器、橡胶管道都应拆卸刷洗,先用清水冲洗,再用1%漂白粉液浸泡10~15 min,最后晾干以备下次使用。

三、挤奶次数和间隔

泌乳期间,乳汁的分泌是不间断的,随着乳汁在腺泡和腺管内的不断聚积,内压上升将减慢泌乳速率。因此,适当增加挤奶次数可提高产奶量。据报道,3次挤奶产奶量较2次提高16%~20%,而4次挤奶又比3次多10%~12%。尽管如此,在生产上还得同时兼顾劳动强度、饲料消耗(奶牛3次挤奶的干物质采食量较2次多5%~6%)及牛群健康。通常在劳动力低廉的国家多实行日挤奶3次,而在劳动费用较高的欧美国家,则实行日挤奶2次。采用3次挤奶,挤奶间隔以8 h为宜,而2次挤奶,挤奶间隔则为12 h为宜。

四、挤奶注意事项

(1)要建立完善合理的挤奶规程。在操作过程中严格遵守,并建立一套行之有效的检查、考核和奖惩制度。

(2)要保持奶牛、挤奶员和挤奶环境的清洁、卫生。挤奶环境还要保持安静,避免奶牛受惊。挤奶员要和奶牛建立亲和关系,严禁粗暴对待奶牛。

(3)挤奶次数和挤奶间隔确定后应严格遵守,不要轻易改变,否则会影响泌乳量。

(4)产犊后5~7 d内的母牛和患乳房炎的母牛不能采用机械挤奶,必须使用手工挤奶。使用机械挤奶时,安装挤奶杯的速度要快,不能超过45 s。

(5)挤奶时密切注意乳房情况,及时发现乳房和奶的异常。同时,既要避免过度挤奶,又要避免挤奶不足。

(6)挤乳后,尽量保持母牛站立1 h左右。这样可以防止乳头过早与地面接触,使乳头括约肌完全收缩,有利于降低乳房炎发病率。常用的方法是挤奶后供给新鲜饲料。

(7)迅速进行挤奶,中途不要停顿,争取在排乳反射结束前将奶挤完。

(8)挤奶时第一、第二把奶中含细菌较多,要弃去不要,对于病牛,使用药物治疗的牛,乳房炎牛的牛奶不能作为商品奶出售,不能与正常奶混合。

(9)挤奶机械应注意保持良好工作状态,管道及盛奶器具应认真清洗消毒。

五、鲜奶的初步处理

(一)鲜奶的过滤

在挤乳(尤其是手工挤乳)过程中,牛乳中难免落入尘埃、牛毛、粪屑等,因而会使牛乳加速变质。所以刚挤下的牛乳必须用多层(3~4 层)纱布或过滤器进行过滤,以除去牛乳中的污物和减少细菌数目。纱布或过滤器每次用后应立即洗净、消毒,干燥后存放在清洁干燥处备用,也可以在输乳管道上隔段加装过滤筒对牛乳进行过滤。用过的过滤筒必须按时更换和消毒。

(二)鲜奶的冷却

刚挤出的牛奶,虽然经过滤清除了一些杂质,但由于牛奶温度高(35℃)很适于细菌繁殖。据测定,细菌每 10~20 min 分裂繁殖一代,3 h 后 1 个细菌可增殖到 30 万之多。所以过滤过的牛奶应立即冷却到 4~5℃,冷却降温可有效抑制微生物的繁殖速度,延长牛乳保存时间。

常用的冷却方法主要有水池冷却法、冷排冷却法、热交换器冷却法、直冷式乳罐冷却法等。

(三)鲜奶的运输

奶牛场生产的鲜奶往往需要运至奶品厂进行加工。如果运输不当,会导致鲜奶变质,造成重大损失。因此鲜奶运输中应注意以下几点:

(1)防止鲜奶在运输中温度升高,尤其在夏季运输,最好选择在早晚或夜间进行。运输工具最好用专用的奶罐车,如用奶桶运输应用隔热材料遮盖。

(2)容器内必须装满盖严,以防止在运输过程中因震荡而升温或溅出。

(3)尽量缩短运输时间,严禁中途停留。

(4)运输容器要严格消毒,避免在运输过程中污染。

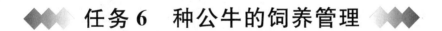

任务6　种公牛的饲养管理

种公牛对牛群发展和提高牛群品质,加速黄牛改良进度起着极其重要的作用。各省、市、自治区和重点养牛县,相继成立了以生产冷冻精液为中心的种公牛站。种公牛站为繁育技术的指导部门,担负着所在地区冻精供应与牛群繁殖改良的任务。

由于我国牛群分布很广,遍及全国各地,一些较偏僻交通不便,而牛数较少地区,冻精配种尚未普及,目前仍分散饲养着一定数量的种公牛。无论是集中饲养、还是分散饲养种公牛,都必须进行科学的饲养管理。因此,科学饲养种公牛,对保证种公牛的体格健壮,提高精液的品质与延长使用年限都是十分重要的。

一、种公牛的特性

1. 记忆力强

种公牛对其接触过的人和事记忆深刻,多年不忘。例如对鞭打过它的人和治过病的兽医,再次接触都有抵触的表现。因此,要固定专人管理,通过饲喂、饮水、刷拭等活动加以调教,摸透脾气以便管理,不要给予恶性刺激。

2. 防御反射强

种公牛具有较强的自卫性,当陌生人接近或态度粗暴时,立即引起防御反射,表现出两眼圆睁,鼻出粗气,前蹄刨地,低头两角对准目标的争斗态势。一旦公牛脱缰时还会出现"追捕反射",追赶逃窜的活体目标。

3. 性反射强

公牛在采精时勃起反射、爬跨反射、射精反射都很强,射精冲力很猛。如果长期不采精或采精技术不良,公牛的性格往往变坏,容易出现顶人和自淫的恶癖。

二、种公牛培育要求

种公牛对牛群的改良和提高起着决定性作用,种公牛的培育技术复杂,培育时间也较漫长,培育要求则很具体、明确,其各阶段的培育要求见表5-20。

表 5-20　荷斯坦种公牛各阶段培育指标

(昝林森.2007.牛生产学·第二版)

月龄	体重/kg	体高/cm	胸围/cm	阴囊围/cm
初生	40	—	—	—
6	200	—	130	24
12	400	125	163	31
15	500	—	—	33.5
18	550	135	188	35
21	625	—	200	36.5
24	720	147	210	37
30	816	153	220	—
36	950		230	—
42	1 007		240	—
48	1 140		250	39
60	1 200		260	—

(一)具备优秀的遗传素质

冷冻精液和人工授精的广泛使用以及全球化育种的实现,使公牛在畜群遗传改良中的作用更显重要。为此,众多的国际化遗传公司,在全球范围内搜索最优秀的公母牛作为下一代年轻公牛的亲本,同时将选择重点放在对小公牛生产性能遗传潜力上。

(二)保持健壮的体质

这是确保种公牛种用价值最根本的一条。而种公牛精力充沛,有雄性威势是种公牛体质健壮的重要特征。生产中就是要保持公牛具有中上等膘情,腰角明显而不突出,肋骨微露而不明显。如果营养过度,运动不足,会使公牛肥胖而精神萎靡不振,性欲迟钝,配种时不思爬跨。反之,如营养不足,牛体瘦弱,也会降低性欲和精液质量。故过肥、过瘦都不适当。

(三)提高精液质量

喂给种公牛的饲料应含有全价营养,特别是饲料中含有足够的蛋白质、矿物质和维生素。这些营养物质对精液的生成与提高精液品质。以及对公牛的健康均有良好作用。若蛋白质不足会影响种公牛的射精量、精子密度和活力及生存指数,过多也会影响种公牛的生殖力。据报道,种公牛在蛋白质特别丰富的牧地上放牧(蛋白质占干物质的35%),反而造成种公牛不育。

(四)延长利用年限

种公牛一般在 7 月龄开始有性表现,10～14 月龄开始性成熟,1.5 岁开始初配。这时种公牛还没达到最大的繁殖能力,不应过度使用。生产实践中,应加强饲养管理,合理利用,创造适宜的环境条件和熟练的采精技术,确保种公牛长寿和终生正常生产。克服由于健康恶化、形成恶癖、未老先衰提前淘汰的现象。

三、不同阶段种公牛的饲养技术

种公牛的饲养依年龄、膘情状况而不同,对于购回或外地引入的、本场培育的青年公牛和已有的成年公牛要予以分别对待。正确饲养种公牛的主要衡量标准是:强的性欲、良好的精液质量、正常的膘情和种用体况。

(一)购回公牛的饲养

由外地引进公牛,年龄多数 2 岁左右,经过长途运输和拖、拽等应激,需要有 30～40 d 的恢复期,先喂容积大的饲料,如优质干草、压片的燕麦或大麦配制的日粮,逐渐补充一些多汁饲料。加强运动最为重要,在舍饲条件下,每天至少有 3 km 的行走活动,例如公牛运动架,一圈距离 40 m,则需绕 75 圈,按每圈 1～1.5 min 计,上下午各安排 50～60 min 的运动时间。夏季青绿饲料丰富时,逐渐限制高能量饲料的喂量,防止肥胖,矿物质和盐放在盒中,任其自由舔食。

(二)种公犊的饲养

种公犊自幼即应加强饲养,使之充分发育,较大限度发挥其遗传性能。具体做法是,生后 2 月龄以内的小公犊的日粮以及饲养方式,一般与母犊相似,但需要适当饲喂全乳及脱脂乳;小公犊的断奶时间一般为 6 月龄,日喂乳量,第一个月为 7～8 kg;第二个月全乳由 8 kg 减至 6 kg,加喂 3～4 kg 脱脂乳;第三个月,全乳减至 5 kg 或 4 kg,脱脂乳增至 10 kg 左右;第四至第六个月,少量全乳,增加脱脂乳用量。6 个月共喂全乳 600 kg 左右,脱脂乳 500 kg 以上,混合精料 60 kg 左右及少量优质干草,日增重可达 1 000 g 左右。

(三)青年种公牛的饲养

农场自己培育的青年公牛,通常从断奶至 3 岁,按年龄分组在栏内饲养。断奶后的公牛要让其充分生长发育,表现所具有的遗传性状,饲料量应比成年牛相应多一些,但不能过分饲养,同时安排较多的运动。喂料过多、又缺少运动会引起日后生育力不强,甚至不育。出现精子质量低,肢、腿不结实等迹象。

正常生长发育情况下,从断奶到 12～15 月龄期间,日增重依品种和季节有些差异,通常可达到 0.9～1 kg。每日供给的饲料量占体重的 2.5%,饲料组成中精料占 50% 以上;从 15 月龄至 3 岁,平均日增重约 0.8～0.9 kg,饲料供给量占体重的 2%～2.25%,逐渐增加粗饲料比重。粗料打碎后与精料混合,由人工按时喂或倒入槽中自由采食(分栏散养)。如果自由采食,必须是全混合日粮,以防挑食精料。每 100 kg 体重精料喂量,开始高一些,随着体重和年龄的增加,精料比例逐渐下降,粗料比例逐渐增加。混合精料的配合可参阅表 5-21。表中没有微量元素添加剂,建议以混合矿物盐形式置盒中供自由舔食。依青饲料和多汁饲料供应情况,每千克混合精料中可酌情添加维生素 A 5 000 IU,公牛日粮配制参阅表 5-22。粗饲料应优先选择优质的给公牛,以保证营养含量满足需要,低质粗饲料营养含量低,加大喂量往往使公牛肚子撑得很大,饲养中要引起重视。

表 5-21　公牛混合精料配方表
(陈幼春.2007.实用养牛大全)　　　　　　　　　　　%

成分	数据	成分	数据
玉米	62	盐	1
麸皮	15	营养水平	
豆粕	5	粗蛋白	16.1
棉仁饼	15	综合净能(MJ/kg)	8.24
小苏打	1	钙	0.50
石粉	1	磷	0.42

表 5-22　公牛日粮举例(体重 500 kg)
(陈幼春.2007.实用养牛大全)

成分	数据
混合料/%	0.8
干草(羊草)/kg	3
玉米青贮(湿)/kg	8
营养含量	
干物质/kg	8.7
粗蛋白/g	950
综合净能/MJ	51.1
钙/g	392
磷/g	269

有放牧条件的地方,对青年公牛应分群管理,一群不超过 10～15 头,选择年龄和体型大小相近的分为一群,牧场上要有围栏,公牛在内既能采食牧草,又能充分运动。随着公牛的发育,应对公牛个体称重、测量体尺,并做记录。

正常管理情况下,在 14～15 月龄时,青年公牛能达到成年体重的 50%,并可以有限制地参加配种。过度使用,会缩短公牛的利用时间。如有配种任务,要根据牧草情况,给公牛补饲一定数量的混合精料。配种季节后,降低精料喂量,以优质粗饲料为主。

(四)成年种公牛的饲养

1. 成年种公牛饲养标准

见表 5-23。

表 5-23 种公牛的营养需要

体重 /kg	日粮干物质 /kg	奶牛能量单位 (NND)/T	产奶净能 /MJ	可消化粗蛋白 /g	粗蛋白 /g	钙/g	磷/g	胡萝卜素 /mg	维生素 A /10³ IU
500	7.99	13.40	42.05	423	651	32	24	53	21
600	9.77	15.36	48.20	485	746	36	27	64	26
700	10.29	17.24	54.10	544	837	41	31	74	30
800	11.37	19.05	59.79	602	926	45	34	85	34
900	12.42	20.81	65.32	657	1 011	49	37	95	38
1 000	13.10	22.52	70.67	711	1 091	53	40	106	42
1 100	14.44	24.26	75.94	761	1 175	57	43	117	47
1 200	15.12	25.83	81.05	816	1 255	61	46	127	51
1 300	16.37	27.49	86.07	866	1 332	65	49	138	55
1 400	17.31	28.99	90.97	916	1 409	69	52	148	59

2. 日粮要求

(1)精料给料标准:按每 100 kg 体重饲喂 0.5 kg,每头每日 4～6 kg。

(2)其他粗饲料给料标准:按每 100 kg 体重饲喂优质干草 1 kg,块根类饲料 0.8～1 kg;青贮料 0.6～0.8 kg。青粗饲料日给总量为 10～12 kg。

3. 饲养技术

根据种公牛营养需要特点,在饲料安排上,应该是营养全面,日粮组成应多样搭配,适口性强,易于消化。精、粗、青饲料要搭配得当,全年均衡供应。精料应由生物学价值高的玉米、麦麸、豆饼、燕麦等组成,一般日给精料 4～6 kg。豆饼虽是优质的蛋白质饲料,但不宜过多,过多会产生大量的有机酸而不利于精子的生成。也不宜喂过量的能量饲料,以免公牛过肥。多汁饲料和粗料不可过量,长期喂量过多,会使种公牛消化器官容积增大,形成“草腹”,有碍配种及精液排泄不全,块根饲料或青贮饲料每日喂量不能超过 10 kg,特别是青贮料含有大量的有机酸,饲喂过多对精子形成不利。用大量的秸秆喂种公牛,易引起便秘,抑制公牛性活动。骨粉、食盐等矿物质饲料对种公牛的健康和精液品质有直接的关系,尤其是骨粉必须保证,每天可喂 100～150 g,食盐对提高消化机能、增进食欲和正常代谢起着重要作用,但喂量不宜过多,每天可喂 70~80 g。配种季节每头公牛增喂鸡蛋 0.5 kg/d 或牛乳 2~3 kg/d 或鱼粉 200~300 g/d。某省种公牛站种公牛每头日喂给混合精料 4 kg,野干草 13 kg,青贮料 2.5 kg,胡萝卜 1.5 kg,大麦芽 0.5 kg,常年补给食盐 80 g,骨粉 100 g。按规定定额补养,如见公牛过肥则应降低定额,若公牛体重下降,精液品质降低,应将饲养定额提高 10%~15%。

种公牛饲喂时要做到定时、定量,少给勤添,一日 3 次上槽。每次饲喂时要先精后粗,先饮后喂。种公牛应保持充足的饮水,配种或采精前后半小时内都不要饮水,以免影响种公牛的健康。不能饮污水和冰碴水。夏季每日饮 4 次,冬季饮 3 次。

放牧条件下,经过秋季配种后,公牛比较瘦,冬季是成年公牛恢复膘情的好时间。此时需要补喂混合精料,依具体膘情和个体情况而定,精料喂量可占公牛体重的 1.3%~1.5%。室外运动不能少,最好是放牧在有结实栏杆的围栏内,1 头公牛要 0.8 hm²(合 12 亩)面积。如果围栏大,可以几头公牛一起放牧运动。没有放牧场地,成年公牛长期舍饲容易肥胖,必须严格安排运动时间。

四、种公牛的管理

(一)一般管理

由于种公牛"三强"特性,饲养人员在日常管理过程中,要胆大心细处处小心。即使对公牛很熟悉,它的平时表现也很温驯,一旦由于某种原因使其神经兴奋(如遇见母牛,有求偶欲,头部搔痒或者遇见陌生人等),就会一反常态,出现威胁姿势:如瞪眼、低头、喘粗气、前蹄刨地和咆哮等现象,是发脾气,要顶人的表现。

管理种公牛要领是:恩威并施,驯教为主。饲养员平时不得逗弄、鞭打或训斥公牛。但要掌握厉声呵斥即令驯服的技能。

1. 公牛舍

公牛舍除严寒地区外,一般以敞棚式为宜。公牛舍设计必须考虑人畜安全,牛舍围栏设置栏杆,其间距要保证饲养员能侧身通过。

2. 单栏饲养

公牛好斗,为了确保种公牛的安全,从断奶开始,必须分栏饲养,每牛一栏。

3. 编号

多用耳标法。编号方法按照国家规定进行,并做好登记。

4. 拴系与牵引

种公牛生后 6 个月带笼头,10~12 月龄穿鼻环,穿鼻应在鼻中隔软骨前柔软处进行,穿刺的位置不应太靠后,以便在鼻孔外给鼻环留有拴缰绳或铁链的余地。最初用小号鼻环,2 岁以后换成大号鼻环。鼻环需用皮带吊起,系于缠角带上,缠角带用滚缰皮缠牢,缠角带拴有两条细铁链,通过鼻环左右分开,拴系在两侧的立柱上,注意牢固,严防脱缰。公牛的牵引应坚持双绳牵引,由两人将牛牵走,人和牛应保持一定距离,一人在牛的左侧,一人在牛的后面。对性情不温驯的公牛,须用勾棒进行牵引。由一人牵住缰绳的同时,另一人两手握住勾棒,勾搭在鼻环上以控制其行为(图 5-7)。

图 5-7 种公牛的拴系

5. 运动

种公牛必须坚持运动。实践证明,运动不足或长期拴系,会使公牛发胖性情变坏,精液品质下降,患消化系统疾病和肢蹄病等。运动过度或使役过度,对公牛的健康和精液品质同样有不良影响。种公牛站因公牛头数较多,常设置旋转架,每次同时运动数头。要求上下午各运动一次,每次 1.5～2 h,行走距离 4 km 左右,运动方式有钢丝绳运动,旋转牵引运动。经常调整运动方向,以防肢势异常。

6. 刷拭

坚持每天定时进行刷拭 1～2 次,冬天干刷,夏季水洗。平时应经常清除牛体的污物。刷拭重点是角间、额、颈和尾根部,这些部位易藏污纳垢,发生奇痒,如不及时刷拭往往使牛不安,甚至养成顶人恶癖。

7. 护蹄

护蹄是一项经常性的工作,饲养人员随时检查肢蹄,主要检查是否有以下缺陷,如 X 形腿、后肢后踏、膝内弯、腿向内呈弧形、外八字、内八字脚等。应经常保持蹄壁和蹄叉的清洁,对蹄型不正的牛要按时修削矫正。每年春秋两季各修蹄 1 次。同时要保持牛舍、运动场干燥。为防止蹄壁破裂可涂凡士林或无刺激油脂。种公牛由于蹄病治疗不及时影响采精,严重者继发四肢疾病,甚至失去配种能力,必须引起高度重视。

8. 按摩睾丸

按摩睾丸是一种特殊的操作项目,每天坚持一次,与刷拭结合进行。每次 5～10 min,为改善精液品质,可增加一次或按摩时间延长。要经常保护阴囊清洁,定期进行冷敷,改善精液质量。定期做精液质量的检查与评价,测量阴囊围长,以便及时改善和调整饲料营养水平。

9. 防疫卫生

(1)体内、外寄生虫防治:体外寄生虫有虱、螨和牛皮蝇等;体内寄生虫通过粪检查明情况,以便及时防治。

(2)其他如眼部、鼻唇等检查,发现感染或外伤及时处理。

10. 防暑

目前饲养的欧洲纯种肉牛品种,一般耐热性能较差,当气温上升到 30℃ 以上时,往往会影响公牛精液品质,需采取防暑措施。夏季可进行洗浴,以防暑散热,同时清洁皮肤。

11. 称重

成年种公牛每月称重一次,根据体重变化情况,进行合理的饲养管理。

(二)配种季节的管理

公牛管理的好坏,是决定当地牛繁殖率的重要因素,尤其进入配种季节,更应加强公牛的管理。

(1)牧区或有放牧场的地区,到配种季节将公牛放入群中,因此要提前 60 d 让公牛适应环境。一是适应由舍饲到放牧的转变;二是适应当地放牧环境条件。

(2)公牛精液和繁殖能力检查于配种季节前 2 周进行。以便在配种以前查出不育公牛和明显低受精力的公牛,例如精液中精子密度与活力低的公牛,及早更换。蹄形不正的再进行一次修整。

（3）准备足够数量的公牛。公母比例适宜，才能提高畜群繁殖率。母牛群中放多少公牛，决定于下列因素：

①公牛的年龄：年轻和老龄公牛都不能承受太重的配种任务。

②地形和饲料条件：干旱和植物稀少地区，要求公牛数量多些。

③膘情：过肥或过瘦的公牛能配母牛的数量相应少一些。

④配种季节的长短：配种季节越短，对畜群中公牛的应激越大。一般情况下，青年公牛每头配 15～20 头母牛，1 头成年公牛配 25～35 头母牛。如果人工辅助配种，则数量增多。

（4）配种季节不宜过长，放牧条件下，每年的配种季节不要长于 60～70 天。

（5）检查畜群受配的比例，观察发情母牛数，记录公牛爬跨的头数，对母牛已有明显发情特征而公牛无性欲或不情愿配种的，应立即淘汰。经 2 个情期仍有较大比例母牛没配上的，需要更换公牛。

国外检查配种情况有两种方法，一是放入群中的公牛，腹下装有彩色墨盒，放牧回圈清点后躯有印记的母牛数，可知道受配情况；二是放入腹下装有彩色油盒的试情公牛，回圈时清出带有印记的母牛，进行人工授精。

（6）天气炎热、高温干旱季节影响公牛精液浓度，降低母牛受胎率。因此，牧场上要有荫棚、大树或林带，遮挡强烈的阳光，同时供给大量清洁饮水，并注意防治牛蝇的侵袭和干扰。

五、种公牛的利用

合理利用公牛是保持健康和延长使用年限的重要措施，种公牛开始采精的年龄依品种、生长发育等而有所不同。一般在 18 月龄开始，每月采精 2～3 次，以后逐渐增加到每周 2 次。2 岁以上每周采精 2～3 次，成年公牛每周 4～5 次。要注意检查公牛的体重、体温、精液品质及性反射能力等，保持种公牛的健康。采精宜早晚进行，一般多在喂饲后或运动后 0.5 h 进行。

公牛交配或采精间隔时间要均衡，严格执行定日、定时采精、风雨不停，不能随意延长间隔时间，以免造成公牛自淫的恶习。

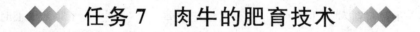

任务 7 肉牛的肥育技术

肉牛育肥是肉牛生产的重点环节，以获得高日增重、优质牛肉和取得最大经济效益为目的。

一、肉牛生长发育的一般规律

（一）体重的增长规律

1. 体重的一般增长

增重的遗传能力较强，断奶后增重速度的遗传力为 0.5～0.6，是选种上的重要指标。

妊娠期间，胎儿在四个月以前的生长速度缓慢，以后生长变快，分娩前的速度最快。犊牛的初生重与遗传、孕牛的饲养管理和妊娠期长短有直接关系。初生重与断奶重呈正相关，也是选种的重要指标。

胎儿身体各部分的生长特点,在各时期有所不同。一般的,胎儿在早期头部生长迅速;以后四肢生长加快,在整个体重中的比重不断增加。维持生命的重要器官如头部、内脏、四肢等发育较早,肌肉次之,脂肪发育最迟。

在充分饲养的条件下,出生后到断奶生长速度较快,断奶至性成熟最快,性成熟后逐渐变慢,到成年基本停止生长。从年龄看,12月龄前生长速度快,以后逐渐变慢(图5-8)。

生长发育最快的时期,也是把饲料营养转化为体重的效率最高的时期。掌握这个特点,在生长较快的阶段给予充分的营养,便可在增重和饲料转化率上获得最佳的经济效益。

2. 补偿生长

在生产实践中,常见到牛在生长发育的某个阶段,由于饲料不足造成生长速度下降,一旦恢复高营养水平饲养时,则其生长速度比未受限制饲养的牛只要快,经过一定时期的饲养后,仍能恢复到正常体重,这种特性叫补偿生长。

根据这一特性,生产中我们常选择架子牛进行育肥,往往获得更高的生长速度和经济效益。但需注意,补偿生长不是在任何情况下都能获得的,如:

①生长受阻若发生在初生至3月龄或胚胎期,以后很难补偿;

②生长受阻时间越长,越难补偿,一般以3个月内,最长不超过6个月补偿效果较好;

③补偿能力与进食量有关,进食量越大,补偿能力越强;

④补偿生长虽能在饲养结束时达到所要求的体重,但总的饲料转化率低,体组织成分要受到影响,比正常生长骨比例高,脂肪比例低。

(二)体组织的生长规律

牛体组织的生长直接影响到体重、外形和肉的质量。肌肉,脂肪和骨为三大主要组织。三大组织的生长模式见图5-9。

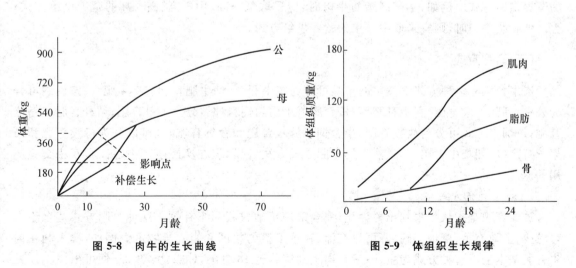

图5-8　肉牛的生长曲线　　　　　　图5-9　体组织生长规律

1. 肌肉的生长

从初生到8月龄强度生长;8~12月龄生长速度减缓,18月龄后更慢。肉的纹理随年龄增长而变粗,因此青年牛的肉质比老年牛嫩。

2. 脂肪的生长

12月龄前较慢，稍快于骨，以后变快。生长顺序是先贮积在内脏器官附近，即网油和板油，使器官固定于适当的位置，然后是皮下，最后沉积到肌纤维之间形成"大理石"花纹状肌肉，使肉质变的细嫩多汁，说明"大理石"状肌肉必须饲养到一定肥度时才会形成。老年牛经肥育，使脂肪沉积到肌纤维间，亦可使肉质变好。

3. 骨骼的生长

骨骼在胚胎期生长速度快，出生后生长速度变慢且较平稳，并最早停止生长。

二、育肥原理与育肥方式

(一)育肥原理

所谓育肥，就是给牛供给高于其本身维持和正常生长发育所需营养的日粮，使多余的营养以脂肪的形式沉积于体内，获得高于正常生长发育的日增重，缩短出栏时间，使牛按期上市。对于幼牛，其日粮营养应高于维持营养需要和正常生长发育所需营养；对于成年牛，只要大于维持营养需要即可。

由于维持需要没有直接产品，又是维持生命活动所必需，所以在育肥过程中，日增重越高，维持需要所占的比重愈小，饲料的转化率就愈高。各种牛只要体重一致，其维持需要量相差不大，仅仅是沉积的体组织成分的差别。所以，降低维持需要量的比例是肉牛育肥的中心问题，也就是说，提高日增重是肉牛育肥的核心问题。

平均日增重受到生产类型、品种、年龄、营养水平和饲养管理方式的直接影响，同时确定平均日增重的大小也必须考虑经济效益、牛的健康状况。在我国现有生产条件下，最后3个月育肥的平均日增重以 1.0～1.5 kg 更经济。

不同的营养供给方式影响肉质。养殖者应根据市场需要，生产适销对路的牛肉，选择不同的营养供给方式。例如，生产高脂肪牛肉时，应采取低—高、中—高、高—高的营养供给方式；生产低脂肪牛肉时，则宜采取中—中的营养供给方式。

(二)育肥方式

肉牛育肥有多种方式。按牛的年龄可分为犊牛肥育、幼牛肥育和成年牛肥育；按性别可分为公牛育肥、母牛育肥、阉牛育肥等；按育肥所采用的饲料种类分为干草育肥、秸秆育肥和糟渣育肥；按饲养方式可分为放牧育肥、半舍饲半放牧育肥和舍饲育肥，也可以分为持续育肥和吊架子育肥(后期集中育肥)。虽然牛的育肥方式方法各异，但在实际生产中往往是互相交叠应用的。

1. 放牧育肥方式

放牧育肥是指从犊牛到出栏为止，完全采用草地放牧而不补饲。这种育肥方式适合于人口较少、土地充足、草地广阔、降雨量充沛、牧草丰盛的牧区和半农半牧区。例如，澳大利亚肉牛育肥基本上以这种方式为主，一般自出生到饲养至 18 月龄，体重达 400 kg 便可出栏。

如果有较大面积的草山草坡可以种植牧草，在夏天青草期除供放牧外，还可保留一部分草地，收割调制青干草或青贮料作为越冬饲用。该育肥方法较为经济，但饲养周期长。这种方式也可称为放牧育肥。

2．半舍饲半放牧育肥方式

夏季青草期牛群采取放牧育肥,寒冷干旱的枯草期将牛群舍内圈养,这种半集约的育肥方式称为半舍饲半放牧育肥。

采用这种育肥方式,不但可利用草地放牧,节省投入,且犊牛断奶后可以低营养过冬,在第二年青草期放牧能获得较理想的补偿增长。此外,采用此种方式育肥,还可在屠宰前有 3～4 个月的舍饲育肥,从而达到最佳的育肥效果。

3．舍饲育肥方式

是肉牛从育肥开始到出栏为止全部实行圈养的育肥方式。其优点是使用土地少,饲养周期短,牛肉质量好。缺点是投资大,育肥过程中需要较多的精料,育肥成本过高。采用此种育肥方式时,在保证饲料充足的条件下,自由采食时效果较好。

4．持续育肥

持续育肥是指在犊牛断奶后就转入肥育阶段,给以高水平营养进行肥育一直到适当体重时出栏。持续肥育较好地利用了牛生长发育快的幼牛阶段,日增重高,饲料利用率也高,出栏快、肉质好。

5．架子牛育肥

架子牛育肥又称后期集中育肥,是在犊牛断奶后,按一般饲养条件进行饲养,达到一定年龄和体况后,充分利用牛的补偿生长能力,采用在屠宰前集中 3～4 个月进行强度肥育。要注意的是,若牛的吊架子阶段过长,肌肉生长发育受阻过度时,即使给予充分饲养,最后体重也很难与持续育肥的牛相比,而且胴体中骨骼、内脏比例大,脂肪含量高,瘦肉比例较小,肉质欠佳。

三、育肥牛饲养管理的一般技术

1．饲喂时间

牛在黎明和黄昏前后,是每天采食最紧张的时刻,尤其在黄昏采食频率最大。因此,无论舍饲还是放牧,早晚两头是喂牛的最佳时间。多数牛的反刍时间在黑夜进行,特别是天刚黑时,反刍活动最为活跃,因此夜间应尽量减少干扰,使其充分消化粗饲料。

2．饲喂次数

肉牛的饲喂可采用自由采食或定时定量饲喂两种方法。我国肉牛专家蒋洪茂等的研究表明,犊牛、架子牛自由采食的饲喂效果均优于定时定量饲喂;定时定量饲喂时,无论是增重还是饲料转化率,每天饲喂 1 次的效果均最理想。目前,我国肉牛企业多采用每天饲喂 2 次的方法。

3．饲喂顺序

随着饲喂机械化程度越来越高,应逐渐推广全混合日粮(TMR)喂牛,提高牛的采食量和饲料利用率。

不具备条件的牛场,可采用分开饲喂的方法。为保持牛的旺盛食欲,促其多采食,应遵循"先干后湿,先粗后精,先喂后饮"的饲喂顺序,坚持少喂勤添、循环上料,同时要认真观察牛的食欲、消化等方面的变化,及时做出调整。

4．饲料更换

在育肥牛的饲养过程中,随着牛体重的增加,各种饲料的比例也会有调整,在饲料更换时

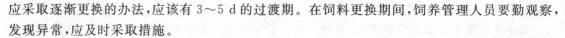

应采取逐渐更换的办法,应该有 3～5 d 的过渡期。在饲料更换期间,饲养管理人员要勤观察,发现异常,应及时采取措施。

5. 饮水

育肥牛采用自由饮水法最为适宜。自动饮水器位置最好设在牛栏粪尿沟的一侧或上方。冬季北方天冷,只能定时饮水,但每天至少 3 次。

6. 育肥期的分阶段饲养

生产中常把育肥期分成两个阶段,即生长肥育阶段和成熟肥育阶段。具体饲喂方法如下。

(1)生长肥育期:饲喂富含蛋白质、矿物质、维生素的优质粗料、青贮饲料,保持良好生长发育的同时,使消化器官得到锻炼。因为该阶段的重点是促进架子牛的骨骼、内脏、肌肉的生长,所以,此阶段精饲料喂量要限制,喂量为架子牛活重的 1.5％～1.6％。该阶段日增重不宜追求过高,每头日增重 0.7～0.8 kg 为宜。

(2)成熟肥育期:架子牛经生长肥育期的饲养,骨骼已发育成熟,肌肉也有相当程度的生长。因此,此期的饲养任务主要是改善牛肉品质,增加肌肉纤维间脂肪的沉积量。肉牛日粮中粗饲料的比例不宜超过 30％～40％,日采食量达到牛活重的 2.1％～2.2％,在屠宰前 100 d左右,日粮中增加大麦粉或饲喂啤酒糟,进一步改善牛肉品质。肉牛生产过程中,最后脂肪的沉积程度,根据牛肉生产的需要来确定。高档牛肉生产,需要有足够的脂肪沉积。

四、肉牛肥育技术

(一)架子牛肥育技术

架子牛通常是指未经肥育或不够屠宰体况的牛,这些牛常需从农场或农户选购至育肥场进行肥育。架子牛的快速育肥是指犊牛断奶后,在较粗放的饲养条件下饲养到一定的年龄阶段,然后采用强度育肥方式,集中育肥 3～6 个月,充分利用牛的补偿生长能力,达到理想体重和膘情时屠宰。架子牛肥育是目前我国肉牛育肥的主要方式。

1. 架子牛的选择

牛肥育前的状况与肥育速度和牛肉品质关系很大,是确保肥育效率的首要环节。因此,在选择架子牛时要考虑品种、年龄、体重、性别、体质外貌、健康状况及市场价格等因素。

(1)品种:首先要选良种肉牛或肉乳兼用牛及其与本地牛的杂种,其次选荷斯坦公牛及其与本地牛的杂交后代,或秦川牛、南阳牛、鲁西牛、晋南牛等地方良种黄牛。这类牛增重快,瘦肉多,脂肪少,饲料转化率高。

(2)年龄和体重:牛的增重速度、胴体质量、饲料报酬均与牛的年龄密切相关。架子牛的年龄最好是 1.5～2.0 岁或 15～21 月龄。一般认为,架子牛在同一年龄阶段,体重越大,体况越好,育肥时间就越短,育肥效果也好。一般杂种牛在一定的年龄阶段其体重范围大致为:6 月龄体重为 120～180 kg,12 月龄体重为 180～250 kg,18 月龄体重为 220～310 kg,24 月龄体重为 280～380 kg。

究竟购买什么年龄的牛饲养较为合适,还要与以下几方面结合考虑:

首先,计划饲养 100～150 d 出售的,应选择 1～2 岁的架子牛;其次,秋天购架子牛第二年出栏的,应选购 1 岁左右的牛较合适;第三,利用大量粗饲料育肥牛时,以购 2 岁左右的牛为好;另外,育肥牛的基础体重选择,还要充分考虑育肥计划。如计划肥育周期为 4 个月,选择牛只平均预期日增重 1.2 kg,则可算出预期增重为:4×30×1.2＝144(kg),如要求出栏体重达到 500 kg 以上,则所购架子牛的体重至少达到:500－144＝356(kg)。

(3)性别:选择性别顺序依次为公牛、阉牛、母牛。因为公牛的生长速度和饲料利用率要高于阉牛 5％～10％,阉牛高于母牛 10％左右。公牛有较多的瘦肉和较大的眼肌面积,而阉牛和母牛脂肪较多。但不宜选购年龄过大(超过 2.0～2.5 岁)的架子公牛。

(4)体型外貌:育肥牛选择要以骨架选择为重点,而不过于强调其膘情的好坏。具体要求:嘴阔、唇厚,上、下唇对齐,坚强有力,采食能力强;体高身长,胸宽而深,尻部方正,背腰宽广,后档宽,十字部略高于体高,载肉面积大;皮肤松弛柔软,皮毛柔软密实,牛生长潜力大;四肢粗壮,蹄大有力,性情温顺;身体健康,身体虽有一定缺陷,但不影响其采食,消化正常,也可用于肥育生产。相反,发育虽好,但性情暴躁、富有神经质的牛,饲料利用率低,不宜入选。

(5)健康状况:架子牛的健康状况要从以下几个方面加以注意。

一看精神状态:牛精神不振,两眼无神,眼角分泌物多,胆小易惊,鼻镜干燥,行动倦怠,这种牛很可能健康状况不佳;二看发育情况:若牛被毛粗乱,体躯短小,浅胸窄背、尖尾,表现出严重饥饿,营养不良,说明早期可能生过病或有慢性病,生长发育受阻,不宜选购。三看肢蹄:看牛站立和走路的姿势,检查蹄底。若出现肢蹄疼痛,肢端怕着地,抬腿困难,前肢、后肢表现明显的"X"形或"O"形,或蹄匣不完整,要谨慎选购,当拴系饲养,地面较硬时,该病可导致牛中途淘汰;四看有无其他疾病:观察牛的采食、排便、反刍等。初步确立是否患有消化道疾病等。

(6)市场调查:了解市场牛源、品种、价格和疫区情况,选择合适的地点,即要价格合理。为了保证架子牛采购工作的顺利进行,育肥场应安排专人负责这项工作。

2. 架子牛的运输

牛在异地运输过程中,要证件齐全,如准运证、税收证、兽医卫生健康证(包括非疫区证明、检疫证)等,并要注意运输应激的预防。为减少牛应激的损失,可采用如下措施:

(1)口服或注射维生素 A:运输前 2～3 d 开始,每头牛每日口服或注射维生素 A 2.5×10⁵～1.0×10⁶ IU。

(2)装运前合理饲喂:具有轻泻性的饲料(如青贮饲料、麸皮、新鲜青草),在装运前 3～4 h 就应停止饲喂,否则容易引起腹泻,排尿过多,污染车厢和牛体。装运前 2～3 h,架子牛亦不宜过量饮水。

(3)装运过程中,切忌任何粗暴行为或鞭打牛只,否则可导致应激反应加重。

(4)合理装载:用汽车装载时,每头牛按体重大小应占有的面积是:300 kg 以下为 0.7～0.8 m²;300～350 kg 为 1.0～1.1 m²,400 kg 为 1.2 m²,500 kg 为 1.3～1.5 m²。

3. 新购进架子牛的饲养管理

对新引进牛只饲养,重点是解除运输应激,使其尽快适应新的环境。

(1)及时补水:牛经过长距离、长时间的运输,胃肠食物少,体内缺水严重。因此对牛补水是首要的工作。补水方法是:第一次补水,饮水量限制在 15～20 kg,切忌暴饮,每头牛补食盐 100 g;间隔 3～4 h 后,第二次饮水,此时可自由饮水,水中掺些麸皮效果会更好。随后可采取自由饮水。

(2)日粮逐渐过渡到育肥日粮:开始时,只限量饲喂一些优质干草,每头牛 4～5 kg,加强观察,检查是否有厌食、下痢等症状。第二天起,随着食欲的增加,逐渐增加干草喂量,添加青贮、块根类饲料和精饲料,用青贮料时最好添加缓冲剂(碳酸氢钠),以中和酸性。每天每头可喂 2 kg 左右的精饲料,加喂 350 mg 抗生素和 350 mg 磺胺类药物,以消除运输应激反应。补充无机盐,用 2 份磷酸氢钙加 1 份盐让牛自由采食。补充 5 000 IU 维生素 A 和 100 IU 维生素 E。不喂尿素。经 5～6 d 后,可逐渐过渡到育肥日粮。

(3)驱虫:架子牛入栏后立即进行驱虫,在进行大规模、大面积驱虫工作之前,必须先小群试验,取得经验并肯定其药效和安全性后,再开展全群的驱虫工作。驱虫应在空腹时进行,以利于药物吸收。驱虫后,架子牛应隔离饲养 15 d,其粪便消毒后进行无害化处理。下面提供预防肉牛寄生虫病的用药程序,仅供参考。

3 月,丙硫咪唑口服,驱杀体内由越冬幼虫发育而成的线虫、吸虫及绦虫成虫。

5 月,氨丙啉或磺胺喹啉口服,预防夏季球虫病发生。

6 月,定期(可每周 1 次)用敌杀死等溶液喷雾进行环境消毒,以驱杀蚊蝇。

7 月,丙硫咪唑口服,防治夏季线虫、吸虫及绦虫感染。

10 月,阿维菌素口服,预防当年 10 月至翌年 3 月间牛的疥癣、虱等体外寄生虫病的发生,同时可杀灭体内当年繁殖的幼虫、成虫。

(4)给牛创造舒适的环境:牛舍要干净、干燥,不要立即拴系,宜自由采食。围栏内要铺垫草,保持环境安静,让牛尽快消除倦躁情绪。

4. 架子牛肥育的方法

架子牛在应激时期结束后,应进入快速育肥阶段,并采用阶段饲养。如架子牛快速肥育需要 120 d 左右,可以分为 3 个育肥阶段:过渡驱虫期(约 15 d)、第 16～60 天和第 61～120 天。

(1)过渡驱虫期:此期约 15 d。对刚从草原买进的架子牛,一定要驱虫,包括驱除内外寄生虫。实施过渡阶段饲养,即首先让刚进场的牛自由采食粗饲料。粗饲料不要铡得太短,长约 5 cm。上槽后仍以粗饲料为主,可铡成 1 cm 左右。每天每头牛控制喂 0.5 kg 精料,与粗饲料拌匀后饲喂。精料量逐渐增加到 2 kg,尽快完成过渡期。

(2)第 16～60 天:这时架子牛的干物质采食量要逐步达到 8 kg,日粮粗蛋白质水平为 11％,精粗比为 6：4,日增重 1.3 kg 左右。精料参考配方为:70％玉米粉、20％棉仁饼、10％麸皮。每头牛每天补充 20 g 食盐和 50 g 添加剂。

(3)第 61～120 天:此期干物质采食量达到 10 kg,日粮粗蛋白质水平为 10％,精粗比为 7：3,日增重 1.5 kg 左右。精料参考配方为:85％玉米粉、10％棉仁饼、5％麸皮。每头牛每天补充 30 g 食盐和 50 g 添加剂。

架子牛的肥育可采用自由采食或定时定量饲喂两种方法。表 5-24 和表 5-25 是阶段肥育牛的日粮配方和不同体重阶段粗料与精料用量,供参考。

表 5-24　不同阶段每头牛饲料日喂量参考值

（王根林.2006.养牛学）　　　　　　　　　　　　　　　　　　　　　　　kg/d

阶段/d	玉米粉	豆饼	磷酸氢钙	微量元素	食盐	碳酸氢钠	氨化稻草
前期(15)	2.5	0.25	0.060	0.030	0.05	0.05	20
中期(16～60)	4.0	1.0	0.070	0.030	0.05	0.05	17
后期(61～120)	5.0	1.5	0.070	0.035	0.05	0.08	15

表 5-25　不同体重阶段粗料和精料用量参考值

（王根林.2006.养牛学）　　　　　　　　　　　　　　　　　kg

饲料	体重			
	250～350	350～450	450～550	550～650
精料	2～3	3～4	4～5	5～6
酒糟（鲜）	10～12	12～14	14～16	16～18
青贮（鲜）	10～12	12～14	14～16	16～18

5. 架子牛育肥的管理

（1）合理分群：育肥前应根据育肥牛的品种、体重大小、性别、年龄、体质强弱及膘情情况合理分群。采用圈群散养时，一群牛头数 15～20 头为宜。牛群过大易发生争斗，过小不利于劳动生产力的提高，临近夜晚时分群易成功，同时要有人不定时的观察，防止争斗。

（2）及时编号：架子牛购进场后应立即编号，编号方法多采用耳标法。

（3）定期称重：肥育期最好每月称重 1 次，以便了解牛群的增重情况，随时淘汰处理病牛，不增重或增重慢的牛。称重一般是在早晨饲喂前空腹时进行，每次称重的时间和顺序应基本相同。由于实际称重较繁琐，所以生产中多采用估测法估测体重。

（4）限制运动：育肥架子牛可采用短缰拴系，限制活动。

（5）刷拭牛体：每天刷拭两次，有利于皮肤健康，促进血液循环，以改善肉质。

（6）定期驱虫：寄生虫病的发生具有地方性、季节性流行特征，且具有自然疫源性，因此，加强预防尤为重要。

（7）加强防疫、消毒工作：每年春秋检疫后对牛舍内外及用具进行消毒；每出栏一批牛，都要对牛舍进行一次彻底清扫消毒；严格防疫卫生管理，谢绝参观；结合当地疫病流行情况，进行免疫接种。

（8）适时去势：2 岁前的公牛宜采取公牛肥育，生长快、瘦肉率高，饲料转化率高；2 岁以上的公牛及高档牛肉的生产，宜去势后肥育，否则不便管理，会使肉脂有膻味，影响胴体品质。如需要去势，去势时间最好在育肥开始前进行。无论有血去势还是无血去势，愈合恢复的时间大约在半个月，这期间牛的生长缓慢，而且只有正常恢复状况的牛只，方可进入育肥期。现在国际上育肥牛场普遍采用不去势公牛育肥。

（9）经常观察反刍情况、粪便、精神状态，如有异常应及时处理。

6. 及时出栏

达到市场要求体重则出栏，一般活牛出栏体重为 450 kg，高档牛肉则为 550～650 kg。在管理中，不要等到一大批牛全部育肥达标时再出栏，可将达标牛分批出栏，以加快牛群的周转，降低饲养成本。

判断肉牛是否达到最佳肥育结束期，一般有以下几种方法：

（1）从肉牛采食量来判断：在正常肥育期，肉牛的饲料采食量有规律可循，即：①绝对日采食量随着肥育期的增加而下降，如下降量达正常量的 1/3 或更少；②按活重计算，日采食量（以干物质为基础）为活重的 1.5% 或更少。这时认为已达到肥育的最佳结束期。

（2）用肥育度指数来判断：利用活牛体重和体高的比例关系来判断，指数越大，肥育度越

好。但也不是无止境的,据日本的研究认为,阉牛的肥育指数以 526 为最佳。具体计算方法:

$$肥育度指数 = \frac{体重(kg)}{体高(m)} \times 100\%$$

(3)从肉牛体型外貌来判断:利用肉牛各个部位脂肪沉积程度进行判断,主要部位有:胸垂部脂肪的厚度,腹肋部脂肪的厚度,腰部脂肪的厚度,坐骨部脂肪的厚度,下欣部内侧、阴囊部脂肪的厚度。

判断的标准:

①必须有脂肪沉积的部位是否已有脂肪及脂肪量的多少。

②脂肪不多的部位如坐骨端、腹肋部、腰角部沉积的脂肪是否厚实、均衡。实践证明,当胴体皮下脂肪的厚度达到 3.5 cm 时,肉的大理石花纹等级最高,即肉的质量最好。

7. 架子牛肥育方案实例

根据各地饲料资源不同,可采用不同的肥育方案。现介绍适宜于我国广大农区推广使用的几个肥育方案,供参考。

(1)青贮料肥育:青贮料制作方便,肥育效果好。体重为 300～350 kg、日增重 1.0 kg 的青年牛以青贮饲料为主的日粮配方(表 5-26)。

表 5-26 青年牛青贮饲料为主的日粮配方

(宋连喜.2007.牛生产)　　　　　　　　　　　　　　　　　　　　　　　%

饲料	第一阶段(30 d)	第二阶段(30 d)	第三阶段(30 d)
玉米青贮	30	30	25
干草	5	5	5
混合精料	0.5	1.0	2.0
食盐	0.03	0.03	0.03
无机盐	0.04	0.04	0.04

由于玉米青贮在日粮中所占比例大,饲喂中要从 10 kg 开始,经 1 周时间逐步达到计划定量。增重的高低取决于混合精料中豆饼的比例,如精料中豆饼占 50% 以上,日增重可达 1.2 kg 以上。

(2)酒糟肥育:以酒糟为主要饲料育肥牛,是我国的传统方法。用酒糟喂牛应注意的事项:

酒糟要新鲜,温度适中;酒糟喂量要逐渐增加,开始时可用少量酒糟拌入少许食盐涂抹牛的口腔,以诱食;干草要铡短,将酒糟拌入,一起让牛采食,有利于牛的反刍;要定期补盐,以刺激牛的食欲;饲喂顺序应先喂酒糟,再喂精料,精料在七八成饱时拌入,以保证其旺盛的食欲和饱食;如发现牛体出现湿疹、膝部、球关节红肿、腹部膨胀等症状,应暂停喂给,适当增加干草喂量,以调整其消化机能。

方案举例:河北省三河县"养牛大王"李福成白酒糟肥牛方案。日粮配方见表 5-27。

育肥牛精饲料给量为每日每头每 100 kg 体重 1～1.5 kg。此外,日粮中添加 20%～30% 的瘤胃素及占日粮 0.5% 的碳酸氢钠,每日每头喂 20 000 IU 维生素 A 及 50 g 食盐,以提高牛的食欲和消化能力。

表 5-27　酒糟育肥牛日粮组成

（宋连喜.2007.牛生产）　　　　　　　　　　　　　　　　　　　　％

饲料种类	前期（20～30 d）	中期（40～60 d）	后期（20～30 d）
玉米	25	44	59.5
麦麸	4:5	8.5	7
棉籽饼	10	9	3.5
磷酸氢钙	0.3	0.3	—
贝壳粉	0.2	0.2	—
白酒糟	49	28	21
玉米秸粉	11	10	9

（3）混合精料育肥：即用高能日粮强度育肥。谷实类饲料催肥在我国只可短期采用，多用于出栏前的强度肥育和改善肉质，用于大型良种及改良牛效果较好，而一般黄牛品种饲料报酬低，不宜采用。精饲料的添加要逐渐进行，注意观察牛的消化情况，防止腹胀和腹泻。

方案举例：选择 1.5～2 岁、体重 300 kg 左右的架子牛，混合精料配比为：玉米 75％～80％，麦麸 5％～10％，豆饼 10％～20％，食盐 1％～2％，添加剂 1％。

第一阶段（15～20 d）：精、粗比为 40:60，精饲料日给量 1.5～2.0 kg；

第二阶段（40～50 d）：精、粗比为 60～70:40～30，精饲料日给量 3.0～4.0 kg；

第三阶段（30～40d）：精、粗比为 70～80:30～20，精饲料日给量 4.0 kg。

（二）小白牛肉生产技术

所谓小白牛肉，是指犊牛从出生到出栏，经过 90～100 d，完全用脱脂乳或代用乳饲养，不喂任何其他饲料，让牛始终保持单胃（真胃）消化和贫血状态（食物中铁含量少），体重达 100 kg 左右屠宰后获得的牛肉。牛肉呈白色，柔嫩多汁，味道极为鲜美，是牛肉中的上品。其价格是一般牛肉的 8～10 倍。因小白牛肉生产成本过高，目前我国生产还很少。其生产的具体方法是：

1. 犊牛选择

犊牛要选择优良的肉用品种、乳用品种、兼用品种或高代杂交牛所生的公牛犊。要求初生重 38～45 kg，生长发育快，身体健康，消化吸收功能强。

2. 育肥技术

犊牛出生后 1 周内，一定要吃足初乳。出生 3 d 后应与母牛分开，实行人工哺乳，每日哺喂 3 次。近年来多采用代乳粉（严格控制其中含铁量）饲喂，以降低生产成本。育肥期平均日增重 0.8～1.0 kg。饲养方案如表 5-28 所示。

表 5-28　小白牛肉生产方案

（宋连喜.2007.牛生产）　　　　　　　　　　　　　　　　　　　　kg

日龄	日喂乳量	需乳总量	日增重
1～30	6.4	192.0	0.80
31～45	8.8	133.0	1.07
46～100	9.5	513.0	0.84

3. 管理技术

牛栏多采用漏粪地板,不要接触泥土。圈养,每栏 10 头,每头占地 2.5～3.0 m²。舍内要求光照充足,干燥,通风良好,温度在 15～20℃。

(三)小牛肉生产技术

小牛肉是犊牛出生后饲养至 7～8 月龄或 12 月龄以前,以乳为主,辅以少量精料培育,体重达到 250～400 kg 屠宰后获得的牛肉。小牛肉分大胴体和小胴体。犊牛育肥至 6～8 月龄,体重达到 250～300 kg,屠宰率 58%～62%,胴体重 130～150 kg 称为小胴体。如果育肥至 8～12 月龄屠宰活重达到 350 kg 以上,胴体重 200 kg 以上,则称为大胴体。牛肉要求多汁,肉质呈淡粉红色,胴体表面均匀覆盖一层白色脂肪。小牛肉是理想的高档牛肉,发展前景十分广阔。生产的具体方法是:

1. 犊牛选择

选择早期生长发育速度快的牛品种,如肉用牛的公犊和淘汰母犊。目前,在我国还没有专门化肉牛品种的条件下,应选择荷斯坦奶牛公犊和肉用牛与本地牛高代杂交犊牛为主。性别以公犊牛为佳,不去势,要求初生重在 35 kg 以上,健康无病,无缺损。

2. 育肥技术

小牛肉生产实际是育肥与犊牛的生长同期。犊牛出生后 3 d 内可以采用随母哺乳,也可以采用人工哺乳,但出生 3 d 后必须改由人工哺乳,1 月龄内按体重的 8%～9% 喂给牛奶。精料量从 7～10 日龄开始练习采食后逐渐增加到 0.5～0.6 kg,青干草或青草任其自由采食。1 月龄后喂奶量保持不变,精料和青干草则继续增加,直至育肥到 6 月龄为止。可以在此阶段出售,也可继续育肥至 7～8 月龄或 1 周岁出栏。出栏时期的选择,根据消费者对小牛肉口味喜好的要求而定。

3. 管理技术

犊牛在 4 周龄前要严格控制喂奶速度、奶温(37～38℃)及奶的卫生等,以防消化不良或腹泻。5 周龄以后可拴系饲养,减少运动,每日晒太阳 3～4 h。夏季要防暑降温,冬季室内饲养(最佳温度 18～20℃)。每天应刷拭一次,保持牛体卫生。犊牛在育肥期内每天喂 2～3 次,自由饮水,夏季饮凉水,冬季饮 20℃ 左右温水。饲养方案见表 5-29。

表 5-29　小牛肉生产方案

(宋连喜.2007.牛生产)　　　　　　　　　　　　　　　　　　　　　　　kg

周龄	始重	日增重	日喂乳量	配合饲料喂量	青干草喂量
0～4	50	0.95	8.5	自由采食	自由采食
5～7	76	1.20	10.5	自由采食	自由采食
8～10	102	1.30	13.0	自由采食	自由采食
11～13	129	1.30	14.0	自由采食	自由采食
14～16	156	1.30	8.0	自由采食	自由采食
17～21	183	1.35	8.0	自由采食	自由采食
22～27	232	1.35	6.0	自由采食	自由采食

(四)成年牛肥育技术

1. 成年牛的特点

用于肥育的成年牛往往是役牛、奶牛和肉用母牛群中的淘汰牛。这类牛一般年龄较大,产肉率低,肉质差,经过肥育,增加肌肉纤维间的脂肪沉积,以改善肉的味道和嫩度。

2. 成年牛的肥育

(1)健康检查:肥育前要进行全面检查,将患消化道疾病、传染病及过老、无齿、采食困难的牛只剔除。

(2)驱虫:老年牛的体内外寄生虫较多,在育肥前,要有针对性地进行驱虫。

(3)健胃:经过驱虫,对食欲不旺、消化不良的牛,需投服健胃药,以增进食欲,促进消化。

(4)育肥期限:成年牛育肥期限以 60～90 d 为宜。最好进行舍饲强度育肥。

(5)饲料选择:成年牛主要是增加体内脂肪的沉积,日粮以能量饲料为主,其他营养物质只要满足基本生命活动的需要即可。一般日粮精料配方为玉米 72%,油饼类 15%,糠麸 8%,矿物质 5%。混合精料的日喂量以体重的 1% 为宜。粗饲料以青贮玉米或氨化秸秆为主,任其自由采食。精料要磨碎或蒸煮处理。日粮中可补饲一定量的尿素。

(6)饲养技术:对膘情较差的牛,可先用增重较低的营养物质饲喂,使其适应肥育日粮,经过一个月的复膘后再提高日粮营养水平,这样可避免发生消化道疾病。附近有草坡、草场或野地的,在青草期可先将瘦牛放牧饲养,利用青草使牛复壮,然后再进行肥育,这样可节省饲料,降低成本。

五、高档牛肉生产技术

由于各国传统饮食习惯不同,高档牛肉的标准各异,但通常是指优质牛肉中的精选部分。高档牛肉占牛胴体的比例最高可达 12%。一头高档肉牛的高档牛肉仅占体重的 5%～6%,而其产值却占到 1 头牛总产值的 46%～47%。因此,其发展前景是非常广阔的。目前,我国肉牛和牛肉等级标准尚未统一规定,但已有很多高档牛肉的生产实践。高档牛肉一般包括牛柳、西冷和眼肉。高档牛肉生产技术要点主要包括高档肉牛肥育技术,高档牛肉冷却配套技术,分割技术操作规程和冷却保鲜技术等方面。

(一)高档牛肉的标准

(1)活牛:年龄在 30 月龄内;屠宰前活重在 500 kg 以上;膘情满膘(即看不到骨头突出点);体形外貌为长方形,腹部不下垂,头方正而大,四肢粗壮,蹄大,尾根下平坦无沟,背平宽;手触摸肩部、胸垂部、背腰部、上腹部、臀部皮较厚,并有较厚的脂肪层。

(2)胴体:胴体体表覆盖的脂肪颜色洁白;胴体体表脂肪覆盖率 80% 以上;胴体外形无严重缺损;第 12～13 肋骨处脂肪厚 10～20 mm,脂肪坚挺。

(3)牛肉的品质:

①嫩度。用肌肉剪切仪测定的剪切值,3.62 kg 以下的出现次数应在 65% 以上;咀嚼容易,不留残渣,不塞牙;完全解冻的肉块,用手指触摸时,手指易进入肉块深部。

②大理石花纹。根据我国试行的大理石花纹分级标准应为 1 级或 2 级。

③其他性状。多汁性,牛肉的质地松软,多汁而味浓;风味,具有我国牛肉鲜美可口的风

味;肉块重量,每条牛柳 2.0 kg 以上,每条西冷 5.0 kg 以上;每块眼肉 6.0 kg 以上。

(二)高档肉牛肥育技术要点

1. 选择优良品种

品种的选择是高档牛肉生产的关键之一。大量试验研究证明,生产高档牛肉最好的牛源是安格斯、利木赞、夏洛来、皮埃蒙特等专门化肉用品种或西门塔尔等乳肉兼用品种以及它们与本地黄牛的杂交后代。秦川牛、南阳牛、鲁西牛、晋南牛等地方良种也可作为生产高档牛肉的牛源。

2. 年龄与性别要求

生产高档牛肉最佳的开始肥育年龄为 12~16 月龄,终止育肥年龄为 24~27 月龄,超过 30 月龄以上的肉牛,一般生产不出最高档的牛肉。性别以阉牛最好,阉牛虽然不如公牛生长快,但其脂肪含量高,胴体等级高于公牛,而又比母牛生长快。

其他方面的要求以达到一般肥育肉牛的最高标准即可。

3. 肥育期和出栏体重

生产高档牛肉的牛,肥育期不能过短,一般 12 月龄牛的肥育期为 8~9 个月,18 月龄牛为 6~8 个月,24 月龄牛为 5~6 个月。出栏体重应达 500 kg 以上,否则牛肉的品质就达不到应有的级别。因此,育肥高档肉牛既要求控制牛的年龄,又要求达到一定的宰前体重,两者缺一不可。

4. 强度肥育

用于生产高档牛肉的优质肉牛必须经过 100~150 d 的强度肥育。犊牛及架子牛阶段可以放牧饲养,也可以围栏或拴系饲养,在这一阶段,日粮以粗饲料为主,精料占日粮的 25% 左右,日粮中粗蛋白质含量为 12%。但最后阶段必须经过 100~150 d 的强度肥育,日粮以精料为主。此期间所用饲料必须是品质较好的,对胴体品质有利的饲料。

5. 胴体脂肪颜色

高档肉牛胴体脂肪要求为白色。一般肥育法为黄色,原因是粗饲料中含有较多的叶黄素,其与脂肪附着力强。控制黄脂的方法:一是减少粗饲料;二是应用饲料热喷技术,以破坏叶黄素。脂肪色泽等级按颜色深浅分为 9 个等级,其中脂肪色为 1、2 两级最好。

6. 饲养与饲料

高档牛肉生产对饲料营养和饲养管理的要求较高。1 岁左右的架子牛阶段可多用青贮、干草和切碎的秸秆,当体重 300 kg 以上时逐渐加大混合精料的比例。最后 2 个月要调整日粮,不喂含各种能加重脂肪组织颜色的草料,如大豆饼粕、黄玉米、南瓜、胡萝卜、青草等。多喂能使脂肪白而坚硬的饲料,如麦类、麸皮、米糠、马铃薯和淀粉渣等,粗料最好用含叶绿素、叶黄素较少的饲草,如玉米秸、谷草、干草等。并提高营养水平,增加饲喂次数,使日增重达到 1.3 kg 以上。

(三)屠宰工艺

宰前处理,屠宰前先进行检疫,并停食 24 h,停水 8 h,称重,然后用清水冲淋洗净牛体,冬季要用 20~25℃ 的温水冲淋。

屠宰的工艺流程:电麻击昏→屠宰间倒吊→刺杀放血→剥皮(去头、蹄和尾)→去内脏→胴体劈半→冲洗、修整、称重→检验→胴体分级编号。测定相关屠宰指标后进入下道工序。

(四)胴体嫩化处理

牛肉嫩度是高档与优质牛肉的重要质量指标。嫩化处理又叫排酸或成熟处理,是提高嫩度的重要措施,其方法是在专用嫩化间,温度 $0 \sim 4 \, ℃$,相对湿度 $80 \% \sim 85 \%$ 条件下吊挂 $7 \sim 9 \, d$ (称吊挂排酸)。这样牛肉经过充分的成熟过程,在肌肉内部一些酶的作用下发生一系列生化反应,使肉的酸度下降,嫩度极大提高。

(五)胴体分割与包装

严格按照操作规程和程序,将胴体按不同档次和部位进行切块分割,精细修整。高档部位肉有牛柳(里脊)、西冷(外脊)和眼肉(牛体背部,一端与外脊相连,另一端在第 $5 \sim 6$ 胸椎间)3块,均采用快速真空包装,然后入库速冻,也可在 $0 \sim 4 \, ℃$ 冷藏柜中保存销售。

六、肉牛育肥舍饲养管理技术操作规程

(一)工作目标

(1)架子牛肥育期日增重 $\geqslant 1 \, 100 \, g$ 。
(2)架子牛育肥期 $\leqslant 120 \, d$ 。

(二)工作日程(可根据冬,夏季做适当调整)

1. 喂料工

上午	下午	工作内容
6:00～6:30	17:00～17:30	清洗牛槽、检查牛缰绳
6:30～8:30	17:30～18:30	运、喂粗料、并逐渐添加
8:30～9:30	19:30～20:30	拌、运、喂精料、喂水
9:30～10:00	20:30～21:00	清扫过道、交接班

2. 辅助工

6:00～7:30	15:00～16:30	清运牛粪
7:30～8:30	16:00～17:30	刷拭牛体
8:00～9:30	17:30～18:30	牛床刮粪、清扫粪道
9:30～10:00		牵牛下槽运动
18:30～19:00		交接班

3. 值班

除上班时间外,肉牛场应留有专人值班。

(三)技术规范

1. 观察适应期饲养

新进肉牛第一天喂清洁水,并加适量盐(每头牛约 $30 \, g$);第二天喂干净草,最好饲喂青干草,并逐渐开始加喂酒糟或青贮料,使用少量精料,至 $5 \sim 7 \, d$ 时,可增加到正常量。$2 \sim 3$ 周观

察期结束,无异常时调入育肥牛舍。

牛在观察期内要特别注意食欲,饮水,大小便情况,发现异常及时报告。

2. 肉牛肥育期饲养管理

(1)饲养规程:饲喂肉牛必须做到定时、定量、定序、定人,并掌握以下要点:

①饲喂次数。日喂 2 次,早晚各 1 次。

②喂料顺序。先喂粗料,再喂精料,最后饮水。每班工喂料前后要清洗食槽。

③喂料。按不同饲养阶段设计饲料配方。精料定量,粗料可酌情放开,少喂勤添,真正做到每头牛吃饱饮足。

④饲料加工调制。稻麦草必须铡短后氨化或与酒糟类搅拌发酵。玉米秸秆青贮后饲喂。注意配合比例,谨防杂物混入饲料。

⑤饮水。喂精料后必须饮足清洁水,晚间增加饮水 1 次。炎热夏季要保持槽内有充足的饮水。饲料中添加尿素时,喂料前后 $0.5\sim1$ h禁止饮水。

(2)管理规程:

①合理分群。育肥前后根据育肥牛的品种、体重、体格大小、性别、年龄、体质强弱及膘情情况合理分群。采用圈群散养时,一群牛头数以 $15\sim20$ 头为宜。

②适时去势。2 岁以前的公牛宜采取不去势育肥,2 岁以上的公牛及高档牛肉的生产,宜去势后育肥。去势时间最好在育肥开始前进行。去势牛恢复正常状况后,方可进入育肥期。

③五看五注意。看牛吃料注意食欲;看牛肚子注意吃饱;看牛动态注意精神;看牛粪变化注意消化;看牛反刍注意异常。发现异常情况及时向技术员汇报。

④编号。凡购进牛必须全部换缰绳,编号,并经常检查牛绳是否结实,随时更换。

⑤称重。凡购进牛 2 d 内称重入栏,以后每月定期抽样称重,最后称重出栏。在早晨饲喂前空腹称重。

⑥定期驱虫。包括体内,体外驱虫,分观察期和育肥前 2 次。

⑦限制运动。到肥育中、后期,每次喂完后,将牛拴系在短木桩或休息栏内,缰绳系短,长度(不超过 80 cm)以牛能卧下为宜。

⑧加强卫生防疫工作。每年春秋检疫后对牛舍内外及用具进行消毒;每出栏一批牛,都要对牛舍进行一次彻底清扫消毒;严格防疫卫生管理,谢绝参观;结合当地疫病流行情况,进行免疫接种。

⑨清洁卫生做好以下几点。每天上、下午刷拭牛体 1 次。每次 $5\sim10$ min;牛粪及时清运到粪场,清扫、洗牛床,夏季上下午各 1 次,冬季上午 1 次;下班前清扫料道、粪道,保持清洁整齐;工具每天下班前应清洗干净,集中到工具间堆放整齐。清粪,喂料工具应严格分开,定期消毒;牛舍周围应保持整洁,定期清扫,清除野杂草;夏季做好防暑降温工作,冬季做好防寒保暖工作;保持牛舍环境安静。

⑩及时出栏。膘情达到一定水平,增重速度减慢时应及早出栏。

(3)操作要求:做到六净,即草料净,饲槽净,饮水净,牛体净,圈舍净,牛场净。

①喂料工。按规定顺序喂料、饮水,少喂勤添,不喂发霉变质饲料,及时发现和清除饲草中铁钉、铁丝,塑料绳、袋及畜禽毛等杂物,保证饮水清洁;做好牛槽、中间过道的清洁卫生工作和场区主干道保洁;注意牛缰绳松紧和牛采食草料情况,发现异常及时汇报技术员。

②辅助工。清除牛床牛粪,并装车运送到粪场,洗刷牛床,保持牛床清洁卫生,随时清粪,

发现大小便异常及时汇报。牵牛下槽运动。每天上、下午定时梳刷牛体,方法是从左到右,从上到下,从前到后顺毛刷梳,特别注意背线、腹侧的刷梳,清理臀部污物。注意牛体有无外伤、肿胀和寄生虫。刷拭工具要定期清洗消毒;定期大扫除、消毒和清理粪尿沟。

③值班。负责本班的牛舍卫生,定时清理牛粪;观察牛群动态,检查缰绳,以防绞索和牛只跑出,确保牛群安全;保管好用具;保证牛槽内有充足饮水;夏季中午做好防暑降温工作,定时给牛床、牛头淋水。

④拌料工。要求各种饲料称重准确,按配方比例,搅拌均匀;对用量较少的矿物质和添加剂等,采用逐级混合方法充分拌匀。

⑤交接班内容。肉牛动态要交接,清洁卫生要交接,工作用具要交接,安全保卫要交接。若交接不清,双方共同承担责任。

 ## 任务 8　牛常见病的防治技术

牛的疾病种类很多,包括内科病、产科病、传染病、寄生虫病和外科病等。其中最常见的是内科病和产科病,危害最严重的是传染病。这些疾病严重影响养牛业的发展,造成巨大的经济损失。为了预防和控制牛的疾病,必须采取综合性的防治措施。

一、传染病

(一)结核病

结核病是人畜共患病,也是目前牛群中最常见的一种慢性传染病。病的特征是在体内某些器官形成结核结节,继而结节中心干酪样坏死或钙化。牛结核病的病原体主要是牛型结核杆菌,其次为人型结核杆菌和禽型结核杆菌。

【临床症状】

1. **肺结核**

以长期干咳为特点,清晨干咳明显。食欲正常,易疲劳,逐渐消瘦。严重病牛呼吸困难。

2. **乳房结核**

先是乳房淋巴结肿大,继而后两乳区发生局限性或弥漫性的硬结节,硬结无热痛,表面高低不同。乳量下降,乳汁变稀,严重时乳腺萎缩停乳。

3. **肠结核**

以消瘦和下痢或便秘下痢交替出现为特点。粪便带脓血,味腥臭。此外结核菌还可侵害其他器官,故可发生子宫结核、淋巴结核、睾丸结核、脑结核和浆膜结核等。

【防治措施】

(1)能通过咳出物、分泌物、排泄物向外排毒的病牛一般予以淘汰。

(2)对有价值的牛可用异烟肼、链霉素、对氨基水杨酸等药物进行治疗。

(3)对无病牛群定期用结核菌素进行点眼和皮内注射进行检疫,以便及时发现病牛。

(4)引进牛必须经过检疫,隔离观察 2 个月,期间再检疫一次,确实无病方可入群。

(5)牛舍注意卫生和消毒,每年进行 2~4 次预防性消毒,常用的消毒药为 5％来苏儿或 3％福尔马林溶液。

(二)布氏杆菌病

牛布氏杆菌病是人畜共患的慢性传染病。主要侵害生殖系统,以母牛发生流产和不孕、公牛发生睾丸炎和不育为特征,故又称传染性流产。本病分布很广,严重损害人、畜的健康。病原体主要是牛布氏杆菌,羊和猪布氏杆菌也能感染。

【临床症状】

妊娠母牛的主要表现是流产,流产一般发生于妊娠后期。流产前数日,一般有分娩预兆。流产后多数伴发胎衣不下或子宫内膜炎,可在 2~3 周后恢复。有的病愈后长期排菌,可成为再次流产的原因。有的经久不愈,屡配不孕。

公牛可发生睾丸炎和附睾炎,并失去配种能力。有的病牛发生关节炎、滑液囊炎、淋巴结炎或脓肿。

【防治措施】

1. 加强检疫,坚持自繁自养

必须引种时,要隔离观察 1 个月,其间做 2 次布氏杆菌检疫,阴性者方可合群饲养。每年对疫区牛群用血清凝集反应普查 1~2 次,及时发现病牛,进行隔离或淘汰。

2. 严格消毒

人工助产器械、助产人员手臂用 1％来苏儿、0.1％新洁尔灭洗净。畜舍、产房、运动场用 10％石灰乳或 2％火碱消毒。流产胎儿、胎衣、羊水、分泌物经消毒后处理。

3. 病牛治疗

尚无特效疗法,症状严重者对症治疗,可肌注氯霉素抗菌消炎,用 0.1％高锰酸钾洗涤子宫治疗子宫炎。

4. 定期预防注射

如布氏杆菌 19 号弱毒菌苗或冻干布氏杆菌羊 5 号弱毒菌苗可于成年母牛每年配种前 1~2 个月注射,免疫期 1 年。

5. 培育健康犊牛

隐性病牛经健康牛精液受孕后新产犊牛,立即与母牛分开,隔离饲养。吃母乳 3~5 d 后,可喂常乳。在 1 个月后进行 2 次检疫,间隔 6 周,呈阴性反应者,送入健康牛群;阳性者转入病牛群。

(三)口蹄疫

口蹄疫俗称"口疮"、"蹄癀",是由口蹄疫病毒引起的牛、羊、猪等偶蹄兽的一种急性、高度接触性传染病,以牛的易感性最高。其特征为口腔黏膜、蹄部及乳房皮肤发生水泡和烂斑。有的愈后奶牛仍长期不能恢复生产,从而给奶牛业造成巨大损失,成为世界法定传染病之一。其病原体是小核糖核酸病毒科的口蹄疫病毒,分 7 个主型,即 A 型、O 型、C 型、南非Ⅰ型、南非Ⅱ型、南非Ⅲ型和亚洲Ⅰ型,其中以 A、O 两型分布最广,危害最大。口蹄疫病毒对外界抵抗力较强,自然条件下,所含毒物质传染性可达数月,粪便中的病毒,在温暖季节可存活 30 d 左右,冰冻条件下可以越冬。但对酸、碱敏感,易被酸碱性消毒药杀死。

【临床症状】

潜伏期 2～4 d,患病牛初期体温升高至 40℃以上,精神沉郁,闭口流涎,减食,两天后,病牛的舌面、上下唇、齿龈或乳房处出现大小不等的水泡,当水泡破溃后,留下边缘整齐的烂斑,体温随之下降。与此同时或稍后,趾间及蹄冠皮肤表现热、肿、痛,继而发生水泡、烂斑,跛行。犊牛则表现水泡不明显,常以胃肠炎、心肌炎,四肢麻痹或瘫痪症状出现,犊牛突发死亡率高达 40%。

【防治措施】

1. 治疗

根据国家的有关规定,口蹄疫病牛应一律扑杀,不准治疗。

2. 预防

(1)平时的预防措施:在本病的常发区、受威胁区(如国境线地带),对牛、羊、猪等易感动物坚持接种口蹄疫疫苗,做好主动防疫是至关重要的。牛、羊、骆驼接种 A、O 双价弱毒疫苗,猪接种强毒灭活疫苗,或猪专用的 O 型弱毒菌,用法、用量参照说明书。值得注意的是,所用疫苗的病毒型必须与当地流行的病毒型相一致,否则不能预防和控制口蹄疫的发生和流行。

(2)流行时的防治措施:第一,发生口蹄疫时,应立即上报,划定疫区,严格封锁,就地扑灭,严防蔓延。第二,疫点周围和疫点内未感染的牛、羊、猪,立即接种口蹄疫疫苗。接种顺序由外向内。第三,污染的圈舍、饲槽、工具和粪便用 2%氢氧化钠溶液消毒。最后一头病牛扑杀 14 d 后,无新病例出现,经彻底消毒,报请上级批准后解除封锁。

(四)牛流行热

牛流行热又称三日热,是由病毒引起的一种急性热性传染病。主要侵害黄牛和奶牛,以 3～5 岁壮年牛较易感染。本病传播迅速,发病率高,死亡率低。

本病流行有明显季节性,多发于雨量多和气候炎热的 6～9 月份。一般认为每隔几年或 3～4 年发生一次较大流行。

【临床症状】

潜伏期 4～7 d。发病前期严重畏寒,继而高热达 40℃以上,持续 2～3 d 后下降。高热的同时,病牛流泪,结膜充血,呼吸迫促,流鼻涕,流涎,食欲废绝,不反刍,关节肿痛,站立时弓腰不动,驱赶呈跛行,乳量减少或停止,大多数奶牛能耐过,少数病例发生瘫痪。个别病牛因继发肺炎而死亡。剖检可见肺气肿、肺充血和肺水肿等主要病变。

【防治措施】

本病目前尚无有效疫苗,仅能按一般预防措施处理。

(1)平时加强饲养管理:夏季防暑,保持牛舍清洁卫生。

(2)在流行季节,可每周 2 次用 5%敌百虫液喷洒牛舍和周围排粪池,以杀灭蚊、蝇。用过氧乙酸对牛舍地面及食槽等进行消毒,以减少传染。

(3)一旦发病,及时隔离,积极治疗。

采用对症和支持疗法,绝大部分病牛可治愈。以解热镇痛、强心解毒,防止继发感染为原则。有以下治疗方法供参考:

(1)青霉素 800 万 IU,链霉素 300 万 IU,安痛定 50 mL 或安乃近 40 mL,配合病毒灵 20 mL。1 次肌内注射,每天 1～2 次,连用 2 d。

(2)地塞米松每次 50～100 mg,配合 5‰～10‰葡萄糖 500～1 000 mL。生理盐水 500～1 000 mL,静脉注射,或氟美松 50～100 mg 加糖盐水 500～1 000 mL、混合一次缓慢静脉注射。

(3)在病初可用板蓝根 60 g,紫苏 90 g,白菊花 60 g,煎服。

(4)对瘫痪病牛,可静脉注射 10‰水杨酸钠 100～300 mL,地塞米松 50～80 mg,10‰葡萄糖酸钙 300～500 mL。病程长的适当加维生素 B_1、维生素 C 和乌洛托品,静脉注射。

(五)炭疽

炭疽是由炭疽杆菌所引起的人和动物共患的一种急性、热性、败血性传染病,常呈散发或地方性流行。其临床特征为呼吸困难、战栗和天然孔出血。剖检可见脾脏肿大,皮下和浆膜下出血性胶样浸润,血液凝固不良,死后尸僵不全。牛、马、驴、骡及羊等食草动物最易感,在世界范围流行。我国的炭疽病已得到控制,但还时有发生。因此,对炭疽防治必须引起高度重视。

【临床症状】

动物自然感染的潜伏期,一般为 1～3 d,也有长至 14 d 的。临床症状有最急性、急性和亚急性三种类型。牛多呈急性或亚急性经过。

牛发生炭疽时虽有高热,但症状多不显著,往往没有前期症状而突然死亡。一些病例或以高度兴奋开始,或很快发生热性病症状,如体温升高到 40～42℃,精神不振,伴有寒战和肌肉震颤,心悸亢进,脉搏微弱而快,黏膜发绀,间有小点出血等。随着采食停止,反刍和泌乳也都停止,发生中度膨胀,肠道、口鼻出血以及血尿。有时可见舌炭疽或原发性咽炭疽、肠炭疽,在这些部位发生炭疽痈。颈、胸、肋、腰以及外阴部常有水肿,且发展迅速。颈部水肿常与咽炎和喉头水肿相伴发生,致使呼吸更加困难。肛门水肿,排便困难,粪便带血,一般病程 10～36 h 死亡。

应与急性中毒、巴氏杆菌病、气肿疽和恶性水肿、梨形虫病相区别。

【防治措施】

1. 治疗

最急性型炭疽病牛常来不及治疗即死亡,对其他型病牛应及早隔离治疗。用青霉素 100 万～300 万 IU 肌肉注射,每天 4 次,连续 3 d 可见疗效。如有抗炭疽血清(100～300 mL,静脉注射)同时应用,效果更佳。

2. 预防

炭疽是一种烈性传染病,不仅危害家畜,也威胁人类健康。因此,对原因不明而突然死亡的牛不准随便剥皮吃肉,须经确诊后再行处理。发生本病后,要封锁疫点,炭疽牛尸和被污染的草料、粪便等一律烧毁,被污染的水泥地用 20‰漂白粉或 0.1‰碘溶液等消毒,若为土地,则应铲除表土 15 cm。疫点内的牛先用青霉素预防,7 d 后再接种炭疽芽孢苗。疫区周围的健康牛也要紧急接种炭疽芽孢苗。无毒炭疽芽孢苗,成年牛皮下注射 1 mL,1 岁以下小牛 0.5 mL;第二号炭疽芽孢苗,不论牛的大小均用 1 mL。最后一头病牛死亡或治愈后 15 d,再未发现新病牛时,经彻底消毒后方可解除封锁。

经常发生或 2～3 年内发生过炭疽病的地区,每年春季或秋季必须给牛接种一次炭疽芽孢苗。

二、外科病

(一)蹄叶炎

蹄叶炎又名蹄壁真皮炎,是指发生于蹄尖壁、侧壁的真皮小叶层及血管层浆液性、弥漫性炎症。蹄叶炎的发病率一般为 5.5%～30%,50%～55% 的蹄叶炎可造成跛行。

【临床症状】

本病多呈急性经过,患牛病初出现体温上升 40～41℃、心音亢进、脉搏每分钟 100 次以上,呼吸每分钟 40 次以上,食欲不佳和乳量下降等症状。急性病例起立和运动都困难,大多呈横卧姿势。轻症病例不爱运动,表现特有的步态和弯背姿势,蹄有热感,叩诊及钳压疼痛,特别是蹄前部明显。慢性病例大多由急性型继发而来,蹄的疼痛与急性型相比明显减轻,但步态依然呈独特的强拘步态、关节肿大、拱背等症状。另外,蹄的形态明显改变,呈典型的"拖鞋蹄",即背侧缘与地面形成小的角度,蹄扁阔而变长。并发感染时,蹄底角质和真皮组织坏死,蹄轮异常,蹄尖狭窄而蹄踵增宽,蹄尖壁的角质增厚,成为芜蹄。

小龄育肥牛在 6～9 月龄时,由于为了育肥多给精料体重急剧增加,过度负重而患蹄叶炎。

【防治措施】

首先,应加强饲养管理,避免突然多给精饲料,饲料的变换要在 10～14 d 内逐渐进行;育肥牛的饲料中粗纤维量至少也要 14% 以上,乳牛至少 18% 以上,防止瘤胃酸中毒。

对急性蹄叶炎治疗:

(1)发病初期放血 1 000～2 000 mL。

(2)给予抗组织胺药,如灌服苯海拉明 0.5～1.0 g,每天 1～2 次。

(3)静脉注射 5%～7% 碳酸氢钠液 500～1 000 mL、5%～10% 葡萄糖溶液 500～1 000 mL、复方氯化钠溶液 1 000～1 500 mL。

(4)肌肉注射维生素 B_1。

(5)给予肾上腺皮质激素,可的松注射。

(6)移植健康牛的瘤胃液 6～8 L。

对慢性蹄叶炎除上述疗法外,应重视蹄的温浴,注意修蹄、削蹄,预防形成芜蹄。出现蹄踵狭窄或蹄冠狭窄时,可锉薄狭窄的蹄壁角质,缓解压迫,并配合装蹄疗法,对芜蹄可作矫形。

(二)脓肿

在组织器官内局限性化脓性炎症引起的具有完整腔壁并有脓汁积聚的局限性肿胀,称为脓肿。

【临床症状】

1. 浅在脓肿

病初局部增温,疼痛,呈显著的弥漫性肿胀。以后肿胀逐渐局限化,四周坚实,中央软化,触之有波动感,渐渐皮肤变薄,被毛脱落,最后破溃排脓。

2. 深在脓肿

局部肿胀常不明显,但患部皮肤和皮下组织有轻微的炎性肿胀,有疼痛反应,指压时有压痕,波动感不明显。为了确诊,可行穿刺。当脓肿尚未成熟或脓汁过分浓稠,穿刺抽不出脓汁时,要注意针孔内有无脓汁附着。应与血肿、淋巴外渗、腹壁疝等病相区别。

【防治措施】

病初,局部可用温热疗法,如热敷等,或涂布用醋调制的复方醋酸铅散、栀子粉等。同时,用抗生素或磺胺类药进行全身性治疗。如果上述方法不能使炎症消散,可用具有弱刺激性的软膏涂布患部,如鱼石脂软膏等,以促进脓肿成熟。当出现波动感时,即表明脓肿已成熟,这时应及时切开,彻底排除脓汁(注意不要强力挤压或擦拭脓肿膜,应使脓汁自然流出),再用3%双氧水或0.1%高锰酸钾水冲洗干净,涂布松碘油膏或视情况用纱布引流,以加速坏死组织的净化。

(三)创伤

由于各种外力的作用使牛体某部位的皮肤、黏膜及其深部组织发生开放性的损伤,称为创伤。主要表现为出血、裂开、疼痛和机能障碍等。

【临床症状】

创伤按致伤外力的性质可分为刺伤、切创、咬创、撕裂创、挫创和毒创等。创伤按受伤后经过的时间长短分为新鲜创(包括新鲜未污染创和新鲜污染创)、陈旧创(包括感染创和肉芽创)。

1. 新鲜创

创伤局部一般出现创口裂开、出血、疼痛和机能障碍等反应。反应的程度随创伤部位、形态、程度而不同。若创伤面积大、创伤深且为要害部位,则可因疼痛剧烈、失血过多而引起全身反应,如黏膜苍白、脉搏微弱、呼吸急促、冷汗淋漓、四肢发凉,甚至出现休克以至死亡。

2. 感染创

创伤局部肿胀、增温、疼痛,创腔内有脓汁,创伤周围有脓痂。若创腔内脓汁排出不畅则可局限为脓肿,也可发展为蜂窝织炎,严重时感染扩散引起全身性化脓性感染,甚至发生败血症。

3. 肉芽创

创腔内出现粉红色颗粒状结实的肉芽组织,肉芽表面黏附少量黏稠、灰白色的脓性分泌物。创伤肿胀消退、疼痛减轻、趋向愈合。

【防治措施】

根据创伤的性质、种类、组织损伤的程度、感染的有无、损伤部位的经过时间、愈合过程以及牛的全身状况,采取适当的治疗方法。

1. 新鲜创的治疗

(1)及时止血:根据出血的性质、程度和部位,可采用压迫、钳夹、填塞、结扎、创面涂撒止血粉和注射止血药等方法止血。

(2)清洁创围:用纱布盖住创面,用毛剪剪去周围的被毛及血痂,用温水或肥皂水洗净创围,再用70%酒精棉球消毒创围皮肤;最后用5%碘酊2次涂布创围皮肤。

(3)清理创腔:除去覆盖物,用生理盐水、0.1%高锰酸钾溶液、3%过氧化氢溶液、0.01%～0.05%新洁尔灭溶液反复冲洗创腔,除去创面上的异物、血凝块和积液,并用手术器械切除坏死组织、消除创囊、疏通引流、修整创面。

(4)缝合与包扎:对受伤时间短(6 h以内)、污染轻或清创彻底的创伤,可在清创后的创面涂布酒精、碘酊等消毒剂,一次缝合创口;对受伤时间长、污染严重的创伤,可在清创后的创面涂撒青霉素粉、消炎粉、碘仿磺胺粉等,创口部分缝合,设引流口;创口裂开过宽,可缝合两端组织损伤严重或不便缝合时,可实行开放疗法。一次完全缝合的创伤要包扎,部分缝合的创伤不做严密包扎;四肢下部的创伤,一般应包扎。

(5)全身疗法:若组织损伤或污染严重时,应及时注射抗生素、破伤风抗毒素。

2. 感染创的治疗

清洁创围,用 0.1%高锰酸钾溶液、3%过氧化氢溶液、0.01%新洁尔灭溶液等冲洗创腔。扩大创口,开张创缘,除去深部异物,切除坏死组织,排出脓汁。最后用松碘油膏(松馏油 5:碘仿 3:蓖麻油 100)或磺胺乳剂(氨苯磺胺 5:鱼肝油 30,蒸馏水 65)等创面涂布或纱布条引流。有全身症状时可适当选用抗菌消炎类药,并注意强心解毒。

3. 肉芽创的治疗

清洁创围,用生理盐水轻轻清洗创面。局部选用刺激性小、能促进肉芽组织和上皮生长的药物,如松碘油膏、3%龙胆紫等。肉芽组织生长过度时可用高锰酸钾粉或硫酸铜腐蚀。

三、内科病

(一)奶牛猝死症

奶牛猝死症是由牛魏氏梭菌引起的以消化道传染为主的急性传染病。牛魏氏梭菌一般有 A、B、C、D 四型,魏氏梭菌其芽孢广泛分布于自然界(如土壤、蔬菜、水果、饲料、野生动物的尸体和人畜粪便)中,另外通过车辆、人员携带也可导致牛群感染,当牛只体内魏氏梭菌积蓄到一定程度时即可发病。该病病程短、发病急、传染快,其发病率、死亡率均较高。

【临床症状】

发病突然、死亡快,无任何前驱症状。体温一般正常,死亡前出现鸣叫,肌肉颤抖,站立不稳,突然倒地,四肢抽搐划动,呼吸困难,口流清涎,有的死前有惊恐表现,死后呈角弓反张姿势。

外观可见腹胀,大多数牛肛门外翻,颜色鲜红,流少量深红色的血样液体;有的口、鼻有少量血样液体流出;有的眼结膜深红,有的第三眼睑有粟粒大的出血点;心耳、心尖有针尖大到针帽大的出血点或出血斑;血液暗红;颌下、肩前、肠淋巴结水肿,切面有斑点状出血;有的肝脏轻度水肿;胆囊、膀胱黏膜充血,有少量出血点;脾脏无肉眼可见变化;瘤胃、网胃、瓣胃黏膜有散在的针尖大的出血点,有的形成条状出血斑;真胃充血、出血;小肠浆膜充血发红,黏膜呈斑块状出血或弥漫性出血;肠内容物呈红色稀粥状;血凝良好。

【防治措施】

1. 治疗

(1)发病早期及时隔离、消毒、治疗:应用魏氏梭菌+巴氏杆菌疫苗进行免疫接种。

(2)对症状较轻的病畜大剂量注射清热解毒药及镇静药物等:同时添加蛋白质丰富的新鲜饲料。

2. 预防

(1)加强饲养管理,做好环境卫生和消毒工作,并常抓不懈。实行分群饲喂,按不同生理阶段调整日粮水平,按日粮标准供草供料,严防精料喂量过大,严禁饲喂发霉、变质的饲料。

(2)专配干乳日粮,以粗饲料为主,1 d 保证两顿干草,喂量不少于 7 kg,料日平均每头干乳牛 3.5 kg,产前最大喂量不超过体重的 1%。

（3）做好围产期（临产前 15 d～分娩后 15 d）的饲养管理，精粗料合理搭配，精料逐步增加，防止精料突然过高。

（4）日粮中加入 2％的碳酸氢钠。

（二）前胃弛缓

前胃弛缓是由各种原因导致的前胃兴奋性降低、收缩力减弱，瘤胃内容物运转缓慢，菌群失调，产生大量的腐解、酵解有毒物质，引起消化障碍，食欲、反刍减退以及全身机能紊乱的一种疾病。临床上，以食欲不振至厌食、反刍和嗳气减少至停止、瘤胃蠕动减弱到消失、粪便减少干燥或腹泻为特征。

【临床症状】

病牛精神沉郁，食欲减退、不吃精料或不吃干草或异嗜，继而完全废绝，反刍迟缓或停止，嗳气减少带酸臭味或停止，鼻镜干燥，经常磨牙。瘤胃蠕动音减弱或消失，瘤胃内容物柔软或黏硬，有时出现轻度瘤胃膨胀；网胃及瓣胃蠕动音减弱或消失。病初排粪迟滞甚至便秘，粪便干硬、色黑，继而发生腹泻，排棕褐色粥样或水样稀粪，恶臭难闻。体温、脉搏、呼吸一般无明显变化，后期脉搏增数，瘤胃膨胀时，呼吸困难，继发肠炎时体温升高。随着病程的持续发展，病畜日趋消瘦衰弱，毛焦膘吊，四肢浮肿，最后卧地不起，昏迷以至死亡。

【防治措施】

消除病因，兴奋瘤胃、增强神经体液调节机能，防止机体酸中毒。

（1）停食 1～2 d，再给少量优质多汁饲料。

（2）静脉注射促反刍液 500 mL。即 10％氯化钙液 100 mL，10％氯化钠液 100 mL，20％安钠咖注射液 10～20 mL。

（3）皮下注射 0.1％氨甲酰胆碱 1～2 mL 或 3％毛果云香碱 2～3 mL。或新斯的明 10～20 mg。

（4）50％葡萄糖 300～500 mL，维生素 C 1 000 mg 1 次静脉注射。

（5）慢性型可用健胃剂：龙胆末 20～30 g，酵母粉 50～100 g，姜粉 10～20 g，碳酸氢钠 30～50 g，番木鳖酊 10～30 mL，加水混合后 1 次送服。

（三）瘤胃臌气

瘤胃臌气又叫瘤胃膨胀，是由于瘤胃内草料发酵，迅速产生大量气体而引起的疾病。多发生于春末夏初。

【临床症状】

原发性瘤胃臌气，常在采食时或采食后不久发病，病牛腹痛不安、回头顾腹、摇尾、后肢踢腹。食欲废绝，反刍和嗳气很快停止。腹围急剧膨大，左肷部显著臌起，常可高出脊背，触诊紧张而有弹性，叩诊呈鼓音，听诊瘤胃蠕动音减弱或消失。呼吸高度困难，甚至张口呼吸，口中流出许多混有泡沫的口涎，可视黏膜发绀，呼吸每分钟可达 60～80 次。心搏动增强，脉搏每分钟120～140 次，静脉怒张，频频排尿，体温一般变化不大。后期病牛呻吟，步样不稳或卧地不起，常因窒息或心脏麻痹而死亡。

继发性瘤胃臌气，先有原发病的表现，以后才逐渐出现瘤胃臌气的症状，且臌气较轻。

【防治措施】

1. 治疗

首先应排气减压。对一般轻症病例,可把病牛牵到斜坡上,使病牛取前高后低姿势站立,同时将涂有松馏油或大酱的小木棒横衔于口中,用绳拴在嘴角上固定,使牛张口,不断咀嚼,促进嗳气排出。

对重症病例,要立即插入胃管排气,或用套管针在左肷部进行瘤胃穿刺放气急救。放气时应缓慢进行,以免放气速度过快发生脑贫血而昏迷。放气后,可由套管内注入来苏儿15~20 mL,或福尔马林10~15 mL,加水适量,以制止继续发酵产气。拔出套管针后,穿刺部位一定要用碘酊彻底消毒。

对于原发性瘤胃膨胀,应用5%水合氯醛乙醇注射液300~500 mL,1次静脉注射,效果较好。

对于泡沫性瘤胃膨胀,可用植物油(如豆油、花生油、葵花籽油、棉籽油等)或液状石蜡250~500 mL,1次口服;或碳酸钠(烧碱)60~90 g(用水化开),植物油250~500 mL,1次口服。

为促进瘤胃内容物的排出和制止瘤胃内容物的发酵,应酌情选用缓泻制酵剂,如硫酸镁500~800 g或人工盐400~500 g,福尔马林20~30 mL,加水5~6 L,1次口服。

为恢复瘤胃功能,酌情选用兴奋瘤胃蠕动的药物。具体措施参见前胃弛缓的治疗。

2. 预防

加强饲养管理,防止贪食过多幼嫩多汁的豆科牧草,尤其由舍饲转为放牧时,应先喂些干草或粗饲料,适当限制在牧草幼嫩茂盛的牧地和霜露浸湿的牧地上的放牧时间。

(四)瘤胃积食

瘤胃积食是由于瘤胃内积滞多量草料,引起瘤胃体积增大、胃壁扩张、瘤胃正常运动机能紊乱的疾病。临床上以反刍、嗳气停止,瘤胃坚实,疝痛,瘤胃蠕动极弱或消失为特征。多发生于冬、春季节。

【临床症状】

通常在采食后几小时内发生,病牛食欲减退或废绝,反刍、嗳气减少或停止,鼻镜干燥。轻度腹痛,背腰拱起,后肢踢腹,呻吟摇尾,回头顾腹。左侧下腹部膨大,左肷部平坦或稍凸起。触诊瘤胃,病牛疼痛不安,瘤胃内容物黏硬或坚实,叩诊呈浊音。瘤胃蠕动音初期增强,以后减弱或消失。排粪迟滞,粪便干少色暗,有时排少量恶臭的稀便。尿少或无尿。呼吸急促增数,可视黏膜发绀,脉搏细数,一般体温不高。严重者四肢颤抖,疲倦乏力,卧地不起,呈昏迷状态。

【防治措施】

1. 治疗

轻症的,可按摩瘤胃,每次10~20 min,1~2 h按摩1次。结合按摩灌服大量温水,则效果更好。也可口服酵母粉250~500 g,每天2次。重症的,可口服泻剂,如硫酸镁或硫酸钠500~800 g,加松节油30~40 mg,常水5~8 L,1次口服;或液状石蜡1~2 L,1次口服;或盐类泻剂或油类泻剂并用。

对病牛还可用粗胃管反复洗胃,尽量多导出一些食物。

当瘤胃内容物泻下后,可应用兴奋瘤胃蠕动的药物,如新斯的明、毒扁豆碱、毛果芸香碱等,详见前胃弛缓的治疗。当瘤胃内容物已泻下,食欲仍不好转时,可酌情应用健胃剂,如番木鳖酊 15~20 mL,龙胆酊 50~80 mL,加水 500 mL,1 次口服。

病牛饮食废绝、脱水明显时,应静脉补液,同时补碱,如 25% 葡萄糖液 500~1 000 mL,复方氯化钠液或 5% 糖盐水 3~4 L,5% 碳酸氢钠液 500~1 000 mL 等,1 次静脉注射。

重症而顽固的瘤胃积食,应用药物不见效果时,可行瘤胃切开术,取出瘤胃内容物。

2. 预防

加强饲养管理,防止过食,避免突然更换饲料,粗饲料要适当加工软化后再喂。

(五)奶牛酮病

奶牛酮病又称奶牛酮血症、奶牛酮尿病,是泌乳母牛在产犊后几天至几周内发生的一种碳水化合物和脂肪代谢紊乱所引起的全身功能失调的代谢性疾病。临床特征为酮血、酮尿、酮乳,出现低血糖、消化机能紊乱、产奶量下降,间歇神经症状。本病多发生在高产奶牛以及饲养管理水平低劣的牛群,产后 3 周到 2 个月和第 3~6 胎次年龄的牛发病率高,冬季比夏季发病率高。

【临床症状】

根据临床表现不同分为以下两种:

1. 消化不良型酮病

初期,病牛食欲不振,拒食精料,对青草、干草有一定的食欲;反刍减少,瘤胃蠕动音减弱或稀少,粪便干硬或腹泻,量少而恶臭;大多数病奶牛奶量下降,乳房无明显变化,但也有个别牛奶量未见明显下降,迅速消瘦;乳汁易形成泡沫,形如初乳;病牛呼出气、汗液、尿液、乳汁可嗅到一种轻微的醋酮气味(烂苹果样气味);血液、尿液及乳汁中酮体增多、血糖降低。后期肝脏浊音区界扩大,体温正常或偏低,呼吸次数稍减少,呈腹式呼吸。

2. 神经型酮病

初期,病牛兴奋不安,听觉过敏,眼神狰狞或眼球震颤,咬肌痉挛,而不断虚嚼和流涎;皮肤敏感性增高;有的横冲直撞,狂暴不安。兴奋症状维持 1~2 d。随后转入抑制状态,头低沉,反射迟钝,精神委顿,步态蹒跚。后期,病牛卧地不起,呈昏迷状态。

【防治措施】

1. 治疗

首先应加强护理,调整饲料,减喂油饼类等富含脂肪的精料,增喂甜菜、胡萝卜、干草等富含糖和维生素的饲料,并适当增加运动。

补糖,可用 25%~50% 葡萄糖液 300~500 mL,静脉注射,每天 2 次。如同时肌肉注射胰岛素 100~200 IU,则效果更好。

补充产糖物质,可用丙酸钠 120~200 g,混饲喂给或口服,连用 7~10 d;丙二醇 100~120 mL,口服,连用 2 d;甘油 240 mL,口服,连用数天。也可口服乳酸钠或乳酸钙 450 g,每天 1 次,连用 2 d;或口服乳酸铵 200 g,每天 1 次,连用 5 d。

促进糖原异生,可应用氢化可的松 0.5~1 g,或醋酸可的松 0.5~1.5 g,或地塞米松 10~30 mg,或氢化泼尼松 50~150 mg,或促肾上腺皮质激素 1 g,肌内注射。

解除酸中毒,可静脉注射 5% 碳酸氢钠液 500~1 000 mL,或口服碳酸氢钠 50~100 g,每天 1~2 次。对兴奋不安的病牛,可静脉注射 5% 水合氯醛乙醇注射液 200~300 mL,或口服水合氯醛 15~30 g。为兴奋瘤胃蠕动,可酌情使用兴奋瘤胃蠕动的药物(参见前胃弛缓的治疗)。

2. 预防

加强饲养管理,注意饲料组合,不可偏喂单一饲料。妊娠后期和产犊以后,应减喂精料,增喂优质青干草、甜菜、胡萝卜等含糖和维生素丰富的饲料。适当增加运动,及时治疗前胃疾病。

(六)创伤性心包炎

创伤性心包炎是牛吞食尖锐的金属异物刺伤网胃中部的前下方进而穿透膈肌损伤心包致使心包发炎的疾病。

【临床症状】

病初呈顽固性的前胃弛缓症状和创伤性网胃炎症状,以后才逐渐出现心包炎的特有症状。

心包炎的特有症状是心区触诊、叩诊疼痛不安,抗拒检查。心脏听诊,初期可听到心包摩擦音,以后可听到心包拍水音,心音和心搏动明显减弱。体表静脉怒张,颈静脉臌隆呈索状,颌下、肉垂、胸下及胸前等处发生水肿。体温升高,脉搏增数,呼吸加快。

【防治措施】

1. 保守疗法

将牛拴在一个前高后低的牛床(前后差 15~20 cm),肌肉注射青霉素 1600 万 IU 及链霉素 800 万 IU,每天 2 次,连用 5~7 d,体温及症状稳定后停药,一些牛可转为慢性。

2. 手术疗法

手术前,应注意病牛全身状况,患广泛性腹膜炎时手术前最好先用金属探测器了解到异物所在位置。在手术结束后,用取铁器作一次取铁探查,为阴性时可以缝合。

如此病不能得到及时有效的治疗,最后发展为创伤性网胃心包炎,常为预后不良。

此病以预防为主。饲喂时要尽量查看草料,筛除杂物,尤其是铁器异物等,防止病从口入。

(七)非蛋白氮中毒

非蛋白氮中毒是由于饲喂尿素及其他非蛋白氮化合物添加剂后,在瘤胃内释放大量的氨所引起。在临床上是以强直性痉挛和呼吸困难等为特征的中毒性疾病。实质是高血氨症-氨中毒,成年奶牛发生较多,急性经过的死亡率高。

【临床症状】

本病几乎都是以急性经过,在临床上以痉挛性强直和呼吸困难等症状为主征。在采食或饲喂过后 20~60 min 即可发病。其症状按其经过分为初期、中期和后期三个阶段。

1. 初期阶段

病牛不安,肌肉震颤,呻吟,步态踉跄,共济失调而摔倒在地,不能起立。

2. 中期阶段

发生于采食或饲喂后 2~3 h。病牛食欲废绝,反刍、嗳气停止,瘤胃蠕动大大减弱,伴有不同程度的气肿。同时,出现全身强直性痉挛症状,如牙关紧闭、反射机能亢进和角弓反张等。呼吸促迫(张嘴伸舌呼吸),心搏动强盛,心跳加快(120~150 次/min),心音不清或混浊,节律不齐,体温升高,知觉丧失,泌乳性能明显降低。

3. 后期阶段

呈高度呼吸困难,从口角流出大量泡沫状涎水,肛门松弛,排粪失禁,尿淋漓,胸背部出汗,皮温不稳,瞳孔散大,结局多窒息(死亡)。

【防治措施】

1. 治疗

本病病程极短,通常在发病后 1~2 h 内死亡,死亡率高达 80% 以上。故对本病宜尽早发现、确诊,尽快地采取急救措施。首选药物为稀醋酸(或食醋)等,以抑制瘤胃内脲酶活性。同时,又可中和尿素等分解产物——氨,用量为 5% 醋酸溶液 1 000~3 000 mL,经口投,如混合糖蜜和水适量效果更好。此外,解毒剂硫代硫酸钠溶液,既可口服也可静脉注射。对症疗法,如强心、兴奋呼吸中枢以及镇静等为目的,应用氧化樟脑制剂、25% 硼酸葡萄糖酸钙注射液、肌苷注射液、维生素 B_1、维生素 C 等制剂。当瘤胃臌气时,可行瘤胃穿刺术放气急救。

2. 预防

在饲喂尿素等饲料添加剂的牛群,正确控制用量,以不超过日粮干物质总量的 1% 或精料干物质的 2%~3% 为宜。同时,在饲喂方法上宜由小剂量逐渐增大剂量,不间断性饲喂为原则,使瘤胃内微生物有习惯或适应过程。在饲喂尿素等饲料添加剂时,还应与富含糖类饲料混饲,但要严禁饲喂富有蛋白质类的大豆或豆饼等精料。在饲喂时也不宜用水溶解,甚至在饲喂尿素等饲料添加剂后 1 h 内也不宜饮水,以避免尿素分解过快,发生中毒。在与其他饲料混合时,要求调拌均匀,尤其在制作青贮过程中添加尿素更要注意拌匀问题。对化肥尿素等的保管和使用,要有专人负责,防止被牛误食发病。

(八)酒糟中毒

酒糟中毒是牛长期或突然采食多量新鲜的或已经酸败的酒糟,由其中的有毒物质所引起的一种中毒疾病。临床上呈现腹痛、腹泻、流涎等。

【临床症状】

湿酒糟特别是大量堆积时,易产生大量的乳酸。如果喂量过大,加之在日粮中谷类精料喂量高,母牛会常常出现乳酸中毒的症状。

急性中毒开始时,病牛表现兴奋不安,随之出现一系列的胃肠炎症状,如食欲减退或废绝、腹痛、腹泻,呼吸困难、心跳疾速,脉细弱,步态不稳或卧地不起,后期四肢麻痹,体温下降,因呼吸中枢麻痹而死亡。

慢性中毒的病牛表现为顽固性的前胃弛缓,食欲不振,消化不良,瘤胃蠕动微弱。可视黏膜潮红、黄染,食欲减退,流涎,腹泻,消瘦。由于酸性产物的增加与体内的蓄积,致使矿物质吸收紊乱,出现缺钙现象,母牛流产或屡配不孕。后肢出现皮疹、皮炎(酒糟性皮炎)或皮肤肿胀并见有潮红,以后形成疱疹,水泡破裂后出现溃疡而其上覆以痂皮,遇有细菌感染时,则发生化脓或坏死,出现跛行。

病理变化,胃黏膜充血、出血;肠黏膜出血、水肿;肠系膜淋巴结充血;肺水肿;肝、肾肿胀、质度变脆;心、脑出血。

【防治措施】

1. 治疗

治疗原则是中和胃肠道中的酸,解除脱水及强心。同时,配合对症治疗。

采用碳酸氢钠 100～150 g,加水灌服;也可用 1‰碳酸氢钠溶液灌肠。可用 5％葡萄糖生理盐水 1 000～1 500 mL、复方氯化钠溶液 1 000～2 000 mL、25％葡萄糖溶液 500 mL、5％碳酸氢钠溶液 800～1 000 mL,一次静脉注射。肌内注射 20％安钠咖 10～20 mL。对兴奋不安的病牛,及时应用镇静剂。为了促进毒物的排出,可投服缓泻剂,其他视病情作对症治疗。必要时,还应配合使用抗生素、维生素治疗。

2. 预防

用新鲜酒糟喂牛,应控制喂量。饲喂方法应由少到多,逐渐增加。酒糟的比例不得超过精料量的 1/3。轻度酸败时,可加入石灰水、碳酸氢钠中和后再喂。注意保管好酒糟,防止酸败变质,尤其天热温度高时,已酸败变质的酒糟不得作饲料用。

四、产科病

(一)乳房炎

乳房炎是母牛乳腺组织受到物理、化学、微生物刺激所发生的一种炎性变化。其特点是乳中的体细胞增多,乳腺组织发生病理变化,乳的性状发生异常。

【临床症状】

根据临床表现可分为临床型乳房炎和隐性乳房炎。

1. 临床型乳房炎

乳房和乳汁均有肉眼可见的异常。轻度乳房炎,乳汁中有絮片、凝块,有时乳汁呈水样,乳房轻度发热和疼痛,或不发热不痛,可能肿胀。重度乳房炎,患病乳区急性肿胀、热、硬、痛。乳汁异常,分泌减少,出现高温、脉搏增数、病牛抑郁、衰弱、食欲减退等全身症状。

2. 隐性乳房炎

一般无明显的临床症状。只是乳汁的性状和量发生潜在性的改变,如乳汁中白细胞数高于正常值,乳汁由正常的弱酸性变为弱碱性,通常需要理化检验才能确诊。如不及时治疗,则会转为临床型。

【防治措施】

1. 治疗

(1)临床型乳房炎:以治为主,杀灭侵入的病原和消除炎性症状。对乳房炎的治疗,多采用抗生素,少用磺胺类和呋喃类药物,用复方中草药也有好的效果。

常用的抗生素有青霉素类、链霉素、四环素、氯霉素、卡那霉素和磺胺类。常规方法是将药物稀释成一定浓度,通过乳头管直接注入乳池,可以在局部保持较高浓度。具体操作是:先挤净患区的乳汁或分泌物,碘酊或酒精擦拭乳头管及乳头,经乳头管口向乳池内插入带有胶管的灭菌乳导管,胶管另一端接注射器,将药液徐徐注入乳池,注完后取出导管,以手指捻动乳头管片刻,再用双手手掌自下而上的顺序轻度向上按摩,迫使药物上升扩散。每天如此作 2～3 次注入,一般抗菌药连用 3～4 d。临床症状消退后仍需用药 1～2 d,停药后 10 d 左右,作一次乳汁化验。如仍未愈,需更换药物治疗。注药前,可肌内注射 10～20 IU 催产素,然后挤奶。中药可选用清热解毒活血化瘀的方剂,也可使用市场供应的如乳消灵等成药针剂。

辅助疗法:具有缓解局部症状、改善食欲和精神等作用,对理化原因造成的乳房炎有一定疗效,有的细菌性乳房炎单用辅助疗法也可治愈。按摩乳房和增加挤奶次数,可以促使病原体排出,减少炎症对乳腺的刺激。按摩乳房应自上而下,强力粗暴地揉、捏、压、搓会增加组织损伤。出血性乳房炎及急性发作期,禁止按摩。乳房高度肿胀,热痛时可冷敷、冰敷、冷淋,可以缓解局部症状;外敷药也可缓解肿胀和疼痛,如鱼石脂软膏、樟脑油膏等。

(2)隐性乳腺炎:以防为主,防治结合。隐性乳腺炎虽无乳房和乳汁肉眼可见的异常,但发病率高,影响产奶量和奶的品质,危及人的健康且容易转变为临床型。

乳头药浴:挤奶结束后,立即用消毒药液浸泡一下乳头,可以杀灭乳头末端及周围和乳头管内的病原。药液要求为杀菌力强,刺激性小,价廉易得,常用的有洗必泰、次氯酸钠、新洁尔灭等。0.3%～0.5%的洗必泰效果最好,次氯酸钠次之。一般冬季停用,以防乳头皮肤皲裂。

盐酸左旋咪唑具有免疫调节能力,按每千克体重7.5 mg拌精料中任牛自行采食,每天1次,连用2 d,有预防隐性乳房炎的效果。

芸薹子(油菜籽)对隐性乳腺炎有一定疗效。按体重大小,生芸薹子250～300 g为一剂,拌精料内自由采食,隔1 d一剂,三剂为一疗程。

在治疗隐性乳腺炎中逐头进行治疗有效,但因检出率高,需耗费大量人力,无法推广应用。

干奶期预防,停奶后头3周是乳房炎重新感染的危险期,它会造成下个泌乳期高发生率。因此,在停奶后就进行预防,可以减少停奶期乳房炎,也可降低下个泌乳期隐性乳房炎的发生率。

可使用四环素和青霉素、新霉素或多种抗生素配合制成的油剂(可用煮沸的食物油),在干奶后当时注入乳房。

2. 预防

(1)保持环境卫生和牛体卫生,运动场保持平整,排水通畅,干燥,经常刷拭牛体,保持乳房清洁。

(2)搞好挤奶卫生,提高挤奶技术。擦洗乳房的毛巾和水桶保持干净,定期消毒,用水要勤换。乳房炎牛的挤奶顺序放到最后,将奶妥善处理。

机械挤奶时,要保持机器的正常性能,防止空吸。挤奶杯要及时消毒,定期检查机器和挤奶杯,及时维修更换。

分散饲养、集中挤奶的站、场,有临床型乳房炎的禁止用共用的挤奶机挤奶,一律要用手挤奶。奶单独处理,若应用抗生素治疗,痊愈停药4 d后才能恢复机器挤奶。

(3)及时治疗临床型乳房炎,必要时要隔离。

(4)做好预防工作,推广乳头药浴和干奶期预防。定期监测隐性乳房炎发病情况,根据结果采取相应的措施。

(二)子宫内膜炎

子宫内膜炎是由于在分娩时或产后微生物侵入子宫黏膜而引起的急性炎症。牛的子宫内膜炎是引起牛繁殖障碍的一个重要原因,也是影响奶牛生产的棘手问题之一,应予以重视。

【临床症状】

通常于产后1周内发病,并伴有体温升高,脉搏、呼吸加快,精神沉郁,食欲下降,反刍、泌乳减少等全身症状。患牛弓腰、举尾,有时努责;不时从阴门排出大量污红色或棕黄色黏性或黏脓性分泌物,有腥臭味,内含有絮状物或胎衣碎片;卧下或排尿时,排出量增多。阴道检查,子宫颈阴道部潮红、肿大,外口微开张,有时可见分泌物从外口流出。直肠检查,子宫角变粗,子宫壁增厚、稍硬、敏感、收缩反应弱。

【防治措施】

在临产和产后,应对阴门及其周围消毒,保持产房和厩舍的清洁卫生。助产或处理胎衣不下时,应注意手臂和器械消毒。

治疗时,常用 0.1％高锰酸钾液、0.2％呋喃西林液、0.02％新洁尔灭液、生理盐水等冲洗子宫,以排出子宫腔内的炎性渗出物;在充分排出冲洗液之后,应向子宫内灌入抗生素、磺胺类药、呋喃西林或鱼石脂溶液,以消除炎症。当子宫颈口已收缩,冲洗管不易通过时,应注射雌激素,以促使子宫颈松软、开张和加强子宫收缩。患牛全身症状严重时,不宜冲洗子宫,应向子宫内投入抗生素类药物,并加强全身治疗,如注射抗生素类药和输液治疗等。

(三)胎衣不下

母牛分娩后,经过 8～12 h 仍排不出胎衣的疾病,即为胎衣不下或胎衣滞留。正常情况下,胎衣排出的时间为:奶牛一般不超过 4～6 h,水牛 4～5 h,黄牛 3～5 h。

【临床症状】

1. 胎衣全部不下

大部分胎膜及子叶仍与子宫腺窝紧密连接,一部分胎衣呈带状悬垂于阴门外,严重子宫弛缓时,全部胎膜可能都滞留在子宫内;有时悬垂于阴门外的胎衣可能断离,在这种情况下,只有进行阴道检查,才能发现子宫内有无胎衣。

2. 胎衣部分不下

一部分或个别胎儿胎盘留在母体胎盘上,或是胎衣在排出过程中断离,而一部分残留在子宫内,开始时,如不仔细检查排出的胎衣,往往不易察觉。但几天后,腐败的胎衣和恶露一同排出来,排出时间超过正常的产后期。大多数胎衣部分不下的病例并发黏液脓性子宫内膜炎。

【防治措施】

1. 治疗

治疗胎衣不下的方法很多,概括起来可分为药物疗法和手术剥离两类。

药物疗法:促进子宫收缩,加速胎衣排出。皮下或肌内注射垂体后叶素 50～100 IU,最好在产后 8～12 h 注射,如超过 24～48 h,则效果不佳。也可注射催产素 10 mL(100 IU)或麦角新碱 6～10 mg。

手术剥离:先用温水灌肠,排出直肠中积粪,或用手掏尽。再用 0.1％高锰酸钾液洗净外阴。后用左手握住外露的胎衣,右手顺阴道伸入子宫,寻找子宫角。先用拇指找出胎儿胎盘的边缘,然后将食指或拇指伸入胎儿胎盘与母体胎盘之间,把它们分开,至胎儿胎盘被分离一半时,用拇、食、中指握住胎衣,轻轻一拉,即可完整地剥离下来。如粘连较紧,则须慢慢剥离。操作时须由近向远,循序渐进,越靠近子宫角尖端,越不易剥离,尤其须细心,力求完整取出胎衣。

2. 预防

预防胎衣不下,可在分娩破水时,接取羊水 300～500 mL 于分娩后立即灌服,可促使子宫收缩,加快胎衣排出。

(四)产后瘫痪

产后瘫痪,又称乳热症和临床分娩低血钙症,是高产奶牛的一种代谢疾病,多发生在第3～7 胎龄段,产后数天内多发,少数可能发生在分娩前和分娩过程中。其特征是精神沉郁,全身肌无力,低血钙,瘫痪卧地不起。

【临床症状】

根据临床表现可分为典型症状和非典型症状两种。

1. 典型症状

多在第3~6胎的高产母牛分娩后3 d内发生。初期,食欲不振、废绝,瘤胃蠕动减弱,粪干而少;表现短暂的兴奋与抽搐,头、四肢震颤,对刺激敏感,不让触摸;站立不稳,走动时后肢僵直,步态不稳。中期,常卧地不起,四肢缩于腹下,颈部弯曲呈"S"状或头偏于体侧;眼睛呆痴,鼻镜干燥,肌肉松弛;末梢皮肤变冷,体温下降到36~38℃,呼吸微弱而浅表,心率增数达每分钟100次以上;皮肤知觉消失,肛门松弛,反射消失。后期,常侧卧于地,出现昏迷状态,瞳孔散大,对光反应消失。

2. 非典型症状

多发生于产前或分娩后很久。病情较轻,瘫痪症状不显著。患牛精神沉郁,对外界反应迟钝,但不昏睡。食欲差,瘤胃蠕动减弱,体温正常或稍低。病牛不能站立,卧地时头颈姿势不自然,呈轻度"S"状弯曲。

【防治措施】

1. 治疗

当母牛出现瘫痪症状之后,应及早治疗。静脉注射钙制剂是有效的治疗措施。常用的钙制剂是葡萄糖酸钙和氯化钙。20%~25%葡萄糖酸钙溶液500~1 000 mL,一次静脉输液,输时宜缓慢。严禁大剂量快速输液和重复注射。如用钙制剂后,体温回升,精神好转,还是站不起来,应考虑补磷盐,可用10%磷酸二氢钠300 mL,静脉注射。用钙制剂后,仍有抽搐者,可用20%硫酸镁溶液250 mL静脉注射。

治疗的同时应重视护理,要防止长时间躺卧引起的褥疮,应经常为病牛翻身,对牛身体突出接触地面的部位作按摩,躺卧处垫以软的厚褥草,设法减少产奶量(如减少喂料量),搞好卫生,防止乳房炎。

2. 预防

预产前半个月,可喂高磷低钙饲料,人为地造成一个钙、磷的负平衡,同时,饲喂酸性饲料,可以减少本病的发生;在接近分娩的头几天,适当地减少精饲料和可口的饲草喂量,保持母牛有一个良好的食欲。同时,加强饲喂环境的卫生,给予一定的运动。

(五)持久黄体

持久黄体,也称永久黄体或黄体滞留,是指母牛在分娩后或周期性排卵后,卵巢上有一个或数个应该消失而未消失的黄体。因此,持久黄体是一个存在时间较长的临时性内分泌器官。

【临床症状】

该病的特征是长期不发情,经几次直肠检查(一般至少需间隔10~14 d,作2次以上直肠检查)发现在同一卵巢、同一部位往往有大的黄体存在,或者不突出于卵巢表面而卵巢增大,子宫松软下垂、收缩反应弱或同时伴有子宫脓性炎症、子宫积液、积脓等,少数病例可以发现发情,但不能排卵,即可判断为本病。

【防治措施】

改善饲养管理,给以富含维生素和矿物质饲料。子宫发病时,应消除病因,及时合理治疗。

激素疗法是较有效的治疗措施。肌肉或皮下注射前列腺素及其类似物,用法用量同黄体囊肿;肌肉注射孕马血清促性腺激素 2 000 IU;人绒毛膜促性腺激素,催产素用法如同黄体囊肿,对患有子宫疾病要抓紧治疗,如干尸胎要及时排出胎儿,清理子宫积液和积脓。

(六)子宫脱

子宫的一部分或全部翻转,脱出于阴道内或阴道外,称为子宫脱。根据脱出程度可分为子宫套叠及完全脱出两种。通常发生于产后数小时内。

【临床症状】

子宫套叠时,从外表不易发现。母牛产后不安,努责、举尾,有轻度腹痛现象。检查阴道可发现子宫角套叠于子宫腔、子宫颈或阴道内,子宫套叠不能复原时,易发生浆膜粘连和顽固性子宫内膜炎,引起不孕。

完全脱出时,从阴门脱出长椭圆形的袋状物,往往下垂到跗关节上方,其末端有时分两支,有大小两个凹陷。脱出的子宫表面有鲜红色乃至紫红色的散在的母体胎盘。时间较久,脱出的子宫易发生瘀血和水肿,受损伤及感染时可继发大出血和败血症。

【防治措施】

1. 子宫套叠

必须立即整复。术者手臂消毒涂油后,伸入阴道及子宫内,轻轻向前推压套叠部分,必要时将并拢的手指伸入套叠部的隐凹内,左右摇动向前推进,常可使其复原。有时用生理盐水灌注子宫,借水的压力可使子宫角复原,但灌进的液体应及时排出。

2. 子宫完全脱出

病牛不能站立时宜垫高后躯,用 0.1％高锰酸钾液洗净脱出子宫,并用 2％明矾水洗涤和浸泡,然后涂上碘甘油。子宫黏膜有创口时,应缝合。

整复时由助手用大毛巾或塑料布将子宫托至与阴门同高。术者用纱布包住拳头,顶住子宫角的末端,趁母牛不努责时,小心向阴道内推送。也可从子宫角基部开始,用两手从阴门两侧一部分一部分地向阴道内推送,在换手时,助手应压住已推入的部分。当子宫已送入阴道后,必须用手将它推到腹腔,使之复位。如果母牛努责强烈影响整复时,须全身半麻醉或中等麻醉。整复后向子宫内投入抗生素,必要时肌内注射促进子宫收缩的药物,如麦角新碱或垂体后叶素等。

整复后将母牛系于前低后高的地面上,注意看护。如母牛仍有努责,为了防止重新脱出,可在阴门上角至中部做 2~3 个圆枕缝合,或在阴门周围进行袋口缝合。2~3 d 后母牛不努责时,便可拆线。

3. 脱出子宫截除术

脱出子宫发生破裂、大面积损伤或发生坏死时,为了挽救母牛生命,可施行子宫截除术。

五、犊牛疾病

(一)新生犊牛窒息

新生犊牛在刚出生时,呼吸发生障碍或无呼吸,但有心跳,即为新生犊牛窒息或假死。如不及时采取抢救措施,新生犊牛往往死亡。

【临床症状】

轻度窒息时,犊牛软弱无力,呼吸微弱而急促,间隔时间长。可视黏膜发绀,舌脱出于口角外,口、鼻内充满羊水和黏液。脉弱,肺部听诊有湿啰音。

严重窒息,犊牛呈假死状态,呼吸停止,仅有微弱心跳,摸不到脉搏,全身松软,卧地不起,反射消失。

【防治措施】

首先用布擦净鼻孔及口腔内的羊水。如仍无呼吸,可施行人工呼吸或输氧。也可使用刺激呼吸中枢的药物,如25%尼可刹米1.5 mL,皮下注射。

为了纠正酸中毒,可静脉注射5%碳酸氢钠50～100 mL。为防止继发肺炎,可肌肉注射抗生素。

(二)犊牛脐带炎

犊牛脐带炎是犊牛常发病。多因脐带发生异常和感染所致。临床常见的有脐出血、脐尿管瘘、脐炎和脐疝。在正常情况下,脐带在1周内干燥脱落,脐孔由结缔组织封闭。犊牛脐带疾病简述如下:

脐带感染是一种多见疾病,由于脐带断端有细菌繁殖的良好条件,在断脐中环境卫生差、助产人员的手和器械消毒不严,之后犊舍拥挤,褥草肮脏、潮湿不常换,犊牛彼此吸吮脐带等都可导致脐带感染,引起脐炎、脐静脉炎、脐动脉炎、脐尿管炎和脐尿管瘘。引起感染的病原主要为大肠杆菌、变形杆菌、葡萄球菌、化脓棒状杆菌及破伤风梭菌等,且多呈混合感染。脐带感染进一步发展,可出现菌血症以及全身各器官的感染,多见的是四肢、关节及其他器官慢性化脓性感染,破伤风梭菌感染引起犊牛破伤风。

1. 脐炎

脐炎是体外脐带的炎症,多发生在出生后2～5 d。犊牛精神不振,不愿吃奶,体温有时升高。脐部检查,可见脐带断端湿润,有时溃烂化脓,脐周组织肿胀,触压疼痛,质地坚硬,挤压时从小瘘管排出少量脓汁,恶臭,有时因封闭排不出脓。感染的脐带和周围组织界限清楚,有时肿胀很大,并有毒血症。

治疗:首先要排脓,脓肿应切开,再用消毒药液清洗,除去坏死组织(尽量除尽,见新鲜创面为止),用5%碘酊擦涂内面创,不要用膏剂和粉剂药物。脐部肿胀发硬时,用100万IU青霉素溶于30 mL注射用水作脐周围封闭,有体温升高者必须作全身抗感染治疗。

2. 脐静脉炎

脐静脉炎可能发生在靠近脐部,也可能发生在脐部到肝脏的脐静脉,甚至引起肝脓肿。患犊多为1～3月龄,表现不爱活动、厌食、生长发育迟缓,中度发热,脐部通常肿胀,并有脓汁分泌。将病犊卧倒,触诊腹部,可发现由脐到肝脏有一条明显索状肿物。有时用探针探查,能帮助诊断。

治疗:局部用抗生素药物治疗似乎无效。应用腹腔手术切除发炎的脉管和脓肿,患有肝病的一旦确诊,最好淘汰。

3. 脐动脉炎

脐动脉炎临床少见,但脐动脉炎能从脐部蔓延到髂内动脉,表现为慢性毒血症,生长迟缓。将犊牛作仰卧保定进行局部和腹部触诊,可触到手指粗细的索状物,用抗生素治疗,效果不佳,根治的办法是手术切除发炎的脐动脉。

4. 脐尿管炎和脐尿管瘘

脐尿管炎是脐部到膀胱的脐尿管的炎症。患部肿胀,向外排出脓汁。有的病犊脐部正常,但进行腹部深部触诊时,可触到脐部向腹后伸延的索状物,感染到达膀胱的,引起膀胱炎,排脓尿。治疗用腹腔手术切除发炎的脐尿管。

脐尿管瘘是脐带脱落后,脐尿管封闭不全形成。常见尿液从脐孔滴出,引起脐孔发炎组织增生,脐孔周围皮肤发炎、湿疹等。严重的病犊精神不振,食欲差,如发生感染,形成脐尿管炎。治疗:用消毒药液清洗脐孔及周围,然后进行脐尿管结扎,术后涂碘酊。如有全身感染,应用抗生素或磺胺抗感染。

5. 脐出血

脐带断端或脐孔出血,往往由于母牛分娩时人工过于用力拉出犊牛,脐带猛力断裂,影响了脐带脉管的封闭;也可能因犊牛虚弱、发生窒息等原因造成脐出血。

脐出血时,血液滴状出血为脐静脉出血;成股流为脐动脉出血;也有的动静脉一起出血。治疗方法:可用消毒的细绳结扎脐带断端。如果断端过短或已缩回脐孔内,可用消毒纱布撒上止血消炎药填塞脐孔,外用纱布包扎或用线缝合脐孔,压迫止血。失血过多的犊牛,最好输母牛血。

(三)犊牛肺炎

肺炎是附带有严重呼吸障碍的肺部炎症性疾患。各种动物均常发生,特别是犊牛和衰老牛发病率较高,危害较大。其临床特征是体温升高、咳嗽、呼吸困难和肺部听诊有异常呼吸音。

【临床症状】

根据临床症状可分为支气管肺炎和异物性肺炎。

1. 支气管肺炎

病初先有弥漫性支气管炎或细支气管炎的症状。如精神沉郁,食欲减退或废绝,体温升高达 40～41℃,脉搏 80～100 次/min,呼吸浅而快,咳嗽,站立不动,头颈伸直,有痛苦感。听诊,可听到肺泡音粗厉,症状加重后气管内渗出物增加则出现啰音,并排出脓样鼻汁。症状进一步加重后,患病肺叶的一部分变硬,以致空气不能进出,肺泡音就会消失。让病牛运动则呈腹式呼吸,眼结膜发绀而呈严重的呼吸困难状态。

2. 异物性(吸入性)肺炎

因误咽而将异物吸入气管和肺部后,不久就出现精神沉郁、呼吸急速、咳嗽。听诊肺部可听到泡沫性的啰音。当大量误咽时,在很短时间内就发生呼吸困难,流出泡沫样鼻汁,因窒息而死亡。如吸入腐蚀性药物或饲料中腐败化脓细菌侵入肺部,可继发化脓性肺炎,病牛出现发高烧、呼吸困难、咳嗽,排出多量的脓样鼻汁。听诊可听到湿性啰音,在呼吸时可嗅到强烈的恶臭气味。

【防治措施】

对病牛要置于通风换气良好、安静的环境下进行治疗。在发生感冒等呼吸器官疾病时,应尽快隔离病牛;最重要的是,在没达到肺炎程度以前,要进行适当的治疗,但必须达到完全治愈才能终止;对因病而衰弱的牛灌服药物时,不要强行灌服,最好要经鼻或口,用胃导管准确地投药。

在治疗中,要用全身给药法。临床实践证明,以青霉素和链霉素联合应用效果较好。土霉素对本病亦有效,一般用盐酸土霉素注射液 2.5～5.0 mg/kg(按体重计),每天 2 次肌肉注射或静脉注射。随后配合应用磺胺类药物,可有较好效果。同时,还可用一种抗组织胺剂和祛痰剂作为补充治疗。另外,应配合强心、补液等对症疗法。对重症病例,可直接向气管内注入抗生素或消炎剂,或者用喷雾器将抗生素或消炎剂以超微粒子状态与氧气一同让牛吸入,可以取得显著的治疗效果。

对于真菌性肺炎,要给予抗真菌性抗生素,用喷雾器吸入法可收到显著效果。轻度异物性肺炎,可用大量抗生素,配合使用毛果芸香碱,疗效更好。

(四)新生犊牛病毒性腹泻

新生犊牛病毒性腹泻是由多种病毒引起的急性腹泻综合征。发病后,引起牛病毒血症,产生免疫中和保护性抗体,据此认为动物在病毒感染后能产生强而持久的免疫力。其临床特征是高烧,口腔黏膜烂斑、腹泻、流产和胎儿异常发育。

吸吮初乳的犊牛可得到母源抗体,产生被动免疫,维持时间6个月左右。当抗体下降到零或一定低度时,犊牛一旦接触抗原,可以受到感染,并出现抗体上升。这种感染和抗体上升,在牛群中为70%～80%,3岁或3岁以上的牛可达90%,它们可以终身免疫。

【临床症状】

潜伏期7～14 d,临床上一般分为急、慢性两种类型,但即使是同型病例,其症状往往差别很大。

1. 急性型

常见于幼犊,病死率较高。病初呈上呼吸道感染症状,表现体温升高(40～42℃),持续4～7 d,有的经3～5 d又有第二次升高;随体温升高,白细胞减少;精神沉郁,厌食,鼻、眼有浆液性分泌物。2～3 d内可能有鼻镜及口腔黏膜表面糜烂,舌面上皮坏死,流涎增多,呼气恶臭。通常在口内损害之后发生严重腹泻,开始水泻,以后带有黏液和血液,恶臭。有些病牛常有蹄叶炎及趾间皮肤糜烂坏死,导致跛行。急性病例恢复的少见,通常多于发病后1～2周死亡,少数病程可拖延1个月。孕牛可发生流产,或产下先天性缺陷的犊牛,主要是小脑发育不全,患犊可能只呈现轻度共济失调或完全缺乏协调和站立能力,有的可能盲目转圈。

2. 慢性型

发热不明显,但体温可能有高于正常的波动。鼻镜糜烂,此种糜烂可在全鼻镜上连成一片。眼常有浆液分泌物。口腔内很少有糜烂,但门齿齿龈通常发红。蹄叶炎及趾间皮肤糜烂、坏死,引起明显的跛行。在鬐甲、颈部及耳后的皮肤皲裂,出现局部性脱毛和皮肤角化,呈皮屑状。病牛通常呈持续感染,发育不良,终归死亡或被淘汰。

【防治措施】

目前尚无特效的治疗方法,对症治疗和加强护理可以减轻症状,增强机体抵抗力,促使病牛康复。

为控制本病的流行并加以消灭,必须采取检疫、隔离、净化、预防等兽医防制措施。

预防上,我国已生产一种弱毒冻干苗,可接种于不同年龄和品种的牛。接种后14 d可产生抗体,并维持1年以上的免疫力。

六、常见寄生虫病

(一)肝片吸虫病

肝片吸虫病是肝片吸虫寄生于牛的肝脏、胆管中引起的严重危害牛健康的寄生虫疾病。

临床上,以急性和慢性肝炎、胆管炎、全身性中毒和营养障碍为特征。

【临床症状】

机械作用:幼虫穿过肠壁、肝组织移行时造成组织损伤,可引起肝炎和内出血,幼虫多时还可堵塞肝门静脉;虫体在胆管寄生,可造成胆囊炎。

争夺营养:虫体以畜主的血液、胆汁和细胞为食,造成患畜营养障碍。

毒素作用:虫体分泌和代谢的毒素可造成贫血、稀血症和水肿等,并可加重机械作用造成的慢性胆囊炎、慢性肝炎。

还可给致病菌繁殖创造条件。病牛的症状主要表现为贫血,消瘦,拉稀,水肿。到后期可在颌下、胸下触摸到有波动感或面团样水肿,俗称"南风嗉"。终因衰竭而死亡。

【防治措施】

1. 定期驱虫

在疫区,对牛每年春、秋两季各驱虫一次。常用药物有:

(1)丙硫咪唑:剂量 20 mg/kg(按体重计),口服。但对幼虫效果不好。

(2)硝氯酚:剂量 3～7 mg/kg(按体重计),口服。注意毒性较大,严禁超量使用。如有中毒,可用安钠咖解救。

(3)硫双二氯酚:剂量 40～60 mg/kg(按体重计),口服。

2. 粪便发酵

把平时或驱虫后的粪便收集在一起,掺以杂草堆积发酵。

3. 消灭中间宿主

配合农田水利建设,填平低洼水泡地,消灭椎实螺滋生地;水面可放养鸭子,捕食椎实螺;也可用氨水、氯硝柳胺等药物灭螺。

4. 安全放牧

避免在低洼潮湿的牧地放牧和饮水,以减少感染机会。

(二)牛螨病

又称疥癣,俗称癞病。由疥螨和痒螨引起。以剧痒、湿疹性皮炎、脱毛和具有高度传染性为特征的慢性皮肤病。

【临床症状】

牛的疥螨和痒螨大多呈混合感染。初期多在头、颈部发生不规则丘疹样病变,病牛剧痒,使劲磨蹭患部,使患部落屑、脱毛,皮肤增厚,失去弹性。鳞屑、污物、被毛和渗出物黏结在一起,形成痂垢。病变逐渐扩大,严重时,可蔓延至全身。有时病牛因消瘦和恶病质而死亡。

【防治措施】

1. 治疗

治疗方法有局部涂擦和药浴疗法。前者适于病牛少,气温低时应用;而后者适于大群发病,温暖季节进行。

(1)涂药疗法:局部需剪毛清洗后反复涂药,以求彻底治愈。常用药物有敌百虫溶液:来苏儿 5 份,溶于温水 100 份中,再加入敌百虫 5 份即成,涂擦患部;10%辛硫磷乳剂,或 10%亚胺硫磷,涂于患部。

（2）药浴疗法：可采用水泥药浴池或机械化药浴池，常用 0.05％辛硫磷或 0.05％蝇毒磷、0.03％～0.05％胺丙畏乳油水溶液。用药后要防牛舔食，以免中毒。

2. 预防

牛舍要宽敞，干燥，透光，通风良好，经常清扫，定期消毒。经常注意牛群中有无瘙痒、掉毛现象，一旦发现病牛，及时隔离治疗。治愈的病牛应继续观察 20 d，如未复发，再一次用杀虫药处理后方可合群。引入牛时，应隔离观察。确认无螨病后再并入牛群，每年夏季应对牛进行药浴，是预防螨病的主要措施。饲养管理人员，要时刻注意消毒，以免通过手、衣服和用具散布病原寄生虫。

（三）牛皮蝇蛆病

本病由皮蝇幼虫引起，俗称牛跳虫或牛翁眼。不仅影响牛皮的质量，而且影响其肉、乳的质量，有时还可感染人。

【临床症状】

雌蝇向牛体产卵时，牛表现高度不安，呈现喷鼻、蹴踢、奔跑。幼虫钻进皮肤和皮下组织移行时，引起牛只瘙痒、疼痛和不安。幼虫移行到背部皮下，局部发生硬肿，随后皮肤穿孔，流出血液和脓汁，病牛长期受侵扰而消瘦，贫血、泌乳量下降。

【防治措施】

1. 驱蝇防扰

每年 5～7 月份，每隔半个月向牛体喷洒一次 1％敌百虫溶液，防止皮蝇产卵。

2. 患部杀虫

经常检查牛背，发现皮下有成熟的肿块时，用针刺死其内的幼虫，或用手挤出幼虫，随即踩死，伤口涂以碘酊。除此以外，还可用以下药物杀虫。

（1）倍硫磷（百治屠）：臀部肌肉注射时，剂量为每千克体重 5 mg。以 11～12 月份用药为好。对一二期幼虫杀虫率为 95％以上，注射 2 次，可达 100％。涂擦时，用倍硫磷原液在颈侧皮肤直接涂擦。涂擦面积，成年牛为 15 cm×35 cm，犊牛为 10 cm×20 cm。剂量为每千克体重用药 0.5 mL。可用油漆刷子在患部反复涂擦，使药液和皮肤充分接触。

（2）皮蝇磷：不溶于水，制成丸剂，口服。剂量为每千克体重 100 mg，一般成年牛 30～40 g，育成牛 20～25 g，犊牛 7～12 g。

（3）亚胺硫磷乳油：每千克体重 30 mg，泼洒或滴于病牛背部皮肤，杀虫效果比敌百虫好。

【案例分析】

DHI 报告在奶牛饲养管理中的应用

一、案例简介

甘肃省兰州市某奶牛良种繁育场将 DHI 测定与分析作为牧场牛群饲养管理的重要参考，下面是 2013 年某月该牧场部分 DHI 资料数据，如表 5-30、表 5-31、表 5-32、表 5-33、表 5-34、表 5-35、表 5-36 所示。请结合项目五《牛的饲养管理和兽医保健》的相关知识，认真阅读案例资料，分析牧场饲养管理中存在的问题及解决对策。

表 5-30 奶牛场牛群平均成绩一览

项目		成绩
	鉴定头数	1 093
	鉴定日期	8-16
	平均胎次	2.3
	干乳时间/d	68
上月记录	产乳量/kg	25.8
	体细胞数/(万/mL)	58
	线性分	86.7
测定日记录	产乳量/kg	26.2
	乳脂率/%	3.58
	蛋白质率/%	3.10
	乳糖率/%	4.80
	干物质率/%	12.23
	体细胞数/(万/mL)	79
	线性分	88.2
	乳损失/kg	2.4
累计记录	泌乳时间/d	182
	产乳量/kg	4 875
	乳脂率/%	3.72
	蛋白质率/%	3.11
	干物质率/%	12.36
	日单产/kg	26.8
平均产乳量	90 d/kg	2 850
	305 d/kg	8 270
	标准乳/kg	7 922.66
305 d	乳脂率/%	3.68
	乳脂量/kg	304
	高峰日	83.4
	高峰乳量/kg	39.6
	持续力	94

表 5-31 泌乳牛 305 d 产乳量分布

区分	≤5 000 kg		5 001～6 000 kg		6 001～7 000 kg		7 001～8 000 kg		8 001～9 000 kg		9 001～10 000 kg		≥10 000 kg		合计
指标	头数	%	头数	%	头数	%	头数	%	头数	%	头数	%	头数	%	
1 胎	6	1.2	25	5.1	87	17.7	148	30.1	136	27.7	61	12.4	28	5.7	491
2 胎	9	1.5	27	4.5	95	15.8	158	26.2	146	24.3	102	16.9	65	10.8	602
全体	15	1.4	52	4.8	182	16.7	306	28.0	282	25.8	163	14.9	93	8.5	1 093

表 5-32　牛群体细胞分布一览

区分	<4.9 万/mL		<9.7 万/mL		<19.4 万/mL		<38.7 万/mL		<77.3 万/mL		<154.6 万/mL		≥309.2 万/mL		合计
指标	头数	%	头数	%	头数	%	头数	%	头数	%	头数	%	头数	%	
1胎	18	3.7	26	5.3	70	14.3	155	31.6	163	33.2	51	10.4	8	1.6	491
2胎	9	1.5	25	4.2	96	15.9	180	29.9	138	22.9	140	23.3	14	2.3	602
全体	27	2.5	51	4.7	166	15.2	335	30.6	301	27.0	191	17.5	22	2.0	1 093

表 5-33　牛群生产性能分阶段统计

泌乳天数/d	牛头数/头	产奶量/kg	乳脂率/%	乳蛋白率/%	乳脂蛋白比	体细胞数/(万/mL)	305 天预计产奶量/kg
<60 d	141	34.8	3.62	2.98	1.21	33	—
61~120 d	209	35.9	3.44	3.18	1.08	106	8 518
121~200 d	253	26.9	3.52	3.05	1.15	102	8 064
≥200 d	490	18.1	3.72	3.15	1.18	90	8 390
汇总	1 093	25.70	3.58	3.10	1.15	79	8 396

表 5-34　牛群高峰日、高峰奶量统计

胎次	牛头数/头	占全群比例/%	高峰日	高峰奶量/kg	头胎牛与经产牛高峰奶量比值
头胎牛	491	44.9	101.6	35.77	
经产牛	602	55.1	69.7	42.49	0.84
全群牛	1 093	100	83.4	39.60	

表 5-35　体细胞数过高牛只明细

序号	牛号	泌乳天数/d	产奶量/kg	体细胞数/(万/mL)	月度奶损失/kg	月度经济损失/元
1	3123505428	300	18.5	211	79.29	238.00
2	3123569069	161	21.6	214	92.57	278.00
3	3123505405	302	17.4	224	74.57	224.00
4	3123506292	25	19.3	238	82.71	248.00
5	3123505370	289	21.8	240	93.43	280.00
6	3123504312	262	23.1	300	147.00	441.00
7	3123561073	301	7.9	300	50.27	151.00
…	…					

表 5-36　尿素氮汇总报表

年月	牛头数	尿素氮/(mg/dL)	尿素氮范围/(mg/dL)	>18(mg/dL)	<11(mg/dL)
2013.08	1 093	11.7	5.8~25.5	78 头	167 头

二、案例分析

(一)问题分析

1. 牛群乳脂率、乳脂蛋白比均偏低

表5-30为牛群平均泌乳性能基础数据表,从表5-30中可以看出,测定月牛群泌乳日单产为26.2 kg,较7月的25.8 kg有上升。而乳脂率为3.58%,低于前期累计的3.72%。由表5-33看出,泌乳盛期牛,特别是61~120 d的泌乳牛群,平均乳脂率较低,乳脂蛋白比偏低。牛群乳脂率偏低首先应考虑是否是日粮精料过多,粗纤维供给不足,牛瘤胃功能不佳等原因造成。

2. 牛群高峰日滞后

由表5-34可知,牛群高峰日为83.4 d,拖后于正常的60 d高峰日。需检查泌乳盛期牛群日粮蛋白含量,干奶牛与围产期饲养管理及日粮配比是否合理。

3. 高峰奶量比偏高

由表5-34可知,头胎牛与经产牛高峰奶量比为0.84,高于其范围0.76~0.79,说明经产牛饲养存在问题。应检查泌乳后期与干奶期饲养管理、经产牛乳房健康情况、围产期保健是否合理及产后代谢病是否控制到位。

4. 牛群体细胞数超标

由表5-30可知,测定月牛群体细胞数为79万/mL,较前月的58万/mL有明显上升,牛群平均每天奶损失可达2.4 kg。由表5-35可知,牛群存在较多体细胞超标(大于200万)牛只,个别高体细胞牛只会拉高牛群体细胞及大罐体细胞数(乳品加工企业监测项目),影响原奶收购价格。高体细胞牛只较多,表明牛群可能存在临床乳房炎隔离不及时,挤奶设备或挤奶环节的规范化操作存在问题等。

5. 牛群平均泌乳天数偏高

由表5-30可知,牛群平均泌乳天数为182 d,高于正常值150~170 d,且牛群平均干乳时间大于60 d,显示该牛群存在一定的繁殖问题,应检查泌乳天数偏长牛只未及时妊娠的原因。牛群平均胎次为2.3胎,表明牛群有较高的更新率和泌乳持续力。

6. 牛群乳中尿素氮(MUN)含量偏低

由表5-36可知,牛群MUN含量偏低(一般正常范围在12~18 mg/dL),表明日粮蛋白质缺乏。日粮中瘤胃可降解蛋白量过低,可能会影响奶牛干物质采食量和峰值产量。生产实际中应按牛群MUN含量高低,对比牛群乳蛋白、乳脂肪含量,具体分析不同牛群饲养上可能存在的问题。

(二)对策措施

1. 牛群平均乳脂率较低,脂蛋比偏低的解决对策

(1)选择对乳脂率改良明显的公牛与牛群中乳脂率低的母牛配种。

(2)增加日粮中粗饲料比例或者适当增加粗饲料长度,提高有效纤维含量。

(3)日粮中添加缓冲剂,增加饲喂次数。

2. 牛群高峰日延后,高峰奶量比偏高的解决对策

(1)加强围产期牛群的饲养管理,提高泌乳早期牛日粮蛋白含量。

(2)改善泌乳后期牛和干奶牛的膘情。

(3)控制产后疾病发生(乳房炎、子宫炎等)。

(4)淘汰生产性能低下的牛只(表5-31中305 d乳量小于5 000 kg的牛只)。

（5）通过遗传改良提高低产牛的峰值奶量和胎次奶量。

3. 牛群平均泌乳天数及干乳天数高的解决对策

（1）做好牛群繁殖管理，有规范的发情鉴定和标准化的人工授精操作，选用高品质的公牛冻精，提高母牛群受胎率。

（2）保证全面、均衡的日粮营养，才能使高产牛正常发情，合理的蛋白供给和乳中尿素氮（MUN）水平，避免胚胎早期死亡，保证牛群良好的繁殖性能。

（3）利用同期发情、超数排卵等技术，处理产后 60 d 未发情牛只。

（4）做好围产期及泌乳早期子宫炎的预防和处理。

（5）做好繁殖疾病的诊断治疗。

（6）淘汰久配不孕的牛只。

4. 牛群体细胞超标的解决对策

（1）隔离表 5-35 中报告的高体细胞牛只，定期用 LMT 检测隐形乳房炎，治疗检测的"十十"以上隐性乳房炎牛只。

（2）从表 5-35 看出，经产牛体细胞偏高，应做好干奶牛的全部乳区治疗，做好临床乳房炎的科学治疗，及时淘汰顽固性乳房炎牛只和乳房形状差的牛只。

（3）制定科学合理的挤奶程序，定期维护挤奶设备。

（4）做好牛舍运动场的卫生消毒，还可尝试乳房炎疫苗的使用。

（5）平衡日粮，保证牛只良好的体况和抵抗力。

（6）选择体细胞评分低的公牛选配体细胞高的母牛。

5. 牛群乳中尿素氮异常的解决对策

（1）分析 MUN 高的牛群，如果乳蛋白率正常，可能是蛋白质的饲喂量超出了牛群生产所需量；如果乳蛋白率偏低，表明日粮碳水化合物不足，这些氮不能有效的转化为微生物蛋白。

（2）分析 MUN 低的牛群，如果乳蛋白率正常，表明瘤胃蛋白利用率高或瘤胃降解蛋白稍低，而瘤胃非降解蛋白充足；如果乳蛋白率偏低，可能是牛群的采食量与预期的不一致或日粮中蛋白质缺乏所致。

【阅读材料】

挤奶设备的工作机制及清洗

一、挤奶机器的构成与工作机制

机器挤奶分为桶式和管道式两种，桶式适用于比较小的或牛群分散的牧场，管道式适用于大型集约化饲养牧场。

（一）原理

挤奶机器的原理是模仿犊牛吮奶的生理动作，由真空泵产生负压，真空调节阀控制挤奶系统的真空度，脉动器产生挤奶和休息节拍，空气通过集乳器小孔进入集乳器，以帮助把牛奶从挤乳器输送到牛奶管道或桶体中。

（二）真空度

真空度即在挤奶过程中的挤奶真空程度（也即奶衬与奶头之间的真空程度）。当牛奶达到高峰流量时，要求真空度为（30.5±3）cmHg。真空度太高会引起乳头开口处变硬，真空度太低会降低挤奶的速度,增加奶杯脱落的频率。为了符合这一要求,高位管道的管道式挤奶器的真空表读数要求为 36.8～38.1 cmHg,低位管道的管道化挤奶器的真空表读数要求为 33.0～34.3 cmHg 。

（三）真空泵

选择真空泵大小时,除了考虑挤奶需要外,还要考虑管道漏气、奶杯脱落、奶杯滑动、挤乳器小孔进气,并保证在挤奶过程中乳头低部真空度的稳定。所需真空泵功率(排气量)简单的计算方法是:挤乳器个数×85 L/min＋990 L/min。目前使用的真空泵大部分是旋转滑片式油泵,因此在日常使用中要保证润滑油的供应。

（四）管道

管道化挤奶器的管道安装设计要形成环状通道。管道坡度至少要达到 0.3％(挤奶台管道坡度 1.25％)。管道的安装应保持挺直,保证牛奶快速回到牛奶接收罐中。双管道挤奶系统所使用奶杯数与奶管直径大小有密切关系:管道直径为 5.08 cm、6.35 cm 、7.26 cm,所用奶杯组数分别为 4、7～9、10 组。

（五）真空调节阀

真空调节阀是最精确、最敏感的部件,其功能是保证挤奶系统中真空度的稳定。应保持周围环境干燥与清静,调节阀至少每月清洗一次,确保正常工作。

（六）脉动器

间歇地打开或关闭奶杯脉动腔中的真空,使奶杯内衬与杯间的奶杯脉动腔形成真空或大气压,交替完成挤奶和休息节拍。正常的脉动频率为每分钟 50～60 次。在每个节拍中,挤奶时间占 50％～60％,休息时间占 40％～50％。在每副奶杯之间的差别,应保持在 5％以内。

脉动器主要有单节拍和双节拍之分,单节拍脉动器使四个奶杯同时工作。双节拍脉动器使四个奶杯前后交替工作,前后交替节拍的挤奶时间比可设计成有差异。每周应测试一次脉动器的频率,维护和调整脉动器频率的稳定。

（七）集乳器

集乳器收集四个奶杯挤下的牛奶,每次挤奶前须检查泌乳器上的小孔是否畅通。在挤奶过程中,由于空气从小孔进入集乳器,形成集乳器与奶管的压力差,加速牛奶送入牛奶管道中,从而保证正常的挤奶速度。

（八）奶杯内套(奶衬)

奶杯内套(奶衬)是挤奶器直接与牛接触的唯一部件,其质量优劣,直接影响使用寿命、挤奶质量、乳头保护及牛奶卫生。选用奶衬时要与不锈钢奶杯相配套。

奶衬材料在使用过程中会老化,失去弹性,形成裂缝(有的裂缝十分细微,难以察觉)或破裂,细菌藏匿于此不易清洗与消毒,容易导致疾病传染和影响正常的挤奶功能,因此按不同材质经使用不同规定时限后及时调换奶衬是挤奶器管理中极为重要的环节之一。采用 A、B 两组奶衬间隔数日交替使用,能减轻奶衬材料的疲劳,延长使用寿命。制造奶衬的材料有天然橡胶、合成橡胶和硅胶。由于材料不同,因此奶衬的使用寿命也不一样。一般情况下,三种材料的使用寿命分别是 1 000 头次、2 500 头次和 5 000 头次,计算奶衬使用期限的公式如下:

$$可使用天数 = \frac{奶衬所能使用的头次数 \times 奶杯组数}{每天挤奶次数 \times 挤奶牛头数}$$

(九)注意挤奶机品牌和型号的选择

在正式使用挤奶机之前,应认真阅读、理解产品的使用要求,培训员工。以正确的方法使用、维修、保养和更换部件,是管道化机器挤奶获得成功的必要条件。

二、清洗挤奶设备

(一)挤奶设备的预冲洗

一般挤奶设备中所有和牛奶接触的部位都要清洗。这些部件可以分为三类:

第一类包括挤奶过程中收集牛奶和挤奶真空的部位,如挤奶杯组、奶量计、奶管以及集乳罐。

第二类包括集乳罐和冷藏罐之间负责传送牛奶的部件,如奶泵、冷排。在牛奶运送过程中,一般不需要真空泵。

第三类为牛奶冷藏罐。

清洗不仅仅涉及挤奶设备的内部,贮奶间、奶厅以及挤奶设备的外部(如奶杯组)都要清洗。

为提高清洗效率,保证清洗效果,要配置一些专门用来清洗的设备,这些设备有:清洗槽、清洗管道、一个进气阀(选用,视系统情况)、一个水加热器(视系统情况)、清洗托、清洗阀、一个控制箱等。实际上,清洗槽、水加热器、进气阀和控制箱构成了挤奶设备的清洗系统。

挤完牛奶后,应马上进行挤奶设备的预冲洗,以防管道中的残留物发生硬化,使冲洗更加困难。预冲洗不用任何清洗剂,只用清洁(符合饮用水卫生标准)的软性水冲洗即可。

预冲洗水不能走循环,用水量以冲洗后水变清为止。预冲洗水温在 $35\sim46\,℃$ 之间最佳,水温太低会使牛奶中脂肪凝固,而水温太高会使蛋白质变性。

(二)挤奶设备的碱洗

不论是碱洗还是酸洗,均要选择清洗剂。清洗剂的主要作用是清除挤奶装置内表面附着的奶渣。在很多情况下,它还能较大地降低微生物的含量。为了达到这些目的,清洗剂需要满足如下要求:将奶渣从附着的表面松开并悬浮于溶液中;防止这些奶渣再次黏到设备的其他地方,防止形成奶垢层;杀灭细菌;尽量减少对挤奶设备表面(如橡胶件)的有害影响;使用安全简单;不含任何会影响牛奶质量的物质;环保。

一种清洗剂很难满足上述的所有要求。因此,最好在不同的时间段使用不同的清洗剂。通常,一段时间用碱性清洗剂,接下来再用酸性清洗剂清洗。从表 5-37 可以看到清洗剂里常用的一些不同类型的化学成分及作用。

表 5-37　清洗剂的作用

种类	作用
碱性成分	分解并溶解脂肪,利于冲洗,降低蛋白质黏度
润湿剂	减少脂肪和设备表面的接触面积
水软化剂	形成含有如镁离子、钾离子、铁离子等金属离子的可溶性化合物,防止挤奶设备表面胶体膜的形成
消毒剂	杀灭微生物
酸性成分	去除挤奶设备表面的沉积物和奶垢

清洗剂的选择可与专业生产厂联系,按产品要求进行使用。

每次挤奶完毕经预冲洗后立即进行碱洗,碱洗时循环清洗 5～8 min,挤奶台连续挤奶的每日碱洗至少两次。碱洗液浓度要达到 pH 11.5,在决定碱洗液浓度时,首先要考虑水的 pH 和硬度,同时碱洗液浓度与碱洗时间、碱洗温度有关。碱洗的开始温度为 74 ℃以上,循环后水温不能低于 41 ℃。

(三)挤奶设备的酸洗

酸洗的主要目的是清洗管道中残留的矿物质,每周 1～7 次,挤奶台每天 1 次。清洗剂的酸度要达到 pH 3.5,同样酸度与清洗时间等有关。酸洗温度 35～46 ℃,循环酸洗 5 min。

(四)手工清洗

挤奶结束,拆散挤奶器,马上用温水清洗一次。按浓度加入碱液,用刷子刷洗各个部件。按浓度加入酸液进行酸洗,然后晾干各部件。用氯浓度为 200 ppm 的食品级消毒液在挤奶前对设备进行消毒。

各种牛奶容器的清洗和消毒,可参照上述方法,于每次挤奶后进行,并防昆虫污染和晾干后备下次使用。

【考核评价】

产奶牛各泌乳阶段饲养管理的分析比较

一、考核题目

上海市某奶牛良种繁育场饲养荷斯坦奶牛 6 000 头,泌乳母牛年单产≥9 000 kg。该场根据母牛产后不同时期的生理状态、营养物质代谢以及体重和产乳量的变化规律,将奶牛泌乳阶段划分为泌乳初期、泌乳盛期、泌乳中期、泌乳后期四个阶段。泌乳牛群全部采用全混合日粮(TMR)分阶段饲养,日喂 TMR 3 次,每日清槽,设置有自动饮水设备自由饮水,日挤奶 3 次,牛舍设有矿物质盐砖供奶牛自由舔食。各时期奶牛产奶量、采食量、体重变化、胎儿的生长规律,如图 5-10 所示。试分析和比较产奶牛各泌乳时期的干物质进食量、产乳量和体重变化、各阶段生理和泌乳规律,指出该奶牛场该如何进行各阶段的分群饲养、管理,以提高牛群产乳量,增加经济效益。

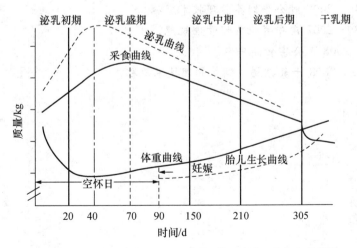

图 5-10　泌乳期奶牛产奶量、采食量、体重变化、胎儿生长曲线

二、评价标准

由图 5-11 可知,奶牛采食量曲线(干物质进食量)变化直接影响着其他曲线,生产中只有保证足够的干物质进食量,其他问题也相应得到解决。该场泌乳牛各阶段生理特点、饲养目标、饲养管理要点区别可参考表 5-38。

表 5-38　各泌乳时期比较

泌乳时期	生理特点	饲养目标	饲养管理要点	注意事项
泌乳初期	体质弱,正在恢复,开始能量负平衡	提高干物质进食量,尽快恢复体质	主动增加精料,以"料领着乳走"为原则。加强产后护理。规范挤乳操作	预防乳房水肿,酮病、胎衣不下和真胃移位
泌乳盛期	体质恢复正常,产乳量增加到高峰,能量严重负平衡	提高干物质进食量,减缓能量负平衡,做到产后 60～110 d 配种受孕	坚持"料领着乳走"的原则,提高日粮配制营养浓度,全力提高产乳量。提高受胎率	预防乳房炎、瘤胃酸中毒、发情延迟、安静发情
泌乳中期	产乳下降。采食量达到高峰。处于怀孕早期或中期,体重开始增加	减缓产乳量的下降速度,逐渐恢复体重	以"料跟着乳走"为原则,精粗比例接近为 50：50	防止产乳量下降过快
泌乳后期	产乳量大幅度下降,处于怀孕中后期,采食量最大,体重增加	减缓产乳量的下降速度,恢复体重。保胎防流	继续以"料跟着乳走"为原则,以粗饲料为主。结束时体重恢复产前	防止过胖或过瘦,早产

【信息链接】

1. NY/T 5047—2001 无公害食品 奶牛饲养兽医防疫准则。

2. NY/T 676—2003 牛肉质量分级。

3. NY/T 1242—2006 奶牛场 HACCP 饲养管理规范。

4. NY/T 1446—2007 种公牛饲养管理技术规程。

5. NY/T 1339—2007 肉牛育肥良好管理规范。

6. NY 5044—2008 无公害食品牛肉。

7. DB13T 982—2008 干乳期奶牛饲养管理技术规程。

项目六

牛的饲养规模和效益分析

🍁 学习目标

　　理解牛的饲养规模和周转管理;熟悉牛的生产成本核算项目;掌握牛的成本核算和效益分析方法。

🍁 学习任务

◆◆◆ 任务 1　牛的饲养规模和周转管理 ◆◆◆

一、养牛生产经营方向的确定

　　在牛场筹划时,首先要确定的就是牛场的经营方向。养牛业作为一项产业,包括几种生产方向,主要方向有:奶牛生产、肉牛生产及种公牛生产。目前,我国的种公牛站一般都是由国家投资建设,种质较好,技术水平高,一般牛场饲养种公牛的已十分少见。所以,在投资养牛业时主要是从前两者中选择。

　　要确定养牛场的生产方向,首先,要了解市场的需求信息和国家有关宏观政策信息,以此为依据,预测国内外牛乳、肉、皮及其加工产品的市场发展情况及价格。其次,要根据场地、资金状况、饲料资源状况、产品销售渠道、品种资源情况、技术力量、生产设备、劳动者的职业和技术素质、防疫条件、机械化程度、社会化服务水平及信贷条件等情况来进行综合分析比较。

二、养牛生产规模的确定

　　只有经营方向对头,经营规模适度,才能进行养牛资源与生产的最佳配置,从而取得最佳效益。选择适度规模经营,即是"在一定条件下"选择最佳规模经营。此时其经营成本最小而效益最大。对于生产者来说,找到这个"适度规模"是至关重要的。

适度规模经营的决策,一般都采用效益盈亏平衡点分析法,又称为保本点分析法。这种分析法是通过产量、成本、价格和盈利的变化关系进行分析和预测,找到盈亏临界点(即保本点),再衡量规划多大的规模才能达到多盈利的目标。

运用盈亏平衡分析法确定适度规模,首先要将生产成本划分为固定成本和变动成本。固定成本是指不受产量和销售变化所影响的那部分成本,包括基本工资、管理费和固定资产折旧费等。变动成本是对畜禽产品的直接成本而言,如饲料成本、购买畜禽的成本和其他物质消费成本等,这些成本都随产量、销售量和价格的变化而变化。即

$$总成本=固定成本+变动成本$$

1. 首先找出保本点规模

用产出指标确定规模时,企业的产出量不应低于盈亏临界点产量。此时,所取得的收入既补偿了固定成本,又补偿了变动成本。公式为:

$$保本点产销量×单位产品售价=固定成本+变动成本 \tag{6-1}$$

即

$$保本点产销量=\frac{固定成本+变动成本}{单位产品售价} \tag{6-2}$$

因为

$$变动成本=单位产品变动成本×保本点产销量 \tag{6-3}$$

式(6-3)代入式(6-1)得

$$保本点产销量=\frac{固定成本}{单位产品售价-单位产品变动成本} \tag{6-4}$$

如果企业根据历史的或已知的资料计算出单位产品变动成本,即可利用式(6-4)确定保本点产量,它是畜牧业生产规模的下限。

2. 确定安全规模产销量

根据盈亏平衡分析法,企业的经营安全率一般要在30%以上,其经营状态才是安全的。因此,我们把经营安全率为30%的产量或销售量,称为"安全规模"产销量。

(1)经营安全率:

$$经营安全率=\frac{现实产销量-保本点产销量}{现实产销量}×100\%$$

经营安全率是反映企业经营状况的重要指标。经营安全率越大,盈利的安全性越大。一般可按表6-1数值判定畜牧企业的经营安全状态。

表6-1 企业经营安全状态的数值

经营安全率	30%以上	25%~30%	15%~25%	10%~15%	10以下
经营状态	安全	较安全	不太安全	要小心	危险

（2）安全规模临界点产销量：

根据

$$30\% = \frac{现实产销量 - 保本点产销量}{现实产销量} \times 100\%$$

得出现实产销量 $= \frac{10}{7}$ 保本点产销量，即产量或销量必须在 $\frac{10}{7}$ 保本点产销量以上，才能有较稳定的经济效益。

3. 最大可能销售量规模

最大可能销售量规模是指企业经过开拓市场，或是社会需要量增大之后，给企业提供的最大可能的销售量决定的规模。它应是养牛企业生产规模的上限。

4. 现有条件下的最大生产能力

现有条件下的最大生产能力是指一个生产单位，根据已有的资金、技术、设备、管理能力等而具备的最大生产能力。在现有条件下，固定费用不变，产量越大，则单位成本越低。而产量只能增加到最大生产能力允许的量上。如果最大可能的生产能力生产的产品都能正常销售出去，则此时发挥了企业最大生产能力，也可将其视为适度规模。

当然，这里无论是最大生产能力，还是最大销售量，作为最佳规模，它的生产量起码应在经营安全率为 30% 的产量以上。如果低于这个产量，就不能保证有稳定的盈利，当然就更谈不上最佳规模了。

5. 制定目标利润的生产规模

有目标利润的生产量可按下面公式计算：

$$实现目标利润的产销量 = \frac{固定成本 + 目标利润}{单位产品售价 - 单位产品变动成本}$$

这个产量应低于或等于生产单位最大可能销售量，否则，目标利润无法实现。

6. 现举例说明奶牛养殖项目效益盈亏平衡点分析法

某奶牛场生产消毒鲜奶供应市场，设计该奶牛场饲养 100 头泌乳母牛，泌乳牛年平均产奶量 6 000 kg，则该奶牛场年产奶总量为 600 000 kg。其总固定成本为 67.27 万元，每千克消毒奶的生产成本为 1.25 元，每千克消毒奶的售价为 2.8 元。求其保本点销售量，并对该项目的经营状态进行分析。

题解如下：

$$单位产品（每千克消毒奶）的变动成本 = 单位产品生产成本 - \frac{固定成本}{总产量}$$

$$= 1.25 - \frac{672\ 700}{600\ 000} = 0.13（元）$$

$$保本点销售量 = \frac{固定成本}{单位产品售价 - 单位产品变动成本}$$

$$= \frac{672\ 700}{2.8 - 0.13} = 251\ 685（kg）$$

该项目保本点的消毒奶销售量为 251 685 kg。

$$经营安全率 = \frac{现实产销量 - 保本点产销量}{现实产销量} \times 100\%$$

$$= \frac{600\ 000 - 251\ 685}{600\ 000} \times 100\% = 58.05\%$$

经营状态为安全状态。

若该奶牛场试图获得 40 万元的盈利,还可以求出目标产量:

$$目标产量 = \frac{固定成本 + 目标利润}{单位产品售价 - 单位产品变动成本}$$

$$= \frac{672\ 700 + 400\ 000}{2.8 - 0.13} = 401\ 500(kg)$$

该奶牛场若试图获得 40 万元的盈利,其消毒奶的销售量应为 401 500 kg。

三、牛群周转计划的编制

由于犊牛的出生、后备牛的生长发育和转群、各类牛的淘汰和死亡,以及牛只的买进、卖出等,致使牛群在一年中结构不断发生变化。在一定时期内,牛群结构的这种增减变化称为牛群周转。牛群周转计划是牛场的再生产计划,是指导全场生产、编制饲料供应计划、牛群产奶计划、劳动力需要计划和各项基本建设计划的重要依据。

(一)编制牛群周转计划应具备的资料

(1)计划年初牛群结构。

(2)计划年度内牛群配种产犊计划。

(3)计划年度淘汰、出售或购进牛只数量及计划年度末各类牛要达到的头数和生产水平;

(4)历年本场牛群繁殖成绩,犊牛、育成牛的成活率,成母牛死亡率及淘汰标准。

(5)明确牛场的生产方向、经营方针和生产任务。

(6)了解牛场的基建及设备条件、劳动力配备及饲料供应情况。

(二)确定牛场的牛群结构

一般来说,母牛可供繁殖使用 10 年左右,年淘汰率在 20% 左右,成年母牛的正常淘汰率为 15%,外加低产牛、疾病牛淘汰率 5%。所以,一般奶牛场的牛群组成比例为:犊牛 8%～9%,6～12 月龄育成牛 7%～8%,12～18 月龄育成母牛 6%～7%,18 月龄以上青年母牛16%～18%,成年牛 58%～65%。牛群结构是通过严格合理选留后备牛和淘汰劣等牛达到的,一般后备牛经 6 月龄、12 月龄、配种前、18 月龄等多次选择,每次按一定的淘汰率如 10%选留,有计划培育和创造优良牛群。

成年母牛群的内部结构,一般为一、二产母牛占成年母牛群的 35%～40%,三至五产母牛占 40%～45%,六产以上母牛占 15%～20%,牛群平均胎次为 3.5～4.0 胎(年末成母牛总胎数与年末成母牛总头数之比)。常年均衡供应鲜奶的奶牛场,成年母牛群中产奶牛和干奶牛也有一定的比例关系,通常全年保持 20%左右处于干乳,80%左右处于产乳。

(三)编制方法与步骤

以某奶牛场为例:某奶牛场计划经常拥有各类奶牛 1 000 头,其牛群结构比例为:成母牛占 63%,育成牛 24%,犊牛 13%。已知计划年初有成母牛 500 头,育成牛 310 头,犊牛 130 头,另知上年 7～12 份各月所生犊牛头数及本年度配种产犊计划,试编制本年度牛群周转计划(表 6-2)。

表 6-2　某奶牛场牛群周转计划表　　　　　　　　　　　　头

月份	犊牛 期初	犊牛 增加 繁殖	犊牛 增加 购入	犊牛 减少 转出	犊牛 减少 出售	犊牛 减少 淘汰	犊牛 减少 死亡	犊牛 期末	育成牛 期初	育成牛 增加 转入	育成牛 增加 购入	育成牛 减少 转出	育成牛 减少 出售	育成牛 减少 淘汰	育成牛 减少 死亡	育成牛 期末	成牛 期初	成牛 增加 转入	成牛 增加 购入	成牛 减少 转出	成牛 减少 出售	成牛 减少 淘汰	成牛 减少 死亡	成牛 期末
1	130	20		20				130	310	20		15				315	500	15					5	510
2	130	20		20				130	315	20		15	2			318	510	15						525
3	130	20		15				135	318	15		10	10	5		308	525	10						535
4	135	20		15	2			138	308	15		10	15	5		293	535					10		535
5	138	15		10				143	293	10		20	5		2	286	535	20				10		545
6	143	20		10			3	145	286	10		20	5			271	545	20						565
7	145	20		20		2	2	141	271	10					3	278	565	10						575
8	141	20		20		5	2	134	278	10				2	2	284	575	10						585
9	134	20		20		3	2	129	284	20		15			2	287	585	15						600
10	129	20		20			1	128	287	10		15	5	5	1	281	600	15						615
11	128	15		15				128	281	15		15	15			261	615	15				5		625
12	128	15		15				128	261	15		15	15		1	242	625	15			5	5		630
合计		220		200	2	10	10			200		170	72	30	6			170		25		10	5	

①将年初各类牛的头数分别填入表 6-2"期初"栏中。计算各类牛年末应达到的比例头数,分别填入 12 月份"期末"栏内。

②按本年度配种产犊计划,把各月将要出生的母犊头数(计划产犊头数×50%×成活率%)相应填入犊牛栏的"繁殖"项目中。

③年满 6 月龄的母犊应转入育成牛群中,则查出上年 7～12 份各月所生母犊头数,分别填入母犊"转出"栏的 1～6 月项目中(一般这 6 个月母犊头数之和,等于期初母犊的头数)。而本年度 1～6 份所生母犊头数对应地填入育成牛"转出"栏 7～12 月份项目中。

④将各月转出的母牛犊数对应地填入育成牛"转入"栏中。

⑤根据本年度配种产犊计划,查出各月份分娩的育成牛头数,对应地填入育成牛"转出"及成母牛"转入"栏中。

⑥合计母犊"繁殖"与"转出"总数。要想使年末牛只数达 128 头,期初头数与"增加"头数之和等于"减少"头数与期末头数之和。则通过计算:(130+220)-(200+128)=22,表明本年

度母犊可出售或淘汰 22 头。为此,可根据母犊生长发育情况及该场饲养管理条件等,适当安排出售和淘汰时间。最后汇总各月份期初与期末头数,"母犊"一栏的周转计划即编制完成。

⑦同法。合计育成母牛"转入"与"转出"栏总头数,根据年末要求达到的头数,确定全年应出售和淘汰的头数。则通过计算:(310+200)-(242+170)=98,表明本年度育成母牛可出售或淘汰 98 头。在确定出售、淘汰月份分布时,应根据市场对鲜奶和种牛的需要及本场饲养管理条件等情况确定。汇总各月期初及期末头数,即完成该场本年度牛群周转计划。

◆◆◆ 任务 2　牛的成本核算和效益分析 ◆◆◆

一、牛场成本核算

畜产品成本是指畜牧企业在一定时期的生产经营活动中为生产和销售产品而花费的全部费用。畜产品成本核算是经济核算的中心内容,是畜牧企业实行经济核算不可缺少的基础工作。牛场生产成本核算主要是核算牛只的成本和盈利。牛场生产成本核算是牛场经济效益分析的主要部分,其目的在于用最少的物质消耗和劳动消耗,尽可能地降低养牛成本,提高产品质量,获得最大经济效益。

1. 成本核算的项目

根据牛场成本核算规程,结合生产实际,产品的成本项目包括直接生产费用和间接生产费用两类。

(1)直接生产成本:直接生产费用可直接计入成本,其项目包括:工资和福利费、饲料费、燃料动力费、牛群医药费、产畜摊销费(即种畜和产畜的折旧费)、固定资产折旧费、固定资产大修理折旧费、低值易耗及其他直接费用等。牛场饲料成本占直接生产成本的比例约为 70%,是牛场生产成本的主要组成部分。

(2)间接生产成本:间接生产成本主要是一些消耗不能直接计入某种产品中去,需要用一定方法在部门内几种产品之间进行分摊的费用。包括共同生产费(利息支出、产品销售方面的费用等)和企业经营管理费(管理人员的工资、福利费,经营中的水电费、办公费和车旅费等)。

2. 成本核算步骤

成本核算的一般步骤为:确定核算对象→归集费用→分配间接费用→计算总成本→计算主要产品成本和副产品成本→计算主要产品单位成本。

3. 成本核算方法

在养牛生产中,一般要计算牛群饲养的饲养头日成本、主要产品单位成本、单位牛乳成本、育肥牛增重单位成本及断乳幼牛活重单位成本等,其计算公式如下:

$$(1)牛群饲养头日成本 = \frac{该牛群饲养费用}{该牛群饲养头日数}$$

$$(2)主要产品单位成本 = \frac{该牛群饲养费用 - 副产品价值}{该牛群产品总产量}$$

$$(3)单位牛乳成本 = \frac{成年母牛群全年饲养费用 - 犊牛价值}{全年牛乳产量}$$

(4)育肥牛增重单位成本 $= \dfrac{\text{该牛群饲养期总费用}}{\text{该期间内的净增重量}}$

(5)断乳幼牛活重单位成本 $= \dfrac{\text{该牛群饲养费用}-\text{副产品价值}}{\text{该牛群主要产品总产量}}$

二、经济效益分析

1. 盈利核算

盈利是销售收入减去销售成本以后的余额,它包括税金和利润。盈利又称税前利润。

$$\text{盈利}=\text{总收入}-\text{总成本}=\text{税金}+\text{利润}$$

畜牧场自产留用的畜产品,应视同销售,计入销售收入。

2. 利润

利润为负数时,表示亏损,应按规定的程序弥补。通常,年度发生亏损可用下一年度的利润弥补;不足时可延续五年内以税前利润弥补。

由于企业规模不同,仅仅从利润总量来衡量企业利润水平是不够的,因此需要用利润率来加以衡量。利润率包括:

(1)资金利润率:反映资金占用及其利用效果的综合指标。

$$\text{资金利用率}=\dfrac{\text{年利润总额}}{\text{年占用资金总额}}\times100\%$$

(2)产值利润率:反映每百元产值所实现的利润。

$$\text{产值利用率}=\dfrac{\text{年利润总额}}{\text{年产值总额}}\times100\%$$

(3)成本利润率:反映每百元成本在一年内所创造的利润。

$$\text{成本利润率}=\dfrac{\text{年利润总额}}{\text{年成本总额}}\times100\%$$

3. 税金

税金是国家根据事先规定的税种和税率向企业征收的、上交国家财政的款项。税金是国家宏观调控的重要经济手段之一。畜牧业主要应上交以下几种税金:农牧业税、产品税、营业税和资源税等。近几年,国家已减免了多项税种。

4. 计算机软件统计牛场经济效益

随着信息化技术的发展,带动了养牛业从传统生产方式向现代化管理方式的转化。牛场管理的计算机及牛场管理软件的应用,越来越受到牛场管理者的青睐。科学化的管理,信息化的运营,使牛场的管理规模越来越大,效率越来越高。

【案例分析】

怎样进行牛场成本核算和效益分析

一、案例简介

辽宁法库某牛场成立于 2009 年 9 月,奶牛园区占地面积 252 亩,是集奶牛养殖繁育、鲜奶销售为一体的经济组织,奶牛场资产总额 12 100 万元,其中:流动资产 6 813 万元,固定资产 3 712 万元,年折旧率 5%。2013 年 12 月 30 日前,存栏奶牛 2 486 头,年产鲜奶 11 484.36 吨,销售收入 5 330.14 万元,净利润 1 609.21 万元。经调查,2013 年 12 月该场共有工作人员 110 人,其中管理人员 7 人,技术人员 14 人,直接生产人员 77 人,间接生产人员 12 人。

奶牛场生产安排采用散放式饲养、TMR 机械饲喂、挤奶厅机械挤奶的饲养工艺。牛群存栏数 2 486 头,成年母牛平均产奶量 23 kg/d,母牛产犊率 80%,成活率 90%,牛群淘汰率 20%/年。2013 年东北地区各类饲料市场价格分别如下:羊草 1 300 元/t;青贮饲料 400 元/t;优质苜蓿干草 2 500 元/t;小麦秸秆 750 元/t、混合精料 2 700 元/t。犊牛兽药防疫费 20 元/头,其他牛 50 元/头。成年母牛人工授精费 50 元/头。管理人员工资 3 000 元/月,技术人员工资 2 500 元/月,生产人员工资 2 000 元/月。根据市场价格确定的牛奶销售单价为 4 500 元/t,初生公犊单价为 2 500 元/头,奶牛价值 15 000 元,按 10 年使用期回收。固定资产折旧费 135.6 万元,摊销费 256.5 万元;固定资产维修费 74.24 万元;燃料和动力费 23.97 万元,其中水费 7.26 万元,电费 16.71 万元;其他杂费 24.86 万元。资料显示,2013 年该牛场生产运行正常,经营管理良好,并取得了预期的经济效益。

（一）2013 年奶牛场的牛群结构如表 6-3 所示。

表 6-3　2013 年 12 月牛场的牛群结构

牛群类别	全群	成年母牛	育成牛	犊牛
期末存栏数/头	2 486	1 710	418	358

（二）牛场各类牛群的喂料标准如表 6-4 所示。

表 6-4　2013 年牛群的喂料标准　　　　　　　　　　　　kg/(头·d)

牛群类别	羊草	优质苜蓿干草	小麦秸秆	青贮饲料	混合精料	牛奶
成年母牛	0.6	4.0	0.4	20	11.2	—
育成牛	2.0	0.5	0.5	15	3.5	—
犊牛	0.3	1.3	—	—	1.7	3.5
	1 300	2 500	750	400	2 700	4 200

已知 2013 年东北地区各类饲料市场价格分别如下:其中羊草 1 300 元/t,优质苜蓿干草 2 500 元/t,小麦秸秆 750 元/t,青贮 400 元/t,混合精料 2 700 元/t。

请根据项目六《牛的饲养规模和效益分析》相关知识和要求,认真分析案例资料,指出提高奶牛场经济效益的关键措施。

二、案例分析

（一）成本分析

1. 直接成本计算

截至 2013 年 12 月底,该牛场全群共存栏牛只 2 486 头,其中各类牛群期末存栏数分别为:成年母牛 1 710 头,育成牛 418 头,犊牛 358 头。

(1)成母牛生产成本：

$$成母牛饲料费=\frac{0.6\times1.3+4.0\times2.5+0.4\times0.75+20\times0.4+11.2\times2.7}{10\ 000}\times365\times1\ 710$$

$$=3\ 078.31(万元)$$

$$兽药防疫费=\frac{1\ 710\times50}{10\ 000}=8.55\ 万元(50\ 元/头计)$$

$$人工授精费=\frac{1\ 710\times50}{10\ 000}=8.55\ 万元(50\ 元/头计)$$

$$劳务费=\frac{2\ 000\times12\times55}{10\ 000}=132.0(万元)$$

劳务费中饲养员工资依据饲养干奶牛、泌乳牛以及挤奶等生产环节实行分群承包,共有饲养员55人,月工资2 000元。

2013年成母牛的直接成本为3 227.41万元。

(2)犊牛生产成本:2013年牛场存栏成年母牛1 710头,母牛产犊率80%,成活率90%,全年生产犊牛数为1 231头,成活犊牛1 108头,其中母犊558头,公犊550头,公犊出生后全部销售;母犊实行2月龄早期断奶,哺乳期耗奶量为210 kg,饲养至6月龄结束时转入育成牛舍饲养。

$$母犊牛饲料费=\frac{0.3\times1.3\times180+1.3\times2.5\times180+1.7\times3.3\times180+3.5\times42\times60}{10\ 000}\times558$$

$$=142.12(万元)$$

$$兽药防疫费=\frac{558\times20}{10\ 000}=1.12\ 万元(20\ 元/头计)$$

$$劳务费=\frac{2\ 000\times12\times12}{10\ 000}=28.8(万元)$$

劳务费中饲养员工资依据犊牛成活率、哺乳期、断奶重等指标实行承包,共有饲养员12人,月工资2 000元。

2013年犊牛的直接成本为172.04万元。

(3)育成牛生产成本:2013年牛场母犊数为558头,饲养至180日龄后转入育成牛群200头,期末剩余母犊358头,加上原有育成牛头数,该牛场育成牛期末存栏数为418头。

$$育成牛饲料费=\frac{(2.0\times1.3+0.5\times2.5+0.5\times0.75+15\times0.4+3.5\times2.8)\times(200\times185+218\times365)}{10\ 000}$$

$$=233.43(万元)$$

$$兽药防疫费=\frac{418\times50}{10\ 000}=2.09(万元)$$

$$劳务费=\frac{2\ 000\times12\times10}{10\ 000}=24.0(万元)$$

劳务费中饲养员工资依据育成牛体尺、体重、初配月龄等指标实行承包,共有饲养员10人,月工资2 000元。

2013年育成牛的直接成本为259.52万元。

2. 间接成本计算

(1)间接人员工资:牛场设管理人员7人,月工资3 000元/月;技术人员14人(畜牧2人,兽医6人,人工授精员6人),月工资2 500元/月;间接生产人员12人(仓库管理1人、机修3人、保安3人、锅炉工2人、洗涤3人),月工资2 000元/月,全年支出工资总额为:

$$全年支出工资总额=\frac{3\ 000×12×7+2\ 500×12×14+2\ 000×12×12}{10\ 000}=96.0(万元)$$

(2)固定资产折旧费:固定资产折旧费采用直线法平均计算,预计净残值按5%计算。各类固定资产的折旧年限,按以下数据计算:房屋及建筑物:15年;工艺及辅助设备:10年;摊销费:其他资产10年。牛场固定资产原值为3 712万元,则该牛场固定资产折旧费为135.6万元。

(3)成年母牛价值摊销费:成年母牛是牛场抽象的固定资产,若原值按10年使用期折旧,则年提取折旧费为:

$$\frac{1\ 710×15\ 000}{10×10\ 000}=256.5(万元)$$

(4)固定资产维修费:固定资产维修费按建设投资的2%计算,维修费包括办公设施、牛舍、挤奶及饲喂等生产设备共计74.24万元。

(5)燃料和动力费:燃料和动力费23.97万元,其中水费7.26万元,电费16.71万元(按照每头牛一个生产周期(年)用水量为58.4 m³,用电量为84度计算)。

(6)其他杂费:其他费用为产品销售中介费、管理费及土地租赁费,每头奶牛均按300.0元/年计,共计74.58万元(其中土地租赁费1.06万元)。

上述各项之总和为牛场全年饲养期间的间接成本,合计660.89万元。

3. 间接成本分摊

牛场的间接成本不只是为一种牛产品服务,而是为几种牛产品服务的。因此,需要用一定的方法在几种产品之间进行分摊计入。即按照饲养头数和饲养天数将其分配计入牛的成本中。具体分摊如下

(1)牛饲养日总和:1 710×365+(200×185+218×365)+558×180=841 160 d。

(2)牛饲养日单位间接成本=$\dfrac{660.89×10\ 000}{841\ 160}=7.86[元/(头·d)]$。

(3)成母牛分摊额=$\dfrac{1\ 710×365×7.86}{10\ 000}=490.58(万元)$。

(4)犊牛分摊额=$\dfrac{558×180×7.86}{10\ 000}=78.95(万元)$。

(5)育成牛分摊额=$\dfrac{200×185+218×365}{10\ 000}×7.86=91.62(万元)$。

4. 牛产品成本计算

牛产品成本=直接成本+间接成本

(1)成母牛成本 3 227.41+490.58=3 717.99(万元)。

(2)犊牛成本 172.04+78.95=250.99(万元)。

(3)育成牛成本 259.52+91.62=351.14(万元)。

(4)产品总成本　3 717.99+250.99+351.14=4 320.12(万元)。

5. 牛产品饲养日单位成本计算

$$牛产品饲养日成本=牛产品成本÷牛饲养头数÷牛群饲养日$$

(1)成母牛饲养日单位成本$=\dfrac{3\ 717.99×10\ 000}{1\ 710×365}=59.57[元/(头·d)]$。

(2)犊牛饲养日单位成本$=\dfrac{250.99×10\ 000}{558×180}=25.0[元/(头·d)]$。

(3)育成牛饲养日单位成本$=\dfrac{351.14×10\ 000}{200×185+218×365}=30.12[元/(头·d)]$。

6. 牛产品单位成本计算

$$牛产品单位成本=\dfrac{牛产品成本}{牛产品总产量}$$

奶牛场的主要产品是牛奶,该牛场为市场常年均衡供应鲜奶,其成年母牛群中80%全年处于产乳,20%处于干乳,成年母牛的平均产奶量为23 kg/d,依此可计算出该牛场成年母牛年产奶总量和牛奶单位成本。

$$成年母牛年产奶总量=1\ 710×0.8×23×365=11\ 484\ 360(kg)$$

$$每千克牛奶成本=\dfrac{3\ 717.99×10\ 000}{11\ 484\ 360}=3.24(元/kg)$$

$$犊牛单位成本=\dfrac{250.99×10\ 000}{558}=4\ 498.03(元/头)$$

$$育成牛单位成本=\dfrac{351.14×10\ 000}{418}=8\ 400.48(元/头)$$

7. 产品销售成本计算

2013 年该牛场市场销售鲜奶 11 484 360 kg,故

$$牛奶销售成本=\dfrac{11\ 484\ 360×3.24}{10\ 000}=3\ 720.93(万元)$$

(二)效益分析

1. 牛产品的销售收入

$$牛产品的销售收入=产品销售产量×产品单价$$

根据牛产品单位成本和市场价格,2013 年该牛场确定的鲜奶单价为 4.3 元/kg,出生公犊2 500 元/头,成年母牛淘汰率为 20%,其中正常淘汰率为 15%,正常淘汰牛可按照体重550 kg,15 元/kg 的市场价格进行折算计入销售收入中;外加低产牛、疾病牛淘汰率 5%,保险公司按照 5 000 元/头的标准进行赔偿。则产品的销售收入为:

(1)牛奶销售收入$=\dfrac{11\ 484\ 360×4.3}{10\ 000}=4\ 938.28(万元)$。

(2)公犊销售收入$=\dfrac{550×2\ 500}{10\ 000}=137.5(万元)$。

(3)淘汰牛销售收入$=\dfrac{1\ 710×0.15×550×15}{10\ 000}=211.61(万元)$。

(4)死亡母牛保险收入 $=\dfrac{1\ 710\times0.05\times5\ 000}{10\ 000}=42.75$（万元）。

(5)产品销售总收入 $=4\ 938.28+137.5+211.61+42.75=5\ 330.14$（万元）。

2. 牛产品的利润额

产品总利润 = 产品销售收入 - 产品销售成本 - 销售费用 + 营业外收支净额

2013 年该牛场产品销售收入 5 330.14 万元，主要包括牛奶销售收入 4 938.28 万元，公犊销售收入 137.5 万元，淘汰牛销售收入 211.61 万元，死亡母牛保险收入 42.75 万元；产品销售成本 3 720.93 万元。由于近几年国家减免了多项税种，所以税金可以忽略不计。据此计算产品利润则为：

(1)产品总利润：5 330.14 - 3 720.93 = 1 609.21（万元）。

(2)牛奶利润：4 938.28 - 3 720.93 = 1 217.35（万元）。

畜产品成本是指畜牧企业在一定时期的生产经营活动中为生产和销售产品而花费的全部费用。畜产品成本核算是经济核算的中心内容，是畜牧企业实行经济核算不可缺少的基础工作。

企业的经济效益分析是不同时期研究企业经营效果的一种好办法，其目的是通过分析影响效益的各种因素，找出差距，提出措施，巩固成绩，克服缺点，使经济效益更上一层楼。分析的主要内容有对生产实值（产量、质量、产值）、劳力（劳力分配和使用、技术业务水平）、物质（原材料、动力、燃料等供应和消耗）、设备（设备完好率、利用、检修和更新）、销售（销售收入和费用支出、销售量的增减）、成本（消耗费用升降情况）、利润和财务（对固定资金和流动资金的占用、专项资金的使用、财务收支情况等）的分析。在经济效益分析中，要从实际出发，充分考虑到市场的动态，场内的生产情况以及人为、自然因素的影响等，从而提出具体措施，巩固成绩，改进薄弱环节，达到提高经济效益的目的。

2013 年该牛场的成本核算和效益分析，定量了牛奶和各类牛群的各种生产成本，同时得到了牛产品的利润。通过分析结果，可以知道每生产 1 kg 牛奶需用多少资金，耗费多少生产资源。牛场的成本核算和效益分析结果，有利于决策者对实绩与计划作对比、与上年同期对比、与牛场历史最好水平对比、与同行业对比进行分析，随时了解牛场的盈亏状态，减少单位产品的摊销费用，从而达到提高经济效益的目的。

【阅读材料】

养牛生产经营合同的签订

一份合同是一项法律化的带强制性义务的协议。在养牛生产中，它是在两人或更多的人之间为养牛生产联营这一目的而达成的口头或书面协议。涉及商品和牲畜出售的合同一般要求以书面形式签订以保证其确定性，但在某种情况下，即便没有书面的东西，合同仍具有强制性，如合同中的金额多少；买方已收到或已接受部分或全部的商品；合同签订后买方已预付定金或是支付部分货款。

一、合同签订的内容

一般合同签订的内容包括如下几个方面：

(1)签订合同的各方名称（全称）。

(2)有关牛产品的说明。

(3)牛产品的价格。

(4)付款日期和方式。

(5)合同期限和终止方式。

(6)主要条款的修改。

(7)双方违约责任的承担。

(8)在发生对合同解释争议的情况下解决争端的仲裁条款。

(9)合同各方的签章及合适的证人签章。

二、生鲜乳购销合同示范文本

根据我国《乳品质量安全监督管理条例》的有关规定,由农业部、国家工商行政管理总局制定的,在生鲜乳购销时用以参照执行的示范性合同文本。

1. 购销合同

收购人:

销售人:

根据《中华人民共和国合同法》和《乳品质量安全监督管理条例》的规定,双方在平等、自愿、公平、诚实信用的基础上,经协商一致,签订本合同。

2. 示范文本

《生鲜乳购销合同(示范文本)》(GF-2008—0157)

农业部 国家工商行政管理总局制定

说明

1. 本《生鲜乳购销合同》示范文本由农业部和国家工商行政管理总局制定,供生鲜乳购销双方之间签订生鲜乳购销合同时使用;

2. 本合同中所称的生鲜乳是指未经加工的奶畜原奶;

3. 本合同相关条款中的空白处,供双方自行约定或补充约定。

合同编号:_____

第一条　收购时间与数量

1. 计划收购时间为____年____月____日至____年____月____日。

2. 收购总量为____千克,收购总量上下浮动范围为:____%。

第二条　标准乳收购价格

标准乳收购价格为____元/kg,生鲜乳分级标准参考国家乳品标准。购销双方应按当地生鲜乳价格协调委员会确定的交易参考价格协商确定生鲜乳收购价格。

第三条　质量要求

1. 生鲜乳必须符合国家生鲜乳收购标准。

2. 生鲜乳有下列情况的,收购人不予收购:

(1)产犊后7日内的初乳,但以初乳为加工原料的除外;

(2)奶牛在使用抗菌素类药物期间或停药后7日内产的乳;

(3)奶牛患乳腺炎、结核病、布氏杆菌病及其他传染性疾病期间产的乳;

（4）掺杂使假或者变质的乳；

（5）其他不符合卫生安全质量标准的乳；

3. 销售人交售的生鲜乳在奶站挤奶的，应遵守奶站的操作规定；自行挤奶的，要确保盛奶、挤奶器具清洁，不得使用塑料及有毒有害容器。

第四条　结算方式

1. 收购人应按照本合同第二条约定在支付货款前两日，向销售人公布结算货款的相关数据。

2. 收购人应按照生鲜乳收购量按月支付货款，即当月结算付清上个月的货款，具体支付货款日期为每月的＿＿＿日至＿＿＿日，具体支付地点为合同履行地。

第五条　检验方式

1. 收购人负责对销售人提供的生鲜乳进行抽样检验。对符合本合同第三条规定的生鲜乳要求在收购之时起 4 小时内公布脂肪含量、蛋白质含量等各项计价指标和其他常规检验结果；销售人对收购人公布的脂肪含量、蛋白质含量等各项计价指标和其他常规检验结果有异议的，应当在接到检验结果之时起 8 小时内，持质量检验单到具有相应资质的生鲜乳质量安全检测机构申请复检，由当地奶业协会根据检测结果出具调解意见。若确为收购人检验结果错误则须赔偿销售人的损失，并承担检测和调解所发生的费用。

2. 收购人应当将不符合质量标准的生鲜乳样留存 48 小时以上。

3. 双方对数量发生争议时，以国家计量基准器具或者社会公用计量标准器具检定的数据为准，双方签字后各留一份。

4. 销售人应当接受收购人生鲜乳检查及取样工作。

第六条　交付时间和方式

1. 销售人送货的时间为每日＿＿＿时至＿＿＿时。

收购人收购的时间为每日＿＿＿时至＿＿＿时。

2. 经过称量、抽样、初步质量检验、签单，完成交付过程。

第七条　履行地和履行期限

1. 本合同履行地为＿＿＿生鲜乳收购站；

2. 履行期限为＿＿＿年＿＿＿月＿＿＿日至＿＿＿年＿＿＿月＿＿＿日；

3. 合同到期如需续签的，应提前＿＿＿日通知另一方。

第八条　合同的变更和解除

1. 本合同经双方协商一致，并达成书面协议，可以依法变更或解除。

2. 发生不可抗力时，双方可协商调整购销计划数量。因不可抗力导致无法履行合同的，应当自不可抗力发生之日起＿＿＿日内以书面形式通知对方，并在＿＿＿日内提供有关机构出具的证明。

第九条　违约责任

1. 收购人不按时收购、随意提高或压低标准、限收或拒收符合质量标准的生鲜乳，由此给销售人造成的损失应当由收购人承担。

2. 收购人违反本合同约定，拖欠销售人生鲜乳货款的，应当从合同约定支付货款之日起，按日支付拖欠金额 1‰ 的违约金，并继续履行支付拖欠货款的义务。

3. 销售人未按本合同第一条约定的时间和数量交售生鲜乳，给收购人造成损失的，应承担赔偿责任。

4. 销售人交售的生鲜乳不符合本合同第三条的约定,收购人不予收购,由此给收购人造成的损失由销售人承担。

第十条　争议解决方式

本合同履行过程中如发生争议,由双方协商或提交当地奶业协会调解解决;协商或调解不成的,按下列第____种方式解决:

1. 提交_____仲裁委员会仲裁;

2. 依法向人民法院起诉。

第十一条　合同效力

合同经双方签字或盖章之日起生效。本合同一式两份,购销双方各执一份。未尽事宜,双方可协商签订补充协议,补充协议与本合同具有同等的法律效力。

收购人(盖章):　　　　销售人(签字):

地址:　　　　　　　　　地址:

法定代表人:　　　　　　身份证号码:

委托代理人:　　　　　　委托代理人:

年　月　日　　　　　　年　月　日

合同如果签订得当,它会成为一种有价值的生产和市场工具。

三、合同实例

×××乳品有限责任公司

生鲜乳购销合同

农业部　国家工商行政管理总局 制定

说　明

1. 本《生鲜乳购销合同》文本由农业部和国家工商行政管理总局制定,供生鲜乳购销双方之间签订生鲜乳购销合同时使用;

2. 本合同中所称的生鲜乳是指未经加工的奶畜原奶;

3. 本合同相关条款中的空白处,供双方自行约定或补充约定。

合同编号:×××

生鲜乳购销合同

收购人:×××乳品有限责任公司

销售人:×××牧业科技有限责任公司

根据《中华人民共和国合同法》和《乳品质量安全监督管理条例》的规定,双方在平等、自愿、公平、诚实信用的基础上,经协商一致,签订本合同。

第一条　收购时间与数量

1. 计划收购时间为2013年2月10日至2013年12月31日。

2. 日收购总量为2 700 kg,收购总量上下浮动范围为:10%。

第二条　收购价格

1. 基础价格:以脂肪含量3.2%、蛋白质含量3.0%、体细胞数含量≤50万个/mL、酸度为14～18°T、冰点为−0.54～−0.59℃、杂质度含量≤4 mg/L、抗生素含量≤0.004 μg/mL的一级标准生鲜乳(以国家最新标准为依据)的价格作为基础价格,每千克为4.3元。

2. 附加价格

(1)以脂肪含量 3.2% 为基准,含量每增加或减少 0.1 个百分点,在基础价格的基础上增加或减少 0.01 元/kg。

(2)以蛋白质含量 3.0% 为基准,含量每增加或减少 0.1 个百分点,在基础价格的基础上增加或减少 0.01 元/kg。

(3)当市场收购价格高于或低于以上约定结算价格的 10% 时,双方可对生鲜乳的价格进行协商并签订补充协议。

第三条 质量要求

1. 生鲜乳必须符合国家生鲜乳收购标准。

2. 生鲜乳有下列情况的,收购人不予收购:

(1)产犊后 7 日内的初乳;

(2)奶牛在使用抗菌素类药物期间或停药后 7 日内产的乳;

(3)奶牛患乳腺炎、酒精阳性乳、结核病、布氏杆菌病及其他传染性疾病期间产的乳;

(4)掺杂使假或者变质的乳;

(5)其他不符合卫生安全质量标准的乳。

3. 销售人交售的生鲜乳必须在公司建设的挤奶厅内挤奶,遵守挤奶厅的操作规定,并做好奶厅卫生管理工作。

第四条 结算方式

1. 收购人应按照本合同第二条约定在支付奶款前两日,向销售人公布结算奶款的相关数据。

2. 收购人应按照生鲜乳收购量按月支付奶款,即次月 10 日前结算本月的奶款,具体支付由公司汇至各养殖协会指定的账户内即可,具体发放由协会负责。

第五条 检验方式

1. 收购人负责对销售人提供的生鲜乳进行抽样检验。交售人对收购人公布的脂肪含量、蛋白质含量等各项计价指标和其他常规检验结果有异议的,应当在接到检验结果之时起 8 h 内,持质量检验单到具有相应资质的生鲜乳质量安全检测机构申请复检,由小区协会根据检测结果出具调解意见。若确为收购人检验结果错误则须赔偿销售人的损失,并承担检测和调解所发生的费用。

2. 收购人应当将不符合质量标准的生鲜乳样留存 48 h 以上。

3. 双方对数量发生争议时,以国家计量基准器具或者社会公用计量标准器具检定的数据为准,双方签字后各留一份。

4. 销售人应当接受收购人生鲜乳检查及取样工作。

第六条 交付时间和方式

1. 经过称量、抽样、初步质量检验、签单,完成交付过程。

2. 收购的生鲜乳由交售人用专用的生鲜乳储运罐送至收购人指定的加工点,运输费用由交售人自行负担。

第七条 履行地和履行期限

1. 本合同履行地为 ××乳品有限责任公司生鲜乳收购站;

2. 履行期限为 2013 年 2 月 10 日至 2013 年 12 月 31 日;

3. 合同到期如需续签的,应提前 15 日通知另一方。

第八条　合同的变更和解除

1. 本合同经双方协商一致,并达成书面协议,可以依法变更或解除。

2. 发生不可抗力时,双方可协商调整购销计划数量。因不可抗力导致无法履行合同的,应当自不可抗力发生之日起 两 日内以书面形式通知对方,并在 七 日内提供有关机构出具的证明。

第九条　违约责任

1. 收购人不按时收购、随意提高或压低标准、限收或拒收符合质量标准的生鲜乳,由此给销售人造成的损失应当由收购人承担。

2. 收购人违反本合同约定,拖欠销售人生鲜乳货款的,应当从合同约定支付货款之日起,按日支付拖欠金额 1‰ 的违约金,并继续履行支付拖欠货款的义务。

3. 销售人未按本合同第一条约定的时间和数量交售生鲜乳,给收购人造成损失的,应承担赔偿责任。

4. 销售人交售的生鲜乳不符合本合同第三条的约定,收购人不予收购,由此给收购人造成的损失由销售人承担。

第十条　争议解决方式

本合同履行过程中如发生争议,由双方协商或提交当地奶业协会调解解决;协商或调解不成的,按下列第二种方式解决:

1. 提交××县人民政府仲裁委员会仲裁;

2. 依法向人民法院起诉。

第十一条　合同效力

合同经双方签字或盖章之日起生效。本合同一式两份,购销双方各执一份。未尽事宜,双方可协商签订补充协议,补充协议与本合同具有同等的法律效力。

收购人(盖章):×××　　　　　　销售人(签字):×××

地址:×××　　　　　　　　　　地址:×××

法定代表人:×××　　　　　　　身份证号码:×××

委托代理人:×××　　　　　　　委托代理人:×××

2013 年 1 月 10 日　　　　　　　2013 年 1 月 10 日

在签订合同之前应向有经验的人征求意见,向牛场的管理专家、养牛专家或当地农业专家咨询,这些人有更多的关于合同安排、定价公式和生产成本方面的信息。

【考核评价】

规模化奶牛场生产管理参数的分析

一、考核题目

陕西省西安市某规模化奶牛场生产管理参数如表 6-5 所示,其中有多项指标设计不太合理,影响了该奶牛场经济效益的提高,请仔细分析并修改完善。

二、评价标准

奶牛的生产管理指标的设计,应充分考虑奶牛的生理规律和奶牛场的生产条件而确定。

根据前提条件,某规模化奶牛场生产管理参数的合理设计如表 6-6 所示。

表 6-5　某规模化奶牛场生产管理参数统计表

项目	参数	项目	参数
年总受胎率/%	90	初配受胎率/%	75
年情期受胎率/%	48	正常发情周期的比率/%	86
年空怀率/%	8	半年以上未妊娠牛只比率/%	6
产犊后 50 d 内出现第一次发情的母牛比率/%	80	年繁殖率/%	88
		产后第一次配种受胎率/%	63
配种 3 次以下(含 3 次)即孕母牛比率/%	84	胎间距/d	375
年流产率/%	5	初产年龄/月龄	30
年综合受胎指数/%	0.60	母牛每受孕一次平均精液/剂量	4
年漏情率/%	18	产后第一次配种的平均天数/d	88

表 6-6　某规模化奶牛场生产管理参数修正表

项目	参数	项目	参数
年总受胎率/%	≥95	正常发情周期的比率/%	≥90
年情期受胎率/%	≥58	半年以上未妊娠牛只比率/%	≤5
年空怀率/%	≤5	年繁殖率/%	≥92
产犊后 50 d 内出现第一次发情的母牛比率/%	≥80	产后第一次配种受胎率/%	≥65
配种 3 次以下(含 3 次)即孕母牛比率/%	≥94	胎间距/d	≤385
年流产率/%	≤6	初产年龄/月龄	≤30
年综合受胎指数/%	≥0.55	母牛每受孕一次平均精液/剂量	≤3
年漏情率/%	≤15	产后第一次配种的平均天数/d	70~90
初配受胎率/%	≥75		

【信息链接】

1. DB11 T 203.3—2003 农业企业标准体系养殖业标准体系的构成和要求第 3 部分工作标准体系。

2. 财政部[2004]5 号《农业企业会计核算办法——生物资产和农产品》。

3. 财政部[2004]5 号《农业企业会计核算办法——社会性收支》。

4. GB/T 20014.8—2008 良好农业规范第 8 部分:奶牛控制点与符合性规范。

◆◆◆◆◆◆ 参考文献

[1] 昝林森.牛生产学.北京:中国农业出版社,1999.

[2] 杨和平.牛羊生产.北京:中国农业出版社,2001.

[3] 梁学武.现代奶牛生产.北京:中国农业出版社,2002.

[4] 邱怀.现代乳牛学.北京:中国农业出版社,2002.

[5] 莫放.养牛生产学.北京:中国农业出版社,2003.

[6] 秦志锐.奶牛高效益饲养技术.修订版.北京:金盾出版社,2003.

[7] 闫明伟.奶牛规模化生产.长春:吉林文史出版社,2004.

[8] 王福兆.乳牛学.3版.北京:科学技术文献出版社,2004.

[9] 中华人民共和国农业部.奶牛饲养标准.2004.

[10] 中华人民共和国农业部.肉牛饲养标准.2004.

[11] 侯放亮.牛繁殖与改良新技术.北京:中国农业出版社,2005.

[12] 王加启.现代奶牛养殖科学.北京:中国农业出版社,2006.

[13] 覃国森,丁洪涛.养牛与牛病防治.北京:中国农业出版社,2006.

[14] 王根林.养牛学.北京:中国农业出版社,2006.

[15] 宋连喜.牛生产.北京:中国农业大学出版社,2007.

[16] 刘国民.奶牛散栏饲养工艺及设计.北京:中国农业出版社,2007.

[17] 李建国.现代奶牛生产.北京:中国农业大学出版社,2007.

[18] 昝林森.牛生产学.2版.北京:中国农业出版社,2007.

[19] 陈幼春,吴克谦.实用养牛大全.北京:中国农业出版社,2007.

[20] 王聪.肉牛饲养手册.北京:中国农业大学出版社,2007.

[21] 刘太宇.养牛生产.北京:中国农业大学出版社,2008.

[22] 李如治.家畜环境卫生学.北京:中国农业出版社,2010.

[23] 兰海军.养牛与牛病防治.北京:中国农业大学出版社,2011.

[24] 闫明伟.牛生产.北京:中国农业出版社,2011.

[25] 侯发社,王立新.标准化奶牛场(小区)规划设计推荐方案.北京:中国农业出版社,2011.

[26] 何东洋.牛高效生产技术.苏州:苏州大学出版社,2012.

[27] 耿明杰,常明雪.动物繁殖技术.北京:中国农业出版社,2013.